AF555056

ASTRONOMIE PRATIQUE

LE SOLEIL, LES ÉTOILES

TYPOGRAPHIE FIRMIN-DIDOT. — MESNIL (EURE).

Observations d'amateur.

GABRIEL DALLET

ASTRONOMIE PRATIQUE

LE SOLEIL, LES ÉTOILES

OUVRAGE ILLUSTRÉ DE 93 GRAVURES
ET DE 12 CARTES DU CIEL

PARIS

LIBRAIRIE DE FIRMIN-DIDOT ET CIE
IMPRIMEURS DE L'INSTITUT, RUE JACOB, 56

1890

INTRODUCTION

Il est malheureusement d'un usage très fréquent, dans notre siècle, de traiter les recherches scientifiques avec trop peu de considération, au lieu de les envisager comme un élément important, essentiel, de grandeur et de progrès pour la nation.

Si les découvertes faites par les savants se traduisaient immédiatement en avantages matériels, le côté pratique n'échapperait à personne; et cependant, si on voulait bien réfléchir, on s'apercevrait que les auteurs de ces découvertes sont les gens les plus *pratiques* du monde, par la raison que leurs travaux donnent naissance à de nombreuses applications industrielles.

Un homme qui cultiverait des plantes pour en recueillir la graine serait tout aussi pratique que celui qui convertirait cette graine en végétaux d'un emploi immédiat.

L'astronomie nous fournira des preuves de ce que nous avançons : sans la découverte des sciences positives, sans les travaux qui ont permis l'établissement des éphémérides, les navires seraient restés condamnés à un cabotage perpétuel; le temps serait encore pour nous une chose sans comparaison; l'histoire elle-même, dépourvue de chronologie, serait devenue impossible à suivre.

L'étude que nous nous proposons de faire nous semble réclamée par le peu de soins qu'ont pris nos maîtres de nous tracer une voie dans les sciences.

En général, les auteurs se préoccupent moins de la propagation des sciences que de leurs progrès; ils songent moins à les vulgariser qu'à les exposer avec tous leurs développements, et ils ne posent d'autres limites à leurs écrits que celles de leur propre érudition.

Cependant, tel travailleur qui, par goût, par vocation, ou même par ce besoin impérieux de connaître, qui est le but de notre existence, se livre à des recherches pleines d'intérêt, est souvent rebuté par l'accumulation des ouvrages au milieu desquels il doit choisir; après avoir embrassé dans son enthousiasme toutes les voies de la science, il s'agite en vain, sans produire aucun travail utile dont elle puisse profiter, et quitte, à jamais dégoûté, son instrument et ses calculs.

Il est difficile, en effet, quand on commence l'étude de l'astronomie, de démêler, dans les répétitions des travaux scientifiques qui sont aujourd'hui très fréquentes, le bon grain de l'ivraie, et de discerner entre une théorie exacte ou non; souvent, faute de connaître les travaux qui ont été faits précédemment, on s'égare dans les mêmes idées spéculatives qui ont été déjà publiées, discutées et même condamnées à bon droit après un examen approfondi.

Le moyen de laisser à l'astronomie toute sa vigueur, c'est d'élaguer sans cesse ces théories avortées, ces systèmes fantaisistes, et nous croirons avoir été véritablement utile si nous avons pu éclairer quelques chercheurs et leur indiquer la voie des études sérieuses.

L'astronomie n'est pas, comme on est fort tenté de le croire, une science aride et ingrate, dont les spéculations dépassent la portée de l'intelligence : loin de là, son étude recèle un charme profond qui est, pour ses adeptes, une source de plaisirs calmes et tranquilles.

L'ouvrage que nous présentons au public n'est pas écrit pour les savants : il a été fait spécialement pour les amateurs de science, c'est-à-dire pour tous ceux qui, n'ayant pas une connaissance approfondie des lois mathématiques, n'en ont pas moins un grand désir de s'initier à l'étude des étoiles, aux curiosités du ciel, aux merveilles de l'infini.

C'est pour les lecteurs *de bonne volonté* que ces pages ont été écrites, c'est pour eux que nous avons entrepris de mettre l'étude du ciel à la portée de tous. Nous ne leur demandons, comme le désirait Fontenelle, « que la même application qu'il faut donner à la *Princesse de Clèves*, si on veut en suivre bien l'intrigue, et en connaître toute la beauté ».

Dans les développements successifs auxquels nous avons été amenés, nous avons tenté de donner, sans formules, sans difficultés matérielles, des connaissances suffisantes sur les mouvements des astres et sur leur constitution intime : nous avons eu surtout en vue d'indiquer les méthodes et les instruments employés pour suivre la nature dans ses plus sublimes manifestations.

Le souhait le plus vif qu'il nous soit donné de former, c'est d'avoir par là contribué, pour une faible part, au mouvement scientifique en entraînant *quelques bons esprits* dans l'étude de la science à laquelle nous nous sommes consacré entièrement et en amenant quelques savants amateurs à des recherches personnelles.

Qu'on n'oublie pas, en effet, que l'intérêt d'une observation, la gloire d'une découverte rejaillit sur le pays tout entier, et que c'est encore être patriote que de fournir à notre France, « le plus beau pays après le ciel (1), » l'occasion de soutenir sa vieille réputation de haute intelligence et de science approfondie.

(1) Grotius.

Fig. 1. — La Science, d'après un dessin allégorique du XVIIIe siècle.

ASTRONOMIE PRATIQUE

LE SOLEIL, LES ÉTOILES

LES

ASTRONOMES AMATEURS

CHAPITRE PREMIER.

L'ASTRONOMIE D'AMATEURS.

Combien d'avantages ne serait-on pas en droit d'attendre des observations, des remarques même recueillies par les personnes pour lesquelles l'étude a quelque attrait! La renommée que tout chercheur habile est en droit d'attendre de ses études, un commerce agréable avec les savants sont des raisons suffisantes, je crois, pour entraîner quelques indifférents et pour réchauffer l'enthousiasme des amateurs. Enfin, une récompense plus douce encore sera le prix des efforts de ceux qui se livreront aux recherches astronomiques : leur esprit, mûri par l'étude des lois mathématiques, éprouvera une véritable jouissance de l'équilibre parfait qui s'établira dans ses facultés.

Considérons un instant le rôle de l'astronome amateur dans la science. Placé loin du monde savant officiel, il y touche par ses travaux, en obtient la récompense; mais, dégagé de la lutte quotidienne, il est à l'abri des sentiments trop humains qui divisent les astronomes aussi bien que les autres mortels.

On me demandait, il y a quelque temps, quels services pouvait rendre un astronome amateur? Quels services, grand Dieu! Mais l'ignorance la plus profonde peut seule empêcher de les connaître.

Il suffit de jeter un coup d'œil sur l'histoire des sciences, et on s'apercevra vite de l'influence de ces observations isolées, provenant de savants amateurs adonnés à des études diverses et pouvant porter leurs investigations dans toutes les branches de la science, suivant leurs connaissances antérieures ou leurs aptitudes personnelles.

Copernic, auquel nous devons le véritable système du monde, était un astronome amateur; Newton, l'immortel législateur de la gravitation universelle, n'était pas un savant officiel. Un autre amateur, le musicien Herschel, s'est érigé en réformateur de la science et lui a fait accomplir un pas gigantesque, tant par ses nombreuses observations que par ses procédés de construction d'instruments. Le Verrier dirigeait la manufacture des tabacs, quand, sur les conseils d'Arago, il commença à se livrer à l'étude des perturbations planétaires, œuvre qu'il couronna par la découverte de Neptune. C'était donc encore un astronome amateur. Et lord Ross, qui a découvert tant de nébuleuses dans son immense télescope; et Dunbowski, et Burnham, deux infatigables investigateurs dont les travaux sur les étoiles doubles sont connus de tous les astronomes, n'étaient pas plus des savants officiels.

Lalande, qui a fait, à l'École militaire, l'étude de plus de

Fig. 2. — L'Astronomie, d'après Melozzo da Forli.

50.000 étoiles formant un des plus beaux catalogues que l'on ait conservés, était encore un amateur.

M. Janssen, quand il a fait connaître le moyen d'observer les protubérances solaires sans être obligé d'attendre les éclipses; Carrington et Warren de la Rüe, lorsqu'ils ont publié leurs admirables observations du Soleil, n'étaient encore que des amateurs.

C'était aussi un amateur que Goldschmidt, un peintre, qui possédait son atelier à Paris : il découvrit avec une petite lunette quatorze petites planètes et revisa avec bonheur les cartes allemandes. Il en est de même du docteur Lescarbault, le savant médecin d'Orgères, qui observa pendant vingt années avec un outillage rudimentaire. Il trouva la juste récompense de ses travaux dans sa découverte de Vulcain, qui lui valut la décoration si bien méritée par sa persévérance.

Mais le plus beau trait de patientes recherches nous est fourni par un obscur conseiller d'État de Dessau, Schwabe, un amateur, qui, pendant plus de trente ans, continua d'envoyer ses observations des taches du Soleil ainsi que leur nombre au journal de Schumacher, lequel les jugeait parfaitement inutiles et les signalait à regret, uniquement parce qu'il s'était engagé à publier toute observation céleste inédite.

Ce serait sottise de ne pas reconnaître que l'astronomie compte de pures gloires parmi les savants officiels. C'est même certainement parmi ceux-ci qu'elle a pris naissance. Kepler, Tycho-Brahé sont là pour le rappeler.

On peut même dire que l'astronomie d'observation date de Tycho-Brahé, qui, par un labeur constant, par des observations d'une grande précision pour son époque, prépara les merveilleux travaux de ses successeurs.

Il ne faudrait pas croire cependant qu'il soit nécessaire d'avoir une grande instruction ou une position bien assise pour se faire rapidement connaître : nous allons, pour en donner des preuves, citer encore quelques exemples d'amateurs astronomes qui, bien qu'appartenant par leur naissance à une classe peu élevée de la société, ont su se

Fig. 3. — Tycho-Brahé, portrait gravé par de Gheyn.

créer une situation qui a tiré leur nom de l'oubli auquel il était d'avance condamné.

En 1562, naissait à Copenhague, d'un laboureur danois, un enfant qui plus tard devint un des calculateurs et des observateurs les plus laborieux de cette époque : c'était Longomontanus.

Après avoir travaillé huit ans chez Tycho-Brahé et l'avoir beaucoup aidé dans ses travaux, il a publié des tables astronomiques et un traité connu sous le nom d'*Astronomica danica*.

Vingt ans environ avant la mort de Longomontanus, en 1625, vivait à Vizille, près de Grenoble, un jardinier du château du connétable de Lesdiguières, nommé Éléazar Féronce, qui ne tarda pas à se faire connaître comme un observateur habile. On trouve son nom cité avec honneur par Gassendi, et l'histoire céleste de Tycho, publiée en 1666, par le P. Albert Curtius, en fait mention comme de l'un des trois observateurs qui, avec Bouillaud et Gassendi, faisaient le plus d'honneur à la France.

Un nommé Crabtré, drapier près de Manchester, à Broughton, fit beaucoup d'observations astronomiques, entre autres celle du passage de Vénus sur le Soleil en 1639.

Un Hollandais du nom de Théodore Rembraudsz vivait à Nierop du produit des chaussures qu'il vendait. Ayant eu occasion de lire les ouvrages de Descartes, il pénétra chez lui, malgré les domestiques, tant étaient grands son désir de le voir et son admiration pour ses immortels principes.

Descartes, charmé de son esprit et de sa rare intelligence, l'honora constamment de son amitié. Rembraudsz a publié en hollandais une *Astronomie* où il défend les principes de Copernic et où il développe une puissante érudition.

Jean Jordan, de Stuttgard, était pelletier; il étudia l'astronomie dans les ouvrages allemands, étant incapable de comprendre le latin, et fit dans cette science des progrès tels qu'il se mit en état d'abréger les tables rudolphines de Kepler pour le calcul des éphémérides.

Nicolas Schmidt, paysan à Rothenaker, publia pendant vingt ans des éphémérides dont il avait pu arriver à effectuer les calculs par ses seules études.

Un autre paysan, Christophe Arnold, suivit avec soin, près de Leipzig, l'observation de presque tous les phénomènes célestes : aucune éclipse de Soleil, de Lune, des satellites de Jupiter ne lui échappa pendant neuf années. Ce fut lui qui aperçut le premier la comète de 1683, qu'il découvrit huit jours avant Hevelius, ainsi que celle de 1686. Quatre ans après, il observa le passage de Mercure sur le Soleil. En reconnaissance de ces divers travaux, les magistrats de Leipzig lui accordèrent l'exemption des tailles et une forte gratification.

André Heuman, courrier de Nuremberg, qui étudia sans maître, était arrivé à pouvoir calculer le lieu des différentes planètes.

Voilà, comme on peut le voir, une liste assez longue; ne nous arrêtons pas en chemin et signalons encore les noms suivants :

Un tisserand de Lisieux, Jean Lefebvre, après avoir lu quelques traités d'astronomie, donna des calculs d'éclipses qui coïncidèrent sensiblement avec l'observation. On lui offrit de calculer une table des passages de la Lune par le méridien et on lui accorda une pension pour continuer les calculs de la *Connaissance des temps*. Il continua cette publication jusqu'en 1701 époque à laquelle une dispute s'étant élevée entre lui et l'astronome officiel, Lahire, au sujet d'une éclipse de Lune, il fut, sur les instances de celui-ci, destitué de sa pension et rayé de l'Académie.

Un autre exemple, non moins heureux, est celui que nous fournit Jacques Ferguson, qui naquit en 1710, quatre ans après la mort de Lefebvre, en Écosse. Il apprit à lire presque seul et construisit de ses mains un globe céleste et une horloge en bois pour pouvoir observer les mouvements célestes. Il publia par la suite des tables et des calculs astronomiques très remarqués, et fit publiquement des cours de physique; il fut reçu membre de la Société royale britannique.

Fig. 4. — Pierre Anich.

Pierre Anich naquit en 1725, dans les montagnes du Tyrol. Dans sa jeunesse, il aidait son père à la culture des champs ou tournait de menus objets. A l'âge de vingt-huit ans, il prit quelques leçons d'astronomie et ne tarda pas à confectionner pour son usage des instruments semblables à ceux qu'il avait vus.

Il fit un grand globe céleste, tout écrit à la main, pour le musée académique, ainsi qu'un globe terrestre, et fut enfin chargé de dresser à une grande échelle la carte du Tyrol.

Fig. 5. — Jean-Georges Palitzsch.

Il se fit en outre remarquer par la découverte de plusieurs comètes et par d'autres observations importantes faites à l'aide d'instruments qu'il avait construits en grande partie de ses mains.

Il mourut à quarante-trois ans, des suites d'une maladie contractée pendant ces divers travaux.

Vers la même époque, un paysan saxon, Jean-Georges Palitzsch, consacrait ses faibles épargnes à se former un observatoire muni des instruments les plus indispensables et passait toutes ses heures de loisir à l'observation. Peu de phénomènes intéressants lui échappaient, et cependant la renommée, qu'il ne cherchait pas, se taisait encore lorsque son nom fut révélé à l'Europe savante par la découverte qu'il fit de la comète de 1682, dont Halley avait indiqué le retour pour 1758 ou 1759.

Les observations de Palitzsch des 25 et 27 décembre 1758, combinées avec celles d'un autre amateur d'astronomie, le Dr Hoffman, permirent de calculer les éléments de la comète ainsi aperçue, de prouver que c'était bien un retour de la comète de 1682 et de vérifier ainsi à nouveau les principes de la gravitation.

C'est encore à l'observation des comètes que Jean-Louis Pons dut sa réputation. C'est, je crois, avec Messier, celui qui a le plus découvert de ces astres errants.

Il était concierge à l'observatoire de Marseille, lorsque les directeurs, frappés de ses heureuses dispositions, lui donnèrent les premières leçons. Pons ne tarda pas à devenir un observateur fort habile, grâce à son aptitude particulière et à sa persévérante passion pour la science.

La plus connue de ses observations est, en 1810, celle du retour de la comète de Encke, qui porte parfois son nom. Il fut nommé, en 1813, astronome adjoint à Marseille et devint, en 1824, directeur de l'observatoire de Toulouse.

On voit, par ce qui précède, que les astronomes amateurs

ne manquent pas et qu'on peut les rencontrer parmi les personnes qui semblent le moins destinées à ce genre d'études.

Et combien ne figurent pas sur cette liste déjà longue, dont les travaux sont connus ! Tous les observateurs d'étoiles filantes, Coulvier-Gravier en tête, ceux qui ont calculé ou étudié les comètes, comme Pingré, qui les ont découvertes comme Biela, etc., ont vu leur nom attaché à leurs travaux, noms illustres dont la science conserve la mémoire.

Les carrières astronomiques.

Nous croyons devoir consacrer quelques lignes à une question très digne d'intéresser les astronomes amateurs. Quelque séduisante que soit la carrière d'astronome, dans bien des cas, la situation personnelle des observateurs ne leur permet pas de négliger le côté pratique de la vie.

La *lutte pour l'existence* est devenue tellement âpre à notre époque, que, souvent, à une carrière honorable et peu rémunérée on préfère les bénéfices d'un emploi moins relevé. Nous devons donc mettre en garde ceux qui croiraient pouvoir trouver un avenir brillant dans la carrière que nous leur indiquons.

Tout d'abord, il y a lieu de distinguer parmi les astronomes amateurs ceux dont la position est assurée et qui n'ont pas à s'occuper des soucis de la vie.

A ceux-là nous dirons sans hésiter : Si vous voulez vivre satisfaits et calmes, attendre, au milieu de travaux tranquilles et attrayants, une vieillesse heureuse et longue (généralement les astronomes vivent vieux) (1), adonnez-vous à la science du ciel.

(1) D'après les recherches de M. Lancaster, l'âge moyen des astronomes

Mais à ceux qu'une vocation impérieuse semble entraîner vers l'astronomie, nous ne pourrons donner un conseil qui leur soit aussi agréable.

Tout d'abord laissons la parole à un maître, à Biot, qui, dans les lignes suivantes, a si bien tracé les qualités indispensables, requises des aspirants au titre de savants.

« Vous tous, jeunes gens, qui arrivez dans la carrière des sciences en y apportant l'ardeur vive et pure de votre âge, ne laissez jamais éteindre en vous ces nobles sentiments par les intérêts de vanité ou de fortune qui occupent et agitent le plus grand nombre des hommes de nos jours. Que le développement de votre intelligence soit votre unique but. Appliquez-vous d'abord à exercer, assouplir, perfectionner les ressorts de votre esprit par l'étude des lettres. N'écoutez pas ceux qui les dédaignent. On n'a jamais eu lieu de s'apercevoir qu'ils fussent plus savants pour être moins lettrés. Elles seules pourront vous apprendre les délicatesses de la pensée, les nuances du style, vous donner la pleine compréhension des idées que vous aurez conçues, et vous enseigner l'art de les exprimer clairement par des termes propres. Ainsi préparés, votre initiation aux premiers mystères des sciences deviendra facile. En vous y présentant, fortifiez surtout votre esprit par l'étude

semble croitre en raison directe de leur valeur. D'après les conclusions statistiques de cet intéressant travail, on remarque que sur 100 individus de chacune des classes ci-dessous, il en est mort :

	Avant 1780.	Après 1780.
Avant 70 ans...............	62	57
De 70 ans à 79 ans..........	23	28
De 80 ans à 89 ans..........	12	13
De 90 ans à 99 ans..........	2	2
Au delà de 100 ans..........	1	0

des plus abstraites, qui sont le principe logique de toutes les autres. Quand vous aurez goûté les prémices des jouissances que chacune donne, choisissez celle qui vous plaît, qui vous attire, et attachez-vous à la cultiver. Si l'attrait devient une passion, abandonnez-vous au charme qui vous entraîne; et lorsque votre persévérance vous aura mérité d'entrer dans le sanctuaire de cette science préférée, à la suite des grands hommes qui nous l'ont ouvert, dévouez-vous tout entier à son culte, d'un constant amour. N'ayez plus d'autre ambition que de dévoiler après eux, à vos contemporains et à la postérité, quelques-unes de ces vérités impérissables que la nature infinie leur a cachées et nous cache encore. Pour vous rendre dignes de les découvrir, efforcez-vous de lui arracher ses secrets par de longs travaux, suivis avec une invariable patience dans la solitude; ne laissant distraire votre esprit que par les affections paisibles qui peuvent le soutenir, et par les études accessoires qui peuvent l'orner, l'élever ou l'étendre. Vous n'arriverez pas ainsi à la richesse, aux honneurs du monde. Si vous tenez de la faveur du Ciel une modeste aisance, ne désirez rien au delà et persévérez. Ne vous l'a-t-il pas accordée? Craignez de vous engager dans une carrière qui, arrêtant, concentrant toutes les forces de votre esprit sur des abstractions étrangères à tout emploi profitable, vous mènera peut-être à l'indigence, ou du moins vous imposera pendant longtemps de rudes privations. Mais y êtes-vous poussé invinciblement par une de ces passions que rien ne surmonte? Alors acceptez en entier les sacrifices qu'elle exige. Ne donnez aux besoins matériels que la portion de temps et de travail indispensable pour y pourvoir; vous résignant à être pauvre, jusqu'à ce que vos travaux, vos découvertes, aient attiré sur vous les justes récompenses que nos institutions publiques, enrichies par les bienfaits de quelques âmes généreuses, tiennent toujours prêtes pour le mérite laborieux. A ces titres le nécessaire de chaque jour vous sera tôt ou tard assuré; et si vous avez le courage de borner là vos souhaits, vous pourrez continuer à vivre pour la science, dans la jouissance de vous-même, sans inquiétude de l'avenir. Peut-être la foule ignorera votre nom et ne saura pas que vous existez; mais vous serez connu, estimé, recherché d'un petit nombre d'hommes éminents répartis sur toute la surface du globe, vos émules, vos pairs dans le sénat universel des intelligences; eux seuls ayant le droit de vous apprécier et de vous assigner un rang mérité, dont ni l'influence d'un ministre, ni la volonté d'un prince, ni le caprice populaire ne pourront vous faire descendre, comme ils ne pourront vous y élever, et qui vous demeurera tant que vous serez fidèle à la science qui vous le donne. Enfin, si au déclin de votre vie, ces témoignages extérieurs étaient confirmés, couronnés dans votre patrie même, par les suffrages d'une réunion d'esprits d'élite, dont la variété des talents représente l'universalité des qualités de l'intelligence humaine, sous toutes leurs formes et dans leurs applications les plus diverses, vous aurez obtenu la plus belle récompense à laquelle un savant puisse aspirer. »

Les astronomes amateurs qui ne sont pas indépendants feront bien de méditer les sages paroles de Biot. Il est de notre devoir cependant de leur indiquer les *débouchés* que peut offrir la carrière d'astronome.

On doit tout d'abord tenter de pénétrer à l'Observatoire de Paris, là seulement on est à même de trouver une position stable sinon brillante.

On admet dans cet établissement, chaque année, quatre ou cinq *élèves astronomes*. Pour être admis à concourir, il faut être licencié ès sciences mathématiques, sortir de l'École polytechnique ou de l'École normale.

Lorsqu'ils sont nommés, les élèves astronomes sont logés à l'Observatoire et reçoivent un traitement de 1.800 francs. Après trois années, ils sont généralement envoyés dans un observatoire de province avec des émoluments variant de 2.500 à 3.000 francs; ils peuvent, par la suite, devenir astronomes. Cette position leur assure des traitements plus élevés, mais est fort difficile à atteindre, car le nombre de titulaires est restreint.

Le bureau des calculs de l'Observatoire ou du Bureau des Longitudes sont deux impasses qui ne peuvent mener à aucun avenir enviable ni permettre d'appliquer les facultés d'observation que l'on peut posséder.

On voit que l'astronomie pratique officielle est réservée à un petit nombre d'élus, et nous avons cru devoir tenir en garde les jeunes astronomes amateurs contre l'idée qu'ils auraient pu se créer une situation en continuant les travaux d'observation ou de calcul pour lesquels ils auraient de réelles dispositions.

Mais, en dehors de ce champ, on peut tirer quelque parti des connaissances acquises dans la science qui nous occupe. Il est possible de concilier l'étude de l'astronomie avec une situation parallèle qui assure la vie matérielle.

Un professeur, un avocat, sont en droit d'attendre une réputation méritée par leurs travaux scientifiques, et d'en tirer un profit réel dans leur profession. La littérature scientifique, la vulgarisation, les leçons peuvent aussi procurer des avantages; mais, en tous cas, qu'on se rappelle bien, avant de se lancer dans cette voie, que la science est une religion qui élève certainement ses ministres mais ne les nourrit pas. Que ceux que la vocation entraîne invinciblement s'arment de courage. Qu'ils soient doués d'une énergie constante, d'une bonne santé et d'un esprit sain et se lancent d'un cœur hardi dans l'étude et l'observation, ils en retireront sûrement, au point de vue intellectuel, la plus belle récompense qu'il soit permis d'espérer.

A défaut d'avantages matériels, et dans la *médiocrité dorée*, ils trouveront l'apaisement des passions, la sérénité des grands esprits et vivront dans le calme et la lumière.

Quoi qu'il en soit de la situation particulière de chaque astronome amateur, il doit se pénétrer tout d'abord de la pensée que ses recherches, sauf de rares exceptions, ne seront couronnées de succès qu'autant qu'il sera armé de qualités sérieuses.

Tout d'abord il ne devra se rebuter de rien, posséder une patience que rien ne saurait lasser, attendre de longues heures, exposé aux vicissitudes de toutes les saisons, le moment d'un phénomène, sacrifier son temps, sa vue, sa santé et sa vie au bonheur d'une observation, à l'honneur d'une découverte.

Il doit savoir observer, dessiner avec attention les aspects divers des corps qu'il aperçoit, concentrer son esprit sur l'observation tout en retenant les moindres détails du phénomène.

Enfin, il lui est indispensable, s'il veut sortir de l'ombre, de posséder un esprit d'analyse très exercé, de sorte qu'en discutant, en disséquant les faits, il soit amené à en tirer des conclusions nouvelles, des aperçus ingénieux, des lois ou des théories encore inaperçues.

A celui qui se sentira doué de ces qualités multiples, que l'étude des mathématiques aura préparé à la lutte, que la médiocrité n'effrayera pas, à celui-là nous dirons : Marchez courageusement dans la voie de la science, vous êtes un élu ; que votre bonne étoile vous garde, l'avenir vous appartient !

Rôle des astronomes amateurs.

Le rôle de l'astronome amateur est très variable, suivant ses ressources et ses facultés. Il faut laisser à ceux qui ont le pouvoir de faire avancer la science les instruments dispendieux et ne pas chercher à posséder une lunette gigantesque pour les résultats qu'on peut en tirer.

Avec un télescope très portatif et très maniable on pourra se rendre compte de tous les mouvements des astres et des plus beaux spectacles que le ciel peut offrir.

Les étoiles sont autant de points fixes auxquels on rapporte la marche du Soleil, de la Lune, des planètes et des comètes : l'astronome amateur devra donc, tout d'abord, se familiariser avec la lecture des cartes célestes : il n'est pas besoin pour cette recherche d'instrument quelconque, l'application suffira.

C'est une étude attrayante, analogue à celle de la géographie du globe terrestre : les constellations, les étoiles, les nébuleuses, la Voie lactée sont représentées sur les cartes comme le sont sur notre mappemonde les continents, les villes, etc. La récompense de ces travaux ne se fait pas attendre : au bout d'un temps très court, l'amateur intelligent est heureux de reconnaître sans difficulté les deux Ourses, Cassiopée, Andromède, Pégase, la Lyre, le Grand Chien, le Petit Chien, Orion, puis les constellations zodiacales.

On peut encore, sans télescope, suivre (1) la marche des

(1) La perfection de la vue tient à deux causes : d'abord, la sensibilité de la rétine, qui fait percevoir des différences de lumière fort peu appréciables, et la perfection du globe oculaire, qui permet de voir des objets très petits

planètes, de la Lune, qui depuis les premiers âges sont perceptibles à l'œil nu.

On s'imagine difficilement la perfection que l'œil sagement entraîné peut acquérir.

M. de Humboldt cite un très remarquable exemple du degré de pénétration que la vue peut atteindre chez certains individus.

A Breslau, un nommé Schœn, maître tailleur, pouvait, lorsque la nuit était sans lune, distinguer à l'œil nu les satellites de Jupiter. Il indiquait leur position exacte et le faisait même pour plusieurs satellites à la fois.

Les faux rayons des astres qui gênent les autres personnes n'existaient pas pour lui, et les étoiles ainsi que les planètes, dépourvues de rayons parasites, ne lui semblaient que de simples points brillants. C'étaient le premier et surtout le troisième satellite qu'il distinguait le mieux; mais il ne vit jamais le second et le quatrième isolément.

Jamais il ne confondit les satellites avec de petites étoiles, sans doute à cause de la scintillation de celles-ci et de leur lumière plus agitée.

Schœn mourut en 1837. Quelques années avant sa mort, ses yeux ne pouvaient plus distinguer les lunes de Jupiter, elles ne lui apparaissaient plus que comme de faibles traits de lumière.

Les expériences faites sur la vue de Schœn s'accordent très bien avec ce que l'on sait sur l'éclat relatif des satel-

et d'un faible éclat. Il est un fait reconnu qu'il est bon de signaler à ce sujet : c'est que, en regardant de côté, on voit des étoiles dont la clarté ne frappe pas la vue quand on regarde de face, probablement parce que, les rayons parvenant obliquement à l'œil, leur faible éclat impressionne des portions de la rétine d'autant plus délicates et d'autant plus sensibles que l'observateur s'en sert plus rarement.

lites de Jupiter; en effet, le deuxième est le plus petit, et le quatrième s'assombrit périodiquement, tandis que le troisième est le plus grand et que sa lumière est d'un jaune très vif.

On a rencontré aussi des nègres s'étonnant qu'on n'aperçût pas comme eux les satellites de Jupiter.

Le maître de Kepler, Moestlin, voyait à l'œil nu quatorze étoiles dans les Pléiades; quelques anciens en avaient distingué neuf, et c'est à peine si des vues ordinaires peuvent y apercevoir autre chose qu'une tache nébuleuse.

A l'aide d'un annuaire astronomique quelconque (l'*Annuaire du Bureau des Longitudes*, par exemple), on peut distinguer et reconnaître les différents corps célestes, par l'heure du lever, du coucher, du passage au méridien.

En rapportant les planètes aux étoiles on se débarrasse des études géométriques, indispensables aux recherches de la science perfectionnée, mais trop arides pour des adeptes de la science élémentaire.

Au lieu de parler de l'ascension droite, de la déclinaison, de la longitude ou de la latitude, on dit tout simplement que l'astre considéré est dans la constellation du Lion ou des Gémeaux.

Nous verrons, lorsque nous aurons occasion de nous occuper des étoiles, les remarques pleines d'intérêt qu'on peut être amené à faire, quand on les observe avec soin.

Une fois que l'amateur possédera les notions générales du ciel, c'est-à-dire quand il aura épuisé la liste des observations à faire à l'œil nu, il pourra, pour son agrément, se munir d'une forte lunette ou d'un petit télescope.

Comme, dans ce cas, il s'agira pour lui de voir simplement, les instruments sans pied lui suffiront et il pourra dédoubler certaines étoiles, étudier les nébuleuses, dénombrer les étoiles, etc. Disons cependant combien il est difficile dans ces conditions de distinguer nettement quelque chose.

S'il n'a à sa disposition qu'une lunette portative à tirage, il faudra alors la fixer par des cordes à un support, mais, jusqu'à ce jour, aucun des procédés employés n'est exclusivement adopté.

On a proposé d'attacher la lunette par le milieu à un petit arbre; on lui préfère généralement une sorte de monture un peu analogue à celle que Herschel avait adoptée pour ses télescopes de sept pieds. Une chaise à montants droits, étant placée sur une table, la lunette est attachée en deux points au dossier.

Fig. 6. — Mode d'attache d'une lunette portative.

Cette disposition quoique peu élégante permet de faire mouvoir l'instrument de gauche à droite sans difficulté : le mouvement du haut en bas s'obtient en faisant varier la hauteur de l'un des points d'attache. Nous n'indiquons ici que les instruments qui semblent à la portée de tout le monde, car nous consacrerons un chapitre aux observatoires d'amateurs, après avoir étudié les divers instruments indispensables à l'étude scientifique du ciel.

S'il ne s'agit, pour l'astronome amateur, que de contenter un désir très légitime et très louable de s'instruire en s'intéressant aux astres de la voûte étoilée, les observations à l'œil nu suffisent à son ambition, elles sont en assez grand nombre.

Celui qui, plus ardent, veut pousser plus loin ses connaissances astronomiques doit s'armer d'une bonne jumelle et peut encore en faire un excellent usage. Signalons à ce sujet les travaux de Houzeau, qui à l'aide d'une jumelle de théâtre très ordinaire fit une revue très sérieuse des étoiles du ciel visibles à l'œil nu (6.000 étoiles).

Avec un appareil optique aussi imparfait, on pourra cependant trouver encore des spectacles intéressants au ciel, surtout en contemplant les amas d'étoiles de la Voie lactée, la Chevelure de Bérénice, les Hyades, les Pléiades, les amas du Cancer, d'Hercule et de Persée, quelques nébuleuses résolubles ainsi que les étoiles doubles les plus brillantes.

Si l'on peut consacrer une centaine de francs à l'achat de la lunette, on pourra se livrer à l'observation de la Lune. On verra distinctement les satellites de Jupiter, les taches solaires, l'anneau de Saturne, les phases de Vénus, les étoiles jusqu'à la 8e grandeur et plus de cent étoiles doubles.

Si, en réunissant leurs efforts, plusieurs amateurs peuvent doubler cette somme, ils gagneront la vue de plusieurs phénomènes des plus remarquables; ils pourront d'abord étudier utilement la Lune, le Soleil et Jupiter. Mercure, Vénus, Mars et Saturne leur offriront des aspects dignes d'observations et leur permettront déjà de faire une étude sérieuse de ces planètes; ils apercevront même Uranus et pousseront leurs recherches jusqu'aux étoiles de la 9e grandeur.

Mais, pour justifier le titre *d'astronome* amateur et pour faire des observations utiles, il faut compter sur une dépense variant de 500 à 1.000 francs. Cette somme, bien qu'assez forte, peut être obtenue par la réunion de plusieurs amateurs, dont les études pourront alors avoir une portée vraiment scientifique. En effet, dans ces conditions, on peut dire que tous les phénomènes intéressants à suivre, aussi bien les études planétaires que les recherches d'astronomie stellaire, pourront être observés, à l'aide de cet instrument.

Fig. 7. — Uranie, d'après une statue antique.

CHAPITRE II.

LES CURIOSITÉS DU CIEL. — VUE D'ENSEMBLE.

Nous devons, pour l'instant, nous borner à l'étude des apparences et supposer la Terre immobile au milieu de l'espace. Nous sommes également contraints d'accepter cette donnée que le ciel est une immense sphère sur laquelle seraient fixés des milliers de points brillants tournant d'orient en occident d'un mouvement absolument uniforme en 23 heures 56 minutes de temps moyen, sur un axe presque invariable.

Ces hypothèses étaient, du reste, la base des croyances anciennes : l'incorruptibilité des cieux, cette voûte de cristal où étaient attachées les étoiles (*stellæ affixæ*), — d'où on a fait étoiles fixes, — et l'immobilité de la Terre, étaient professées par les écoles anciennes.

Il faut nous imaginer encore qu'à partir de l'horizon, qui nous cache la partie inférieure de la sphère étoilée, les levers et les couchers des étoiles dépendent de la route qu'elles doivent accomplir et de l'élévation qu'elles seront susceptibles d'atteindre lors de leur passage au méridien.

On sait que les planètes et les comètes sont les seuls astres qui ne conservent pas leurs distances réciproques; en les rapportant aux points voisins, on les voit s'avancer d'occident en orient. Leur mouvement propre est plus ou moins rapide et sujet à certaines irrégularités qui l'accélèrent, le retardent ou le font même rétrograder. Ces mouvements se combinent avec le mouvement diurne, et les corps dont il s'agit circulent autour de nous, se lèvent, se couchent en 23 heures 56 minutes, comme les autres astres. Ce n'est qu'en les comparant journellement à ceux-ci, et parfois après un assez long temps, qu'on peut constater leur marche indépendante et les signaler comme des planètes ou des comètes.

Notre Soleil lui-même, dans ce cas, suit une route circulaire dans le ciel et met un an à parcourir la circonférence entière. Chaque jour cette brillante étoile, car ce n'est qu'une petite étoile, suit la rotation de la terre, ce qui produit pour nous les alternatives de jour et de nuit, de lever et de coucher.

Chaque jour, se rapprochant de l'orient, il décrit un arc de près de 1 degré. Cet arc donne un peu plus de durée à sa révolution diurne qu'à celle des autres astres : le temps marqué par le retour du soleil au méridien est de 24 heures, soit près de 4 minutes de plus que la révolution diurne d'une étoile. Le Soleil. changeant peu à peu de place dans le ciel, parcourt environ 30 degrés par mois.

La sphère céleste nous offre donc des aspects variant graduellement avec la marche du Soleil. Si, à une époque donnée, on observe des étoiles à 9 heures du soir, par exemple, et qu'on en remarque une de première grandeur sur l'horizon oriental : le mois suivant, à la même heure, on s'apercevra qu'elle est plus élevée et, peu à peu, les positions qu'elle occupe à 9 heures du soir la rapprocheront du méridien : elle atteint cette position et décline régulièrement de la même façon, pour disparaître enfin sous l'horizon occidental, comme si elle s'était déplacée de gauche à droite.

Ce fait est le résultat d'une illusion qui provient de ce

que la Terre a réellement progressé de 30 degrés par mois, mais en sens inverse.

On comprendra facilement que le résultat optique soit le même. S'il s'agit d'atteindre un point, qu'importe si le but se déplace et vient vers vous ou bien si vous marchez à lui de la même vitesse.

Le mouvement apparent du Soleil produit sur notre globe un effet encore bien curieux, je veux parler des saisons. Comme il change, ainsi que nous venons de le voir, chaque jour le lieu de son lever et de son coucher, ainsi que sa hauteur à midi, il suit une courbe dans l'espace.

Au solstice d'été, il atteint sa plus grande élévation : il est au contraire à son point le plus bas au solstice d'hiver.

Sa marche dans le ciel l'approche ou l'éloigne de l'équateur, qu'il ne décrit qu'aux équinoxes : cet arc de 1 degré dont il se déplace chaque jour est incliné sur l'équateur, et l'obliquité qui en résulte a 23 degrés et demi ou 23°,5 d'inclinaison sur ce plan.

La Lune progresse identiquement de la même façon que le Soleil, mais comme son mouvement est environ 13 fois plus rapide, elle décrit la circonférence entière du ciel en 27 jours 1/3 ou 27,3 jours, on peut la voir gagner journellement de 13 degrés d'orient en occident, s'avancer, et fuir rapidement les étoiles au travers desquelles elle poursuit sa course.

Puisque le Soleil décrit un arc de près d'un degré pendant que la Lune en décrit un de 13 degrés relativement au Soleil, la Lune ne s'éloigne vers la gauche que de 12 degrés par jour; le retard diurne de son passage au méridien est exactement de 50′ 1/2 ou 50′,5. L'influence des phases de la Lune vient encore s'ajouter à l'intérêt de ses mouvements.

Division du ciel en constellations.

Voilà, rapidement résumées, les apparences auxquelles nous pouvons arrêter notre attention. Nous allons donc étudier d'une façon approfondie l'aspect général des constellations; puis, lorsque nous serons parvenus à découvrir et à reconnaître sans peine dans le ciel ces astres fixes, nous passerons à l'application des principes, à la découverte du lieu des astres pour un instant et une station choisis ; enfin, nous nous livrerons à l'étude des problèmes de l'astronomie qui dépendent des connaissances que nous aurons acquises.

Les premiers observateurs du ciel durent se trouver dans un grand embarras lorsqu'ils voulurent reconnaître un astre dans l'infinité des étoiles qui brillent par une belle nuit : aussi durent-ils être conduits rapidement à diviser la surface du ciel en un certain nombre de parties et à étudier en détail chacune de ces parties.

Ces divisions, que l'on a retrouvées chez presque tous les peuples et à toutes les époques, ont reçu le nom de constellations (*stella*, étoile) ou d'astérismes (*astrum*, astre).

On fait généralement remonter à la plus haute antiquité l'époque où les Chinois paraissent avoir employé ces divisions ; mais ce n'est guère qu'à 1400 ans environ avant l'ère vulgaire qu'on peut rapporter l'origine des constellations admises par les astronomes.

Les noms de ces constellations furent tour à tour choisis par les Grecs ou par les prêtres d'Égypte, et empruntés tantôt à une vague ressemblance avec une couronne, une croix, un chariot; tantôt à l'histoire ou à la mythologie, pour perpétuer le souvenir de certains personnages; tantôt enfin à la fantaisie, qui plaçait dans le ciel divers êtres avec la silhouette desquels on croyait rencontrer quelque ressemblance dans la disposition des étoiles.

Ces noms, au nombre de 48, nous ont été transmis par Hipparque, auteur lui-même de plusieurs constellations, ou plutôt par Ptolémée, qui a conservé dans sa Syntaxe, traduite en arabe sous le nom d'Almageste, 1.022 étoiles dont Hipparque avait déterminé la position.

Ces dénominations sont, du reste, parfaitement arbitraires, et on serait singulièrement trompé si on s'attendait à retrouver sur la voûte céleste l'image de l'objet dont la constellation porte le nom.

Les anciens astronomes, dans les constellations qu'ils avaient établies, avaient donné des noms particuliers aux principales étoiles. Quant aux étoiles moins brillantes, ils les désignaient simplement par leur position.

En 1603, un jurisconsulte d'Augsbourg, Bayer, eut l'idée de remplacer les noms propres par des lettres. Cette modification, qui par elle-même ne semblait apporter aucun progrès à l'étude des étoiles, fournit à Herschel près de duex cents ans plus tard (1783), l'occasion de constater dans un grand nombre d'étoiles des variations d'éclat que nous étudierons dans la suite.

On n'est pas encore bien d'accord cependant sur la façon dont Bayer a appliqué sa nouvelle méthode. Il a, d'après les uns, distribué ses lettres grecques suivant l'éclat décroissant que chaque étoile émettait de son temps. Au dire des autres, parmi lesquels il faut citer M. Argelander, la première lettre grecque α (alpha) devrait seule être considérée comme ayant été appliquée par Bayer (1) à l'étoile la

(1) Bayer s'était arrêté dans la notation de certaines constellations, et ce

plus brillante de chaque groupe, et les lettres suivantes, β, γ, δ, auraient été données d'après la disposition des constellations et non pas d'aprés leur éclat.

Quoi qu'il en soit, on a coutume de distinguer les étoiles de chaque constellation d'abord par les lettres grecques

α (alpha)	ε (epsilon)	ι (iota)	ν (nu)	ρ (rhô)	φ (phi)
β (bêta)	ζ (dzêta)	κ (kappa)	ξ (xi)	σ (sigma)	χ (khi)
γ (gamma)	η (èta)	λ (lambda)	ο (omicron)	τ (tau)	ψ (psi)
δ (delta)	θ (thêta)	μ (mu)	π (pi)	υ (upsilon)	ω (oméga).

Quand les lettres de cet alphabet sont épuisées, on prend les lettres romaines, puis enfin les chiffres.

Les anciens procédaient de la façon suivante pour classer et nommer les étoiles : un lion, par exemple, se trouvait dessiné sur un groupe d'étoiles, une étoile sera dans son cou, une autre dans son dos, une autre à la queue; ces places serviront à les désigner en particulier. On voit tout de suite ce que ce procédé présente de défectueux et on devine les circonlocutions nombreuses et inévitables qui s'ensuivent; au lieu de cela, on dit aujourd'hui : γ, δ, β ou α du Lion, et l'on retrouve les astres cités plus haut.

Les étoiles dont l'éclat est le plus vif sont dites de 1re grandeur, celles dont la lumière est un peu moins éclatante sont de 2e grandeur, etc.; au-dessous de la 6e grandeur, les étoiles ne sont plus visibles à l'œil nu.

Nous devons mettre le lecteur en garde contre une illusion très fréquente.

La classification en grandeur est basée sur l'éclat des étoiles et non sur leur grandeur réelle, car leurs dimensions ne sont pas susceptibles de mesure, puisqu'elles ne don-

système a été continué, pour les étoiles de plus faible grandeur, par Bode, directeur de l'Observatoire de Berlin.

nent dans les plus puissants télescopes que l'impression d'un point lumineux sans diamètre appréciable (1).

Aussi les astronomes varient-ils souvent sur l'éclat à attribuer à quelques étoiles; quelques-unes flottent entre la 1re et la 2e, d'autres entre la 2e et la 3e grandeur; de là est venue cette habitude de faire suivre le chiffre de la grandeur d'une étoile d'une fraction simple. Ainsi, une étoile dont l'éclat est entre la 6e et la 7e grandeur se dénommera 6-7e grandeur ou 6e,5 grandeur.

Les étoiles les plus brillantes.

Les étoiles les plus brillantes sont : *Sirius*, dans la constellation du Grand Chien; *Procyon*, qui est à l'épaule droite d'Orion; *Rigel*, qui est à son pied gauche; *Aldébaran*, ou l'œil du Taureau; *Capella* ou la Chèvre; *Véga* ou la Lyre; *Arcturus*, dans le Bouvier; *Antarès*, ou le cœur du Scorpion; l'*Épi* de la Vierge; *Régulus* ou le Lion; *Altaïr* ou l'Aigle; *Castor*, l'un des Gémeaux; *Fomalhaut*, ou le Poisson austral; *Canopus*, dans le navire Argo; *Achernar*, dans l'Éridan.

Pour mieux fixer les idées, nous allons indiquer les vingt plus brillantes étoiles, qui se classent dans l'ordre suivant, d'après leur intensité lumineuse, et qui, par suite, varient d'éclat de la 1re à la 2e grandeur :

Sirius	400	Arcturus	75
Canopus	200	Véga	72
α du Centaure	100	Rigel	68

(1) Le diamètre apparent de certaines étoiles dans de puissants instruments n'est dû qu'à la diffraction.

Capella....................	63	α de la Croix du Sud.......	44
Procyon....................	58	Altaïr.....................	43
Betelgeuse.................	50	L'Épi......................	41
Achernar...................	48	Fomalhaut..................	41
Aldébaran..................	46	β de la Croix du Sud.......	40
Antarès....................	45	Régulus....................	40
β du Centaure..............	45	Pollux.....................	38

En prenant comme point de départ un éclat de la Polaire égal à 2,05 gr. à Oxford et 2,15 gr. à Harvard College, on trouve pour les 20 premières étoiles au nord de l'Équateur :

NOMS DES ÉTOILES.		GRANDEURS.	
		OXFORD.	HARVARD.
Capella	α du Cocher...............	+ 0.9 (1)	+ 0.8
Véga	α de la Lyre...............	+ 0.9	+ 0.8
Arcturus	α du Bouvier..............	+ 0.7	1.0
Procyon	α du Petit Chien............	+ 0.5	+ 0.5
	α d'Orion..................	+ 0.0	+ 0.1
	α de l'Aigle................	1.0	0.0
Aldébaran	α du Taureau............	1.1	1.0
Régulus	α du Lyon................	1.2	1.4
	α du Cygne................	1.3	1.5
Pollux	β des Gémeaux.............	1.4	1.6
Castor	α des Gémeaux.............	1.5	1.6
	η de la Grande Ourse.......	1.8	2.0
	γ d'Orion..................	1.8	1.9
	β du Taureau..............	1.8	1.9
	ε de la Grande Ourse.......	1.8	1.9
	α de la Grande Ourse.......	1.9	2.0
	α de Persée...............	1.9	1.9
	β du Cocher...............	1.9	2.1
	α d'Andromède.............	2.1	2.1
	Polaire....................	2.1	2.2

(1) Ces nombres fractionnaires indiquent que les étoiles sont plus grandes que la première grandeur : 0.0 signifie que l'étoile est de première, 0.5 qu'elle est sensiblement deux fois plus forte que la première, etc.

On peut remarquer dans le tableau de la page 29 que la lumière de *Sirius* est quatre fois plus forte que celle de *α du Centaure*, prise comme unité de la première grandeur; *Canopus* serait deux fois plus lumineux et *Betelgeuse* offrirait la moitié moins d'éclat; leurs grandeurs respectives seraient donc : *Sirius*, 0,25; *Canopus*, 0,50; *α du Centaure*, 1; *Betelgeuse*, 1, 5, etc.

On est du reste loin d'être d'accord dans l'appréciation de l'éclat des étoiles, même lorsque cette comparaison résulte d'observations photométriques.

Les noms individuels des étoiles ont peu à peu disparu depuis qu'on a décidé de distinguer dans une constellation chacun des astres par une lettre. Pourtant, certains de ces noms ont prévalu et sont restés attachés à des astres très brillants; en voici l'origine, telle que l'a donnée l'*Annuaire de l'Observatoire royal* de Bruxelles :

Dans la colonne « Langue originelle »,
- *a* signifie *arabe*;
- *e* — ancien *égyptien* ou *copte*;
- *g* — grec;
- *l* — latin.

NOM ASTRONOMIQUE DE L'ÉTOILE.	NOM PROPRE.	LANGUE originelle.	SIGNIFICATION DU NOM PROPRE.
α Eridani........	Achernar..	*a.*	Pour *achir el nahr*, fin du fleuve.
g Ursæ majoris...	Alcor......	*a.*	Vue perçante.
α Tauri..........	Aldébaran.	*a.*	Le successeur, celui qui vient après, qui suit.
γ Pegasi.........	Algenib...	*a.*	L'aile.
β Persei.........	Algol......	*a.*	Le diable.
α Aquilæ.........	Altaïr.....	*a.*	Le vautour, le volatile.
α Scorpii...	Antarès...	*g.*	De ἀντὶ et Ἄρης, anti-Mars (autre Mars), à cause de sa couleur rouge.
α Bootis..........	Arcturus..	*g.*	De ἄρκτος, Ourse, et οὖρος, garde, c'est-à-dire garde de l'Ourse.
γ Orionis........	Bellatrix...	*l.*	Guerrière.
α Orionis.........	Betelgeuse.	*a.*	Corruption de *ibt el dschaurâ*, épaule de Géant (Orion).

NOM ASTRONOMIQUE DE L'ÉTOILE.	NOM PROPRE.	LANGUE originelle.	SIGNIFICATION DU NOM PROPRE.
α Navis..........	Canopus...	*e.*	Sol doré (terre d'or). En copte *Kabi* est terre, et *noub*, or.
α Aurigæ........	Capella ...	*l.*	La chèvre.
α Geminorum....	Castor	*l.*	Nom propre.
α Cygni..........	Deneb	*a.*	La queue.
β Leonis.........	Denebola. .	*a.*	Pour *déneb al ezeth*, queue du lion.
α Piscis australis .	Fomalhaut.	*a.*	*Fom el hhout*, bouche du poisson.
α Coronæ borealis.	Margarita..	*l.*	La perle.
α Pegasi..........	Markab....	*a.*	La selle.
o Ceti...........	Mira......	*l.*	L'étonnante.
β Geminorum....	Pollux.....	*l.*	Nom propre.
α Canis minoris..	Procyon...	*g.*	Προκύων, de πρό τοῦ κυνὸς, avant le Chien parce qu'elle précède, sur l'horizon de la Grèce, le Grand Chien.
α Leonis.........	Regulus...	*l.*	Traduit du grec βασιλίσκος, royal.
β Orionis........	Rigel	*a.*	Le pied (cette étoile est au pied d'Orion).
β Pegasi.........	Seheat .... ou Séat.	*a.*	L'épaule (parce qu'elle est placée à l'épaule de Pégase).
α Canis majoris..	Sirius.....	*e.*	Forme latine de Siris ; pour Osiris.
α Lyræ..........	Véga...... (Prononcez *ouéga.*)	*a.*	La pupille.

Comment on observe.

L'époque la plus favorable aux observations est réservée aux belles nuits sereines d'automne et d'hiver, alors que le ciel, bien pur, laisse distinguer pendant de longues heures les étoiles les plus faibles, qui, à d'autres époques, sont noyées dans les lueurs du crépuscule.

Deux belles nuits que l'on peut choisir dans le courant d'octobre et de mars, sous nos climats, permettront de se familiariser avec toutes les étoiles visibles sur l'horizon de Paris.

On ne remarquera d'abord que celles de première et de deuxième grandeur, c'est-à-dire les plus lumineuses, celles qui brillent alors même que le ciel est un peu brumeux ou lorsque la lune éclaire. Ces premiers points de repère serviront à reconnaître, de proche en proche, les étoiles voisines.

Pour apprendre à distinguer les étoiles, on se sert de deux moyens : les alignements et les passages au méridien. Nous étudierons plus loin le second de ces procédés, qui est de beaucoup le plus astronomique.

Quant au premier, comme on doit s'en douter, il consiste à connaître à l'avance un certain nombre d'étoiles brillantes ou remarquables et à s'en servir pour découvrir les autres.

On tend un fil, par exemple, ou on suit de l'œil le haut d'une règle, d'un crayon, en les plaçant de manière à aligner trois étoiles dont deux sont déjà connues.

Il suffit que cet alignement soit approché : on conserve dans sa mémoire les rapports des distances observées et on se reporte aux cartes que nous donnons, en y formant le même alignement qui conduit sur l'étoile inconnue.

Sur les cartes, en général, les alignements ne répondent qu'à peu près aux opérations faites sur le ciel, car la figure des constellations est sensiblement déformée par le système de projection adopté.

Dans nos cartes, nous avons préféré celle de ces projections qui déforme le moins les constellations, du moins vers les régions polaires; mais dans les régions équatoriales les alignements sont un peu altérés, surtout si on les prolonge beaucoup.

Nous verrons, avons-nous dit, comment, à l'aide d'instruments spéciaux, on établit les catalogues d'étoiles. On peut consulter celui que donne annuellement la *Connaissance des Temps*. Chaque étoile est indiquée avec sa lettre, correspondant à la constellation à laquelle elle appartient, et on donne son ascension droite, désignée généralement par AR, abréviation des mots (*Ascensio recta*, ascension droite, en latin), et sa déclinaison δ.

La table que nous donnons plus loin est un extrait de cet ouvrage et comprend les plus remarquables étoiles visibles à Paris. Les colonnes *Variations annuelles* sont destinées à corriger les AR et les δ des variations dues à la précession des équinoxes. Ces nombres, additifs si la différence est de signe +, deviennent soustractifs lorsque la différence a le signe —. On doit recourir à cette table ou même au recueil que nous avons cité chaque fois qu'on voudra atteindre une certaine exactitude.

L'ascension droite et la déclinaison sont deux coordonnées qui déterminent la place des astres en prenant comme axe du système de coordonnées l'équateur et un cercle horaire.

Il suffit donc, pour former les cartes du ciel, d'adopter un système de projection qui déforme le moins les objets dans la région que l'on étudie. On y rapporte ensuite les méridiens et l'équateur et on place les étoiles à l'intersection des lignes représentant leurs AR et leurs δ, de même que sur un planisphère géographique on place les villes, les cours d'eau, etc., d'après leurs longitudes et leurs latitudes.

Les alignements.

On doit toujours avoir présent à l'esprit qu'en vertu de la rotation du ciel, les étoiles, tout en conservant leurs distances, leurs positions relatives, changent de place dans le firmament, et que, par suite, les alignements qui servent à déterminer le lieu qu'elles occupent affectent des obliquités qu'on ne peut faire figurer sur les cartes.

La droite qui joint deux étoiles, horizontale aujourd'hui, s'incline et devient ensuite verticale. C'est principalement dans l'alignement des circumpolaires que cette variation est le plus prononcée.

L'étoile polaire (ainsi que les étoiles qui sont à sa suite) nous présente le même phénomène de la façon la plus évidente ; suivant l'époque à laquelle on l'observe, elle prend les diverses positions indiquées par la figure 8.

Maintenant, il ne nous reste plus qu'à donner une simple indication sur la méthode à suivre pour s'orienter, et nous entreprendrons la description des principales constellations, en ayant soin de signaler les alignements les plus commodes ou les plus utiles.

Il existe deux moyens de s'orienter :

1° A midi, si vous tournez le dos au Soleil, le Nord est en face de vous, dans le prolongement de votre ombre vers l'horizon; l'Ouest est à votre gauche; l'Est est à droite. Le Sud ou Midi est derrière vous. En regardant le Soleil, c'est le contraire : le Midi est devant vous, le Nord derrière, l'Ouest à droite, et l'Est à gauche. Tous les astres, le Soleil, la Lune, les planètes, les étoiles, se lèvent à gauche ou à l'Est, passent au méridien ou Sud et se couchent à droite ou à l'Ouest.

2° Levez les yeux au ciel. Cherchez les sept étoiles de la Grande Ourse ou du Chariot (elles sont toujours visibles quand le ciel est pur). Vous les reconnaîtrez facilement. Du reste, la figure 13 rappelle leur disposition.

Ces sept étoiles sont désignées par les sept premières lettres de l'aphabet grec : alpha, bêta, gamma, delta, epsilon, zêta, êta. Tirez par la pensée une ligne de bêta à alpha (les deux roues d'arrière du chariot), prolongez cette ligne d'environ cinq fois sa longueur, et vous passez près d'une étoile assez brillante de 2e grandeur. C'est l'étoile polaire. *C'est le Nord.*

On voit qu'il suffit d'un peu d'attention pour s'orienter.

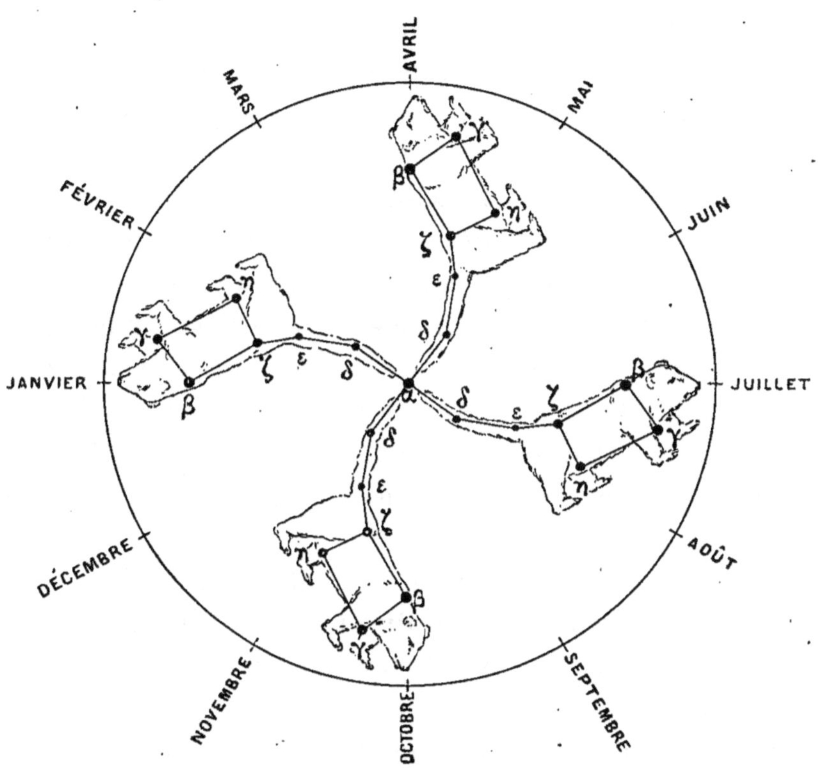

Fig. 8. — Position de la Petite Ourse suivant les époques.

Vous savez dès lors de quel côté votre habitation est tournée, dans quelles directions sont les villes qui vous intéressent, etc.

Comme nous l'avons vu, les sept étoiles de la Grande Ourse tournent en vingt-quatre heures autour de l'étoile polaire, qui reste presque fixe au Nord, à 1° environ du pôle.

Cette constellation se trouve donc tantôt au-dessus de l'étoile polaire, tantôt au-dessous, tantôt à gauche, tantôt à droite. Il faut la chercher tout autour de cette étoile pour la trouver, et ne pas se fier à la figure ci-contre, qui, naturellement, représente l'une quelconque de ces positions, c'est-à-dire celle qu'elle occupe en octobre à 9 heures du soir.

On voit que la constellation la plus utile à connaître c'est la Grande Ourse; heureusement, elle est toujours visible sur notre horizon même par les temps un peu brumeux.

Une fois que cette constellation sera bien connue, nous engageons les astronomes amateurs que cette observation aurait mis en goût, à continuer leurs recherches dans l'ordre suivant, très commode à suivre, si toutefois les constellations indiquées sont visibles sur leur horizon : la Grande Ourse, la Petite Ourse, Cassiopée, Pégase, Andromède, Persée, le Lion, Orion, Sirius, les Gémeaux, le Taureau, le Cocher, la Lyre, le Cygne, le Scorpion et le Petit Chien.

Lorsqu'on aura découvert les étoiles principales de ces constellations, on pourra se dire avec un légitime orgueil que les autres étoiles se présenteront pour ainsi dire d'elles-mêmes.

Et maintenant, partons, nouveaux Argonautes, à la conquête de ces étoiles qui scintillent au ciel, et voyons les figures qu'elles forment dans le firmament.

Nos cartes célestes.

La route du Soleil ou l'Écliptique n'est pas marquée sur nos cartes; nous verrons tout à l'heure les constellations qu'elle traverse. Pour les anciens, qui n'avaient pas de division mathématique de la sphère, les étoiles étaient les points fixes dans le ciel, et chaque saison était indiquée par la position que le Soleil occupait parmi les étoiles.

Il en était de même de la Lune, et les astrologues avaient appelé maisons, ou stations de la Lune, les différents groupes qui contenaient cet astre aux divers instants de la lunaison.

Fig. 9. — Naissance et horoscope d'un enfant, d'après un bas-relief grec.

Dans les idées admises à cette époque, la Lune et les planètes empruntaient quelque chose à la nature des constellations dans lesquelles elles se trouvaient à certains moments.

C'est ainsi que la planète Vénus, de bon augure, devenait tout à fait favorable dans les Gémeaux ou dans la Vierge, tandis que Mars et Saturne, planètes néfastes, devenaient des signes tout à fait funestes dans le Scorpion ou dans le Cancer.

Le calcul de l'ascendant qui présidait à une naissance entrait dans les attributions des astronomes les plus sérieux, et il arrivait souvent que, poussé par une prophétie ridicule, un personnage à qui on avait prédit telle ou telle destinée la réalisait lui-même. Le Bas-Empire fourmille d'exemples d'ambitieux qui n'ont été poussés en avant que

Fig. 10. — Astrologue allemand. Fac-similé d'une gravure sur bois du XVIe siècle.

par des prédictions ridicules d'astrologues qui avaient lu dans les astres la réussite de ces projets aventureux.

Un souverain, astronome de savoir, Ulugh-Beg, qui nous a laissé d'excellentes tables astronomiques, avait tiré l'horoscope de son fils et avait été par suite amené à lire dans les astres que celui-ci le détrônerait. La prévision de l'événement amena, comme dans bien d'autres cas, sa réalisation; le jeune prince, éloigné de son pays, entraîné dans des aventures périlleuses, s'aguerrit, et, après avoir attaqué son père, le fit périr.

A notre époque, les astronomes amateurs sont mieux à même de suivre les événements célestes, les cartes sur lesquelles nous nous sommes guidés en sont un exemple. Ces cartes, que nous avons empruntées au *Magasin pittoresque*, ont été dressées par M. Bullard; mais comme les astronomes sont aussi sujets à erreurs que les autres hommes, nous devons faire quelques rectifications importantes, les suivantes entre autres, α de la Grande Ourse doit être marqué ε; γ du Dragon doit être près du chiffre 50; η de Cassiopée devient κ; il faut lire ζ au lieu de δ, dans le Taureau; il faut changer ε d'Orion en θ; υ du Lion est un ο; π du Verseau au lieu de ξ; dans le Cocher, ω, entre α et ι, doit être η, etc.

Fig. 11. — Horæ (les Saisons).

CHAPITRE III. — Les Constellations.

Étude préliminaire.

Lorsqu'on veut apprendre à reconnaître les étoiles dans le ciel et les appeler par leur nom, il faut étudier avec grand soin leur position. On doit commencer cette étude par les constellations voisines du pôle, car celles qui se trouvent près de l'équateur peuvent parfois contenir une planète, Mars, Jupiter, Saturne, qui vient briller au milieu des étoiles équatoriales et déranger la disposition des images formées par ces constellations.

Parmi les auteurs anciens qui ont décrit les constellations, on cite le grec Aratus, traduit en latin par Cicéron et par Germanicus César; puis Manilius, dont le poème latin est trop mythologique pour avoir de l'intérêt pour nous. Nous devons signaler enfin Hipparque, qui fit le premier catalogue d'étoiles groupées par constellations.

L'apparition d'une étoile nouvelle, subitement apparue, l'amena à consigner toutes celles qu'il connaissait en un catalogue de 1.022 étoiles, qu'il calcula probablement pour la 128e année avant notre ère. Pline disait en parlant de ce catalogue que c'était une entreprise digne des Dieux, car Hipparque donnait ainsi les moyens de discerner, à l'avenir, si les étoiles pouvaient se perdre ou disparaître; si elles changeaient de situation, de couleur et de lumière; il laissait ainsi, dit-il, le ciel en héritage à tous ceux qui le suivraient et qui auraient assez de génie pour féconder son œuvre.

Mais qu'était-ce que ce millier d'étoiles en comparaison des millions d'étoiles que nos télescopes modernes nous font apercevoir au ciel.

Malgré les travaux assidus effectués par de nombreux astronomes, on est encore loin de posséder toutes les coordonnées du ciel; c'est à peine si l'on connaît plus de 150.000 à 160.000 étoiles dont la position soit exactement déterminée.

Cette détermination se trouve, du reste, justifiée par le calcul de leur nombre probable. En les groupant par catégories, suivant leur éclat, M. Struve a reconnu qu'en moyenne, jusqu'au 6e ordre, le nombre des étoiles d'une classe quelconque est, à très peu près, triple de celui de la classe précédente, mais qu'au delà de la sixième grandeur, les valeurs exprimant le nombre des étoiles par classe croissent beaucoup plus rapidement que ne l'exprimerait cette loi.

Si nous appliquons ce calcul à la détermination du nombre des étoiles jusqu'à la quatorzième grandeur, nous serons étonnés de la valeur qu'il peut atteindre, bien qu'elle soit très probablement inférieure à la réalité. Voici le résultat qu'on trouve en partant d'un nombre d'étoiles de première grandeur égal à 17 seulement.

	Nombre d'étoiles.
1re grandeur	17
2e —	51
3e —	153
4e —	459
5e —	1.377
6e —	4.131
A reporter	6.188

	Nombre d'étoiles.
Report	6.188
7e grandeur	12.393
8e —	37.179
9e —	111.537
10e —	334.611
11e —	1.003.833
12e —	3.011.499
13e —	9.034.497
14e —	27.103.491
Somme	40.655.228

Les constellations qui contiennent ce nombre approché d'étoiles, vraisemblablement beaucoup trop faible, varient suivant les auteurs, et plusieurs savants se sont cru le droit d'introduire dans le ciel de nouveaux astérismes.

Ces nouvelles divisions sont formées le plus souvent des étoiles informes des constellations voisines, c'est-à-dire des étoiles perdues entre les grandes constellations anciennes. Les seules qui soient restées sont celles qui ont été formées par l'abbé Lacaille, lorsque, au milieu du siècle dernier, il fit ce célèbre voyage où il enregistra 8.000 étoiles de l'hémisphère boréal, invisibles en Europe.

Parmi tous ces astres innombrables ou soleils, qu'il ne faut pas confondre avec les planètes, on observe des étoiles brillantes ou très faibles d'éclat, parfaitement blanches ou colorées des plus brillantes nuances, d'un éclat fixe ou variable suivant des périodes plus ou moins longues, enfin des étoiles temporaires, c'est-à-dire qui semblent naître tout d'un coup et s'éteindre ensuite totalement.

Il y a encore des étoiles doubles, multiples, qui paraissent n'en faire qu'une à la vue simple, mais qui se décomposent en deux, trois ou plusieurs, lorsque l'œil est armé d'un instrument d'optique.

Les cartes que nous donnons indiquent encore des amas d'étoiles plus ou moins rapprochées, nébuleuses où les astres sont tellement proches les uns des autres, qu'elles ne présentent à l'œil qu'un aspect semblable à une tache ou lueur indécise et blanchâtre, mais qui, sous la puissance de certains télescopes, se résolvent en un nombre considérable de petites étoiles. D'autres ne peuvent pas être décomposées et présentent une constitution différente de celles que nous venons de voir.

Nous allons passer successivement en revue les plus curieuses des particularités que l'on remarque dans le ciel sans trop nous y attarder, car cette étude doit seulement faciliter nos recherches et nous fournir la connaissance des dispositions générales des divers corps que nous aurons à voir ensemble.

La Petite Ourse. Le Petit Chariot.

(***Ursa minor. Cynosura***) (1).

Les deux premières planches que nous donnons comprennent la partie des aspects célestes que l'on peut observer aux environs du pôle élevé dans notre hémisphère.

La petite constellation qui porte le n° 1 dans la première planche est la Petite Ourse, constellation ainsi nommée par Thalès et qui comprend sept étoiles à peu près disposées comme celles de la Grande Ourse; toutes deux sont appelées de temps immémorial Ourse ou Chariot.

Lorsqu'on aura trouvé l'étoile polaire α Petite Ourse, ainsi que nous l'avons indiqué ci-dessus, on remarquera que c'est une belle étoile de deuxième grandeur. Elle ne se

(1) Nous donnons, entre parenthèses, les noms latins et arabes qui sont distingués entre eux par les caractères d'impression.

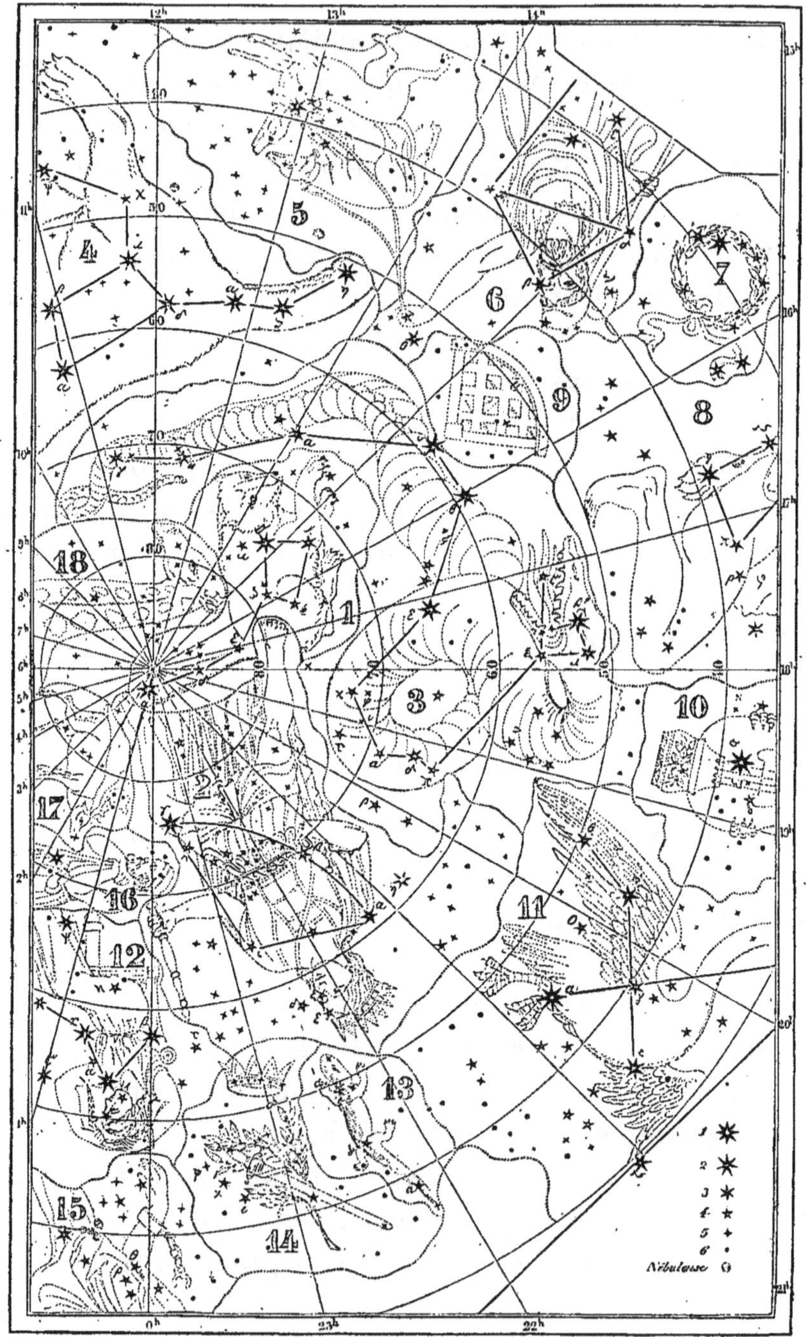

Fig. 12. — Cartes célestes. Planche I.

distingue en rien des autres étoiles au point de vue physique, et soixante-dix autres ont un éclat égal au sien, sinon supérieur. Mais, au point de vue de la mécanique du ciel, c'est, tout au contraire, un point fort intéressant et le plus utile du ciel dans l'hémisphère boréal, à cause de sa proximité de l'endroit où l'axe du monde, prolongé à l'infini, irait percer la voûte céleste. C'est, en un mot, le pôle astronomique.

Elle indique en tout le temps le Nord, et la lenteur de son mouvement diurne apparent permet de prendre plusieurs fois sa hauteur au-dessus de l'horizon dans ses passages au méridien et d'en conclure la latitude.

Elle brille au ciel avec un éclat très vif, d'un blanc légèrement bleuté qui permet de la reconnaître.

Les Grecs l'appelaient Cynosure (queue du chien) et les modernes l'appellent Queue de l'Ourse (1), bien que, dans la réalité, cet animal en soit à peu près dépourvu. Mais nous savons que nous ne devons pas chercher l'image réelle des constellations.

Elle n'était pas polaire à l'époque où furent bâties les pyramides d'Égypte, ni même au temps où Eudoxe donna la première description des sphères célestes. C'était alors α du Dragon (n° 3, planche 1) qui remplissait cette condition. Il y a mille ans, c'était β de la Petite Ourse qui était polaire. On l'appelait *Kaucab-al Shemali* (l'étoile du Nord) et elle porte encore le nom dégénéré de *Kocab*.

(1) Les Chinois l'appellent le *Roi* ou le grand souverain du ciel auguste, parce qu'elle est le centre du mouvement général des cieux. Les Italiens la nomment *Tramontane*, parce que, vue de la Méditerranée, elle paraît au delà des monts (*trans montana*), d'où est venu le proverbe : Perdre la Tramontane (s'égarer, ne plus savoir ce qu'on fait). Son nom arabe est *Algedi* ou *Rucchabad*.

On sait qu'en vertu du mouvement de précession les étoiles changent de place toutes ensemble et sont entraînées dans un mouvement dont la résultante donne dans le ciel une ellipse dont la durée de révolution est de 25.765 ans.

Sa distance actuelle au pôle astronomique est encore assez grande. Mesurée en 1882, elle atteignait 1° 19′ 13″, et va toujours en diminuant jusqu'en 2105, époque où elle sera seulement d'un demi-degré (0° 28′).

A partir de cette époque, cette distance ira toujours en augmentant jusqu'à ce que d'autres étoiles successivement rapprochées du pôle soient devenues *polaires* à leur tour.

William Herschel découvrit le premier un compagnon à l'étoile polaire, ce qui la fit classer parmi les *étoiles doubles*.

Lorsqu'une étoile paraît simple à l'œil nu, et qu'au contraire au télescope on en découvre une très voisine, on la dit double. Si ce rapprochement n'est que le fait de la perspective, c'est-à-dire si les deux étoiles sont sensiblement dans le prolongement l'une de l'autre mais à des distances bien différentes, elles n'offrent aucun intérêt. Si au contraire elles sont en réalité très proches l'une de l'autre, elles forment un système réel dans lequel, généralement, elles tournent l'une autour de l'autre.

Les distances qui séparent les étoiles et par suite le temps des révolutions varient considérablement, et la détermination des positions successives du compagnon est fort difficile à cause du rapprochement des lieux que les deux étoiles occupent et qui n'atteint le plus souvent qu'une ou deux secondes.

Dans ce dernier cas, on peut se faire une idée de la difficulté de l'observation; on sait en effet qu'un couple séparé de deux secondes serait représenté par deux points brillants distants de 1 millimètre, vus à 100 mètres de distance.

Voici le problème : qu'il tente quelque amateur, il en vaut la peine! En effet, on ne sait si le compagnon de la polaire appartient à un système optique ou physique; il y a tout lieu de croire que c'est en effet un système où le compagnon se déplace autour de l'étoile principale; mais comme il peut

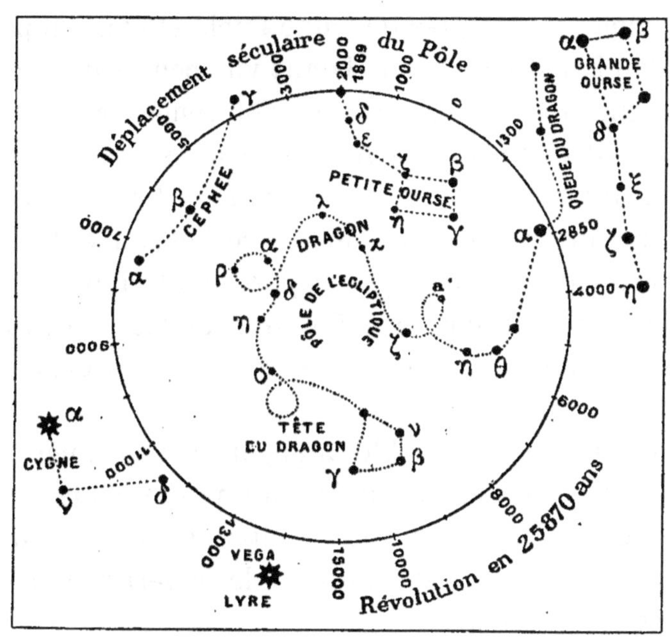

Fig. 13. — Déplacement de la polaire par suite de la précession des équinoxes.

parcourir son orbite dans une période de plusieurs milliers d'années, son mouvement peut avoir échappé jusqu'ici aux recherches.

De faibles instruments suffisent pour cette étude, pleine d'intérêt du reste. Ce n'est qu'une longue suite d'observations qui pourra décider la véritable nature de ce compagnon et faire connaître si, comme on l'a supposé, c'est une variable ou non, bien que ce second point soit plus douteux que le premier.

La parallaxe de α de la Petite Ourse est une des rares qui aient été déterminées. Peters, en 1842, lui assignait 0″,076 (soixante-seize millièmes de seconde), qui correspondent à environ 2.714.000 fois le rayon de l'orbite terrestre. Dans ces conditions, sa lumière mettrait quarante-deux années pour nous parvenir.

Signalons encore près de γ une faible étoile, qui porte le n° 11 de Flamsteed, qu'une bonne vue peut dédoubler.

La petite étoile π (6e,5 gr.) que l'on rencontre entre ζ et ε est facile à dédoubler, vu son écartement assez considérable.

Quant aux autres étoiles, β et γ sont de 2e et 3e grandeurs. On les nomme les *gardes*, tandis que ζ et η, avec lesquelles elles forment un trapèze, se rapprochant d'un parallélogramme, ne sont que de 4e,5 et 5e grandeurs. Les autres étoiles ε δ α forment la *queue* et sont de 4e,5 gr. environ, sauf α.

β est d'un rouge variable, mais on ne peut guère tenter d'observations sérieuses sur la gamme des couleurs qu'en pleine campagne, loin des contrastes que produisent l'éclairage des grandes villes et la réverbération de la lumière sur les nuages.

La Grande Ourse, le Chariot (*Ursa major*, *Septemtriones, Helix*, *Plaustrum*) (Aldebb al Akbar).

Nous avons vu que cette constellation (n° 4, pl. 1) est une de celles qui ne se couchent jamais à Paris, et qui, par conséquent, prend toutes les situations possibles, en tournant autour du pôle. Elle est formée principalement de sept belles étoiles visibles à l'œil nu, dont quatre, α β γ et δ, forment un parallélogramme; les trois autres ε ζ et η sont disposées en ligne courbe, les deux premières sont le prolongement de la diagonale β δ du carré. Ces étoiles sont de 2e grandeur, excepté δ qui est de 3e grandeur (1).

Nous lisons dans l'*Astronomie populaire* d'Arago la description suivante de ce curieux astérisme :

Dans la Grande Ourse, α et β s'appellent les gardes. Presque toutes les étoiles de cette belle constellation ont

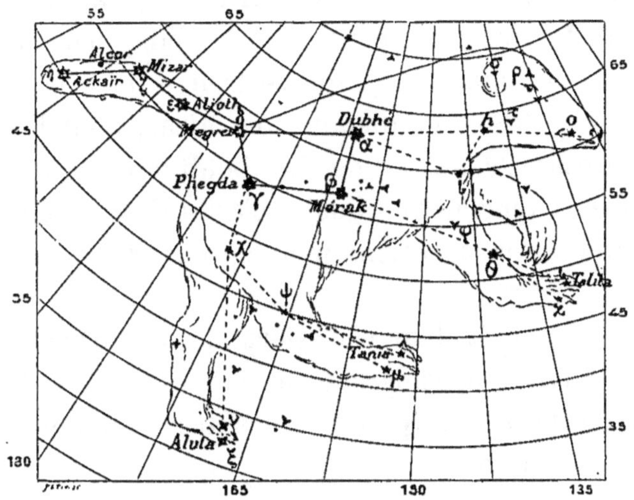

Fig. 14. — Constellation de la Grande Ourse.

reçu en outre un nom particulier; ces noms, quoique peu en usage, sont employés par quelques astronomes.

Ce sont : Pour α, Dubhé,
— β, Mérak,
— γ, Phegda,
— δ, Mégrez,
— ε, Alioth,

(1) Nous croyons utile d'ajouter que lorsque nous indiquons la grandeur d'une étoile, il ne faut pas entendre qu'une étoile de 2e est plus grande qu'une étoile de 5e, ce que nous ne savons pas, mais bien que son éclat est plus ou moins brillant.

Pour ζ, Mizar,
— η, Ackaïr ou Benetnasch.

Les petites étoiles, ο τ σ, etc., placées à peu près en demi-cercle convexe, par rapport au carré principal α β γ δ, forment la tête de l'Ourse. Les étoiles des pattes se nomment : λ et μ, Tania ; ν et ξ, Alula ; ι, Talita.

Il faut citer aussi une petite étoile de cinquième à sixième grandeur, nommée Alcor, qui se trouve dans la queue de l'Ourse, à 11′ 84″ de distance de Mizar, dont l'éclat paraît l'éclipser. Alexandre de Humboldt fait remarquer que les Arabes l'appelaient Saidak, c'est-à-dire « l'épreuve », parce qu'ils s'en servaient pour éprouver la puissance de la vue.

Ceux qui voient dans cet astérisme un chariot (le Chariot de David) considèrent les étoiles α β γ δ comme représentant les quatre roues ; les trois suivantes, ε ζ η, figurent le timon.

Remarquons cependant que cette assimilation est bien défectueuse, car le timon est courbe et implanté dans le chariot en un point correspondant à l'une des roues.

La ligne β α prolongée du côté d'α, quelle que soit d'ailleurs la position de la constellation, passe près d'une étoile isolée de deuxième à troisième grandeur. Cette étoile est la polaire actuelle.

Les Iroquois, dit Goquet, connaissaient la Grande Ourse, au moment de la découverte de l'Amérique ; ils la désignaient par le nom d'Okouari, c'est-à-dire l'Ours.

La Grande Ourse est représentée avec trois pieds qui reposent et le quatrième levé. La plus basse des deux étoiles de la patte de derrière, ξ, est vue double au télescope, avec un compagnon de 5e grandeur ; les deux étoiles dont se compose ce système évoluent dans une durée d'une soixantaine d'années. C'est la première étoile double dont on ait fixé la période, et nous sommes heureux de dire que cette détermination est due à un astronome français, Savary, qui fit connaître ce résultat en 1830. Sa période varie, suivant les auteurs, de 58 à 61 ans, mais la plus vraisemblable est de 60 ans, 79.

L'étoile ν de la Grande Ourse qui est tout auprès, dans le même pied, est double également, mais son compagnon n'est que de 10e grandeur; il en est de même de σ^2, qui est de 5e grandeur et dont le compagnon n'est que de 9e grandeur. La marche de ce compagnon, qui semble convexe, semblerait faire croire que cet astre gravite autour d'une autre étoile.

Mais la merveille des étoiles doubles, la plus curieuse du ciel tout entier, est *Mizar* ou ζ de la Grande Ourse; c'est elle qui a été la première reproduite par la photographie (Bond, 1857). Elle est accompagnée d'une petite étoile que les bonnes vues distinguent facilement à l'œil nu. Quand on fait de l'Ourse un chariot, les trois étoiles qui forment la queue de la Grande Ourse (ε ζ η) sont les trois chevaux du char, et la petite (5e grandeur) qui est au-dessus de celle du milieu s'appelle le Postillon. On la désigne encore sous le nom arabe d'Alcor. La distance entre ζ et Alcor est très grande, puisqu'on peut les dédoubler à l'œil nu, mais ce n'est pas une raison absolue pour que ces étoiles ne forment pas un couple physique.

Mizar jouit encore d'un avantage; il possède un compagnon, qui, dédoublé au télescope, est fort proche de l'étoile principale et ne peut s'apercevoir à l'œil nu, quoiqu'il soit de 3e grandeur.

Dans cette observation, on doit se prémunir contre une déception qui menace tout débutant

Lorsqu'on veut voir à la lunette Alcor et ζ de la Grande Ourse, on aperçoit près de Mizar une étoile très brillante. Cet astre est le compagnon et non Alcor, qui se trouve bien en dehors du champ, si l'on songe au grossissement de l'appareil, qui ne couvre en réalité qu'une surface restreinte.

La constellation qui nous occupe présente encore d'autres phénomènes intéressants. C'est ainsi qu'on peut recommander l'étude des mouvements propres (7″ environ) sur la plus curieuse et la plus rapide des étoiles, la 1830e

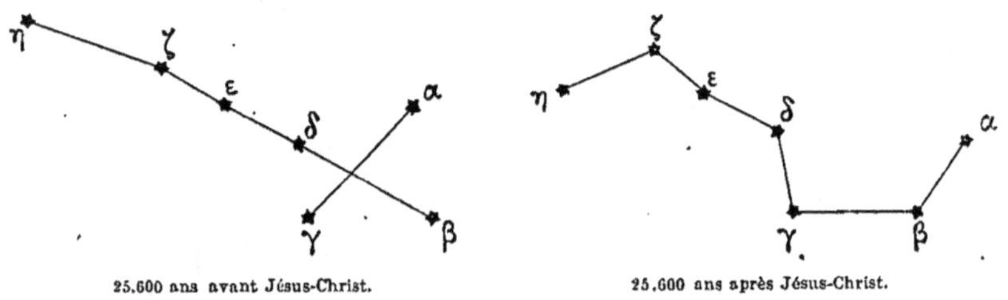

Fig. 15 et 16. — Déplacement des étoiles de la Grande Ourse par suite de leur mouvement propre.

du catalogue de Groombridge. On la rencontre sur la ligne qui joint η à ξ, à un tiers environ plus près de ξ que de η. Deux étoiles fort proches, 21185 et 21258 du catalogue de Lalande, ont également un mouvement propre considérable.

Nous pouvons, puisque nous sommes sur ce sujet, dire que les 5 étoiles β γ δ ε et ζ μ, s'éloignent de la terre, tandis que α et η s'approchent de nous; mais ces mouvements sont si peu rapides qu'ils ne peuvent attirer l'attention d'astronomes amateurs dépourvus de catalogues.

Les variables R. S. T. sont les plus curieuses : la première, variant en 302 jours, 22 de la 6e à la 12e grandeur, se trouve sensiblement sur le prolongement de α β, à peu près à même distance en allant vers le Dragon; elle était à son maximum le 29 août 1884. Sa lumière croît très rapidement, mais décroît d'une façon irrégulière. La seconde change plus rapidement en 226 jours, elle passe de la 8e grandeur à la 12e; on la rencontre au nord de ε. Quant à T, elle varie en 255 jours de la 6e à la 13e grandeur.

Céphée.

La constellation n° 2 (pl. I) est Céphée (*Cepheus*, *Jasides*, *Nereus*) (Ficaous), ainsi nommée d'un roi d'Éthiopie, qui avait pour femme Cassiopée (n° 12), et pour fille Andromède (n° 15), laquelle fut délivrée par le héros grec Persée (n° 19, pl. II). On pense que cette légende est relative à la transmission des notions astronomiques d'Éthiopie en Grèce.

Trois étoiles de 3e grandeur, α β γ, se rencontrent près de la ligne qui va de la polaire à α du Cygne; elles forment une sorte d'arc dont le centre est vers β de Cassiopée et qui tournerait sa convexité vers le Dragon. La ligne α β des *gardes* de la Grande Ourse, qui, prolongée, tombe sur la polaire, va se porter au delà sur γ qui termine l'arc de Céphée. On peut remarquer, en outre, quelques étoiles de 4e grandeur, telles que ζ ε et δ à la couronne, η ι aux épaules.

Les étoiles doubles abondent dans Céphée : ο, fort jolie quoique faible et difficile à dédoubler; la belle μ de Céphée, de couleur grenat, qu'Herschel appelait l'étoile sanglante, varie de la 4e à la 6e grandeur dans une durée de cinq ans. Signalons encore δ de Céphée, qui varie de la 4e à la 5e grandeur, dans une période d'un peu plus de cinq jours (5 j. 8 h. 47 m.), et possède de plus un compagnon de 7e grandeur. Il y a aussi d'autres doubles dans cette constellation, mais comme elles nécessitent l'emploi d'instruments assez puissants, nous ne les indiquerons que dans les tables jointes à cet ouvrage.

Quoique U de Céphée sorte un peu du cadre de nos observations, nous devons cependant dire quelques mots de

Fig. 17. — Constellation de Persée et d'Andromède, d'après une miniature du XVIe siècle. *Liber de locis stellarum fixarum*, ms. espagnol. Bibl. de l'Arsenal.

cette remarquable variable (7e,2 à 9e,1 gr.) du type d'Algol, qui a été découverte par M. Cerasky, en 1880.

Son changement s'opère en 6 heures, puis elle reprend sa clarté primitive pendant 2 jours 1/2 environ, sa période étant exactement de 2 j. 49. Comme deux périodes représentent à peu près 5 jours, les minima alternatifs sont visibles presque à la même heure. Comme dans le cas d'Algol, il y a lieu de supposer que ces variations brusques de lumière proviennent du passage d'un satellite devant Céphée ou bien de l'interposition d'un anneau d'astéroïdes entre U de Céphée et nous. La variable T (6e à 10e gr.) s'étend dans une période qui oscille entre 385 et 392 ans. Sa lumière, qui croît plus vite qu'elle ne diminue, était en maximum le 26 mars 1886, et en minimum le 16 octobre de la même année.

α de Céphée est le centre d'émanation de la pluie d'étoiles filantes du 4 au 13 juin, et δ celui de la pluie du 10 au 28 du même mois.

Le Dragon.

Le Dragon (*Draco, Serpens, Anguis, Python, Esculapius, Hesperidum custos*) (al Tannin).

Cette constellation, très remarquable par sa forme sinueuse, est du nombre de celles qui ne se couchent pas sur l'horizon de Paris; elle est très facile à reconnaître, grâce à la file d'étoiles que nous allons décrire.

La queue sépare les deux Ourses et contient α, étoile de 2e grandeur placée entre les gardes de la Petite Ourse, et ζ, à la queue de la Grande Ourse.

En suivant cette file de 5 étoiles, λ κ α ι θ, on trouve un coude à cette dernière, puis une étoile η sur le prolongement des gardes de la Petite Ourse; c'est le corps du Dragon qui serpente autour de cette constellation, en se rapprochant de Céphée, et s'en éloignant ensuite par une courbe en sens contraire. Si on suit cette traînée d'étoiles ζ ω χ ι δ π, on arrive à la tête formée de quatre étoiles de 2e grandeur, très visibles γ β ν ξ, sur le prolongement de la ligne qui partage Céphée et Cassiopée, ou entre α du Dragon et la Lyre. Les principales étoiles du Dragon occupent l'intervalle qui sépare Arcturus de Cassiopée.

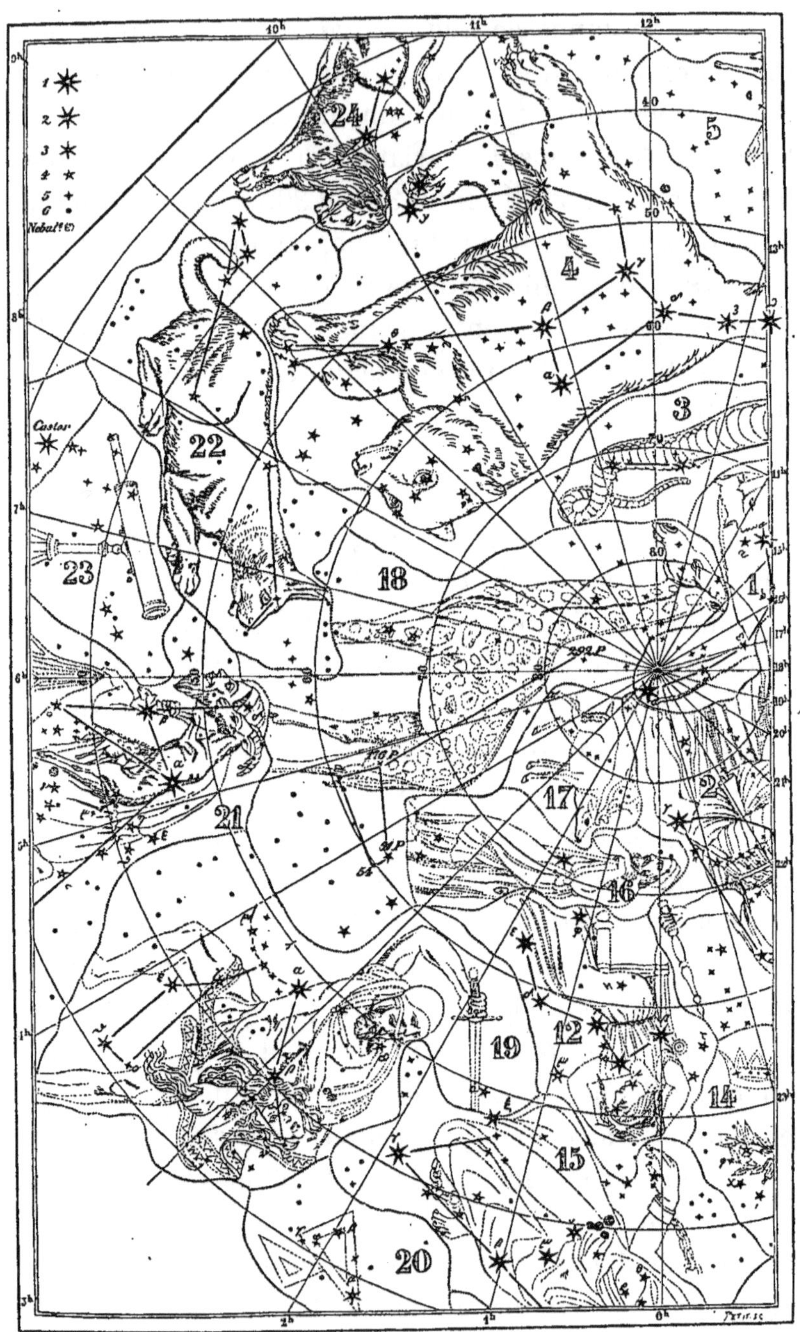

Fig. 18. — Cartes célestes. Planche II.

Pour plus de sûreté, si l'on veut trouver sans difficulté α du Dragon, on n'a qu'à tirer un alignement de γ de la Petite Ourse à ζ de la Grande Ourse, on la trouvera à peu près à mi-chemin. Si l'on prolonge la droite β γ de la Petite Ourse vers le pied, à une distance à peu près triple de celle qui sépare les deux astres, on rencontre η du Dragon.

L'étude de la constellation du Dragon nous amène à dire un mot du rôle des pyramides d'Égypte en astronomie.

A trois lieues environ du Caire, qui s'élève sur l'emplacement de l'antique Memphis, vers l'est, on aperçoit de nombreux monuments qui affectent la forme de pyramides à base carrée. Ce sont les pyramides de Giseh (qui s'écrit aussi Jeseh, Ghiseh, Dscheezeh).

Parmi ces colosses de pierre, trois se distinguent par leurs proportions gigantesques, ce sont les pyramides de Chéops, de Chéphren, son frère, et de Mycérinus, fils de Chéops.

La pyramide de Chéops, qu'on connaît généralement sous le nom de *Grande Pyramide*, a une hauteur évaluée à 149 mètres au-dessus du sol, c'est-à-dire qu'elle est aussi élevée que la flèche de la cathédrale de Rouen, ou deux fois plus haute que le Panthéon de Paris, ou bien encore environ cinq fois et demi plus élevée que l'Observatoire de Paris.

Ce qui frappe tout d'abord, c'est l'orientation des pyramides : leurs quatre faces regardent les points cardinaux, et ce n'a pas été une circonstance fortuite qui les a disposées ainsi, car tous les monuments de cette sorte qui se rencontrent dans la plaine de Giseh se trouvent placés comme celui dont nous parlons, et la constance de cette orientation est une preuve de la volonté bien arrêtée de ceux qui les ont fait édifier.

La disposition particulière des faces de ces pyramides a fait croire que ces monuments pourraient donner des indications précieuses sur l'astronomie des Égyptiens. A la suite de l'astronome Piazzi Smyth, on a mesuré les pyramides dans tous les sens, et des rapports trouvés entre ces diverses valeurs on a conclu que les Égyptiens connaissaient le rapport du cercle à la circonférence, l'obliquité de l'écliptique, la distance du Soleil à la Terre, etc.

Il semble raisonnable de penser que ces résultats sont dus à une coïncidence bizarre, qui ne doit pas manquer de se produire lorsqu'on torture, d'un esprit prévenu, une quantité considérable de chiffres. Il y a cependant certaines constatations fort heureuses qui paraissent rationnelles et qui présentent un réel intérêt.

On a tenté de déterminer l'âge de la Grande Pyramide à l'aide des travaux des archéologues, en se basant sur certains fragments de Manéthon, sur les papyrus de Turin, etc... On est arrivé à fixer la dynastie de Chéops trente-quatre ou trente-cinq siècles avant l'ère chrétienne.

Au point de vue astronomique, les constatations suivantes ont pu être faites. Si l'on considère l'inclinaison moyenne des faces des pyramides, on trouve une valeur moyenne de 52°. De plus, quand la plus brillante étoile, Sirius, passe au méridien du lieu, le rayon qu'elle envoie tombe sur la face méridionale de la Grande Pyramide sous une inclinaison de 5° et demi environ.

Il n'en a pas toujours été ainsi, la précession des équinoxes faisant varier la situation apparente des étoiles; si l'on tient compte de ce mouvement pour Sirius, on trouve que, 3.003 ans avant Jésus-Christ, sa hauteur était telle que, lorsqu'elle passait au méridien, ses rayons venaient frapper perpendiculairement les faces de la Grande Pyramide.

Continuons nos recherches. On pensait bien que ce n'était pas sans raison que les Égyptiens avaient bâti ces énormes édifices et qu'ils devaient avoir une destination particulière.

Sur les neuf pyramides que l'on voit à Giseh, six ont leur entrée tournée vers le nord. Ce point élucidé, on découvrit heureusement que la Grande Pyramide avait été un tombeau. L'entrée était restée introuvable, et ce n'est que dans le siècle dernier que l'on découvrit la fameuse galerie inclinée qui débouche au milieu de la face nord.

Cette inclinaison de 26° 27′ avec l'horizontale attira l'attention, parce qu'il n'y avait aucune raison de ne pas faire horizontal un couloir qui conduisait simplement au centre de la Pyramide, à la Chambre du roi (1).

Lorsqu'on se trouve au fond du couloir et qu'on regarde l'entrée du tunnel, on découvre une partie du ciel; or la partie de ciel que l'on aperçoit correspond à la position qu'occupait, il y a 3.910 ans, l'étoile α du Dragon, qui était polaire à cette époque.

La constellation du Dragon contient encore plusieurs étoiles curieuses à plus d'un titre. L'étoile γ du Dragon, la plus brillante de l'astérisme (entre la 2e et la 3e gr.), a servi en 1725 à la détermination de l'aberration de la lumière par l'astronome anglais Bradley.

Cette étoile, qui passe presque au zénith de Londres, avait été choisie par Bradley, qui pensait, de concert avec son ami Molyneux, trouver, à la suite des observations combinées à six mois d'intervalle, une parallaxe à cet astre. Mais, au lieu du mouvement qu'il espérait découvrir, il mit en évidence un mouvement nou-

(1) On l'a ainsi nommée, parce que c'est là que l'on a découvert un sarcophage qui contenait probablement la dépouille du souverain.

veau qui faisait décrire à l'étoile une ellipse inexpliquée.

Ce mystère fut bientôt pénétré par Bradley, qui, en voyant des bateaux sur la Tamise, remarqua que chaque fois qu'ils viraient de bord, la direction du vent indiquée par les girouettes semblait changer. Il fit une heureuse application de cette ingénieuse remarque aux observations de γ du Dragon, et démontra que c'était le mouvement de la Terre qui

Fig. 19. — Le Sphinx et la grande pyramide de Gisch.

donnait naissance à l'ellipse déterminée, en faisant croire à une déviation des rayons lumineux. La découverte de l'aberration était ainsi faite et venait encore apporter une preuve de plus au mouvement de translation de la Terre autour du Soleil.

La recherche des parallaxes ne pouvait être couronnée de succès tant que les instruments les plus parfaits n'avaient pas encore été construits : ce n'est qu'en 1875 que Brunow est parvenu à conclure la parallaxe de γ du Dragon

(0″,092 ou 2.242.000 fois la distance de la Terre au Soleil). Un de ces astres proche de γ, σ du Dragon, a donné pour parallaxe (0″,222, soit 928.000 fois la distance du Soleil à la Terre).

On se rappelle ce que nous avons dit au sujet des grandeurs d'étoiles. Or, par la comparaison avec la valeur de la parallaxe de γ, on peut déterminer que la 2e étoile est environ deux fois plus proche de nous que la première, et cependant son éclat, sa grandeur, n'est que de cinquième ordre, tandis que γ est à peine de troisième.

Une étoile de 4e grandeur environ, ν du Dragon, se divise en deux étoiles de 5e grandeur, très écartées l'une de l'autre, et facilement dédoublées à l'aide d'une jumelle. On peut citer encore, parmi les doubles intéressantes à voir, ο du Dragon et ψ de la même constellation.

La nébuleuse du Dragon (près de ω), s'étendant sur une surface mesurant 23 secondes sur 18, présente une faible étoile de 11e grandeur, autour de laquelle se répand la nébulosité. Si nous la signalons, c'est que c'est la première qui, examinée au spectroscope, a laissé pénétrer sa constitution intime et a permis de conclure qu'il y a des nébuleuses à l'état gazeux.

ν et ο du Dragon sont les centres d'émanation des pluies d'étoiles filantes d'avril 9 et d'août 23.

Les Chiens de chasse.

Tout auprès du Bouvier, et près de la queue de la Grande Ourse, se trouve une belle étoile de 3e grandeur. Située sur le prolongement de la droite qui de κ de la queue du Dragon va sur ζ, à celle de l'Ourse, cette même ligne se continue au delà sur la chevelure de Bérénice.

On peut encore la trouver par l'alignement suivant, en regardant la queue de la Grande Ourse : au-dessous d'elle, formant à peu près un angle droit, avec une ligne passant par les deux dernières étoiles ζ et η, on aperçoit une étoile solitaire assez brillante : c'est, comme la pré-

Fig. 20. — Nébuleuse des Chiens de chasse.

cédente, la plus belle de la constellation des Chiens de chasse. Bode lui a donné la lettre α, mais le plus généralement, comme cette constellation est moderne (elle a été formée par Hévélius vers 1660), on ne distingue les étoiles que par un numéro. Celle qui nous occupe porte le n° 12. Cette étoile a reçu de Halley le nom de Cœur de Charles II; c'est une des plus jolies étoiles doubles. Elle laisse apercevoir deux astres, jaune et lilas, de 3e et de 6e grandeurs.

C'est cette constellation qui contient une des plus intéressantes nébuleuses que nous connaissions, la fameuse nébuleuse en spirale, découverte en 1772 par Messier. Sa véritable forme ne fut reconnue qu'en 1845, par lord Rosse, à l'aide de son gigantesque télescope.

Non loin de cette merveille, entre α des Chiens de chasse et α du Bouvier, et plus près de la seconde que de la première, on voit un amas d'étoiles de 6 à 7 minutes de diamètre, qui contient environ un millier d'étoiles.

12 des Chiens de chasse est un centre d'émanation de la pluie de météores du 20 février.

Le Bouvier.

Le Bouvier (*Bootes*, *Bubulus*, *Lycaon*, *Icarus*, *Arcas Clamator*) (Ala' oua) est représenté par le n° 6 de notre figure 1. L'une des étoiles les plus brillantes de la constellation et qui sert à la faire reconnaître sans peine, c'est Arcturus (en arabe *al Rameh*), l'une des plus brillantes étoiles du ciel boréal; elle est située sur le prolongement des deux dernières ζ η de la queue de la Grande-Ourse, ou sur celui de la base inférieure du trapèze du Lion. Le Bouvier forme une sorte de pentagone au nord-est d'Arcturus; les trois étoiles du nord font un triangle isocèle δ β γ; et, en prolongeant le côté δ ε du pentagone vers le sud, on voit Arcturus, qui avec les tertiaires η ε π et ζ compose un triangle isocèle.

La main supérieure du Bouvier, formée des étoiles de 4e grandeur θ κ ι, est proche de la queue de l'Ourse. Cette main est représentée tenant en laisse deux lévriers dont l'un porte sur son cou le cœur de Charles.

Arcturus est une des plus intéressantes étoiles du ciel par la rapidité de son mouvement propre et par sa couleur dorée. C'est la première étoile qui ait été vue en plein jour; elle a été observée en 1635, par un astrologue, Morin, qui était caché dans la chambre d'Anne d'Autriche, à la naissance de Louis XIV, pour tirer son horoscope.

Qu'on nous permette, à ce sujet, de faire une courte excursion dans le domaine de l'astrologie.

Le goût des sciences occultes était très répandu au quatorzième siècle : Charles V, Charles VI et Charles VII eurent des astrologues. Le célèbre Gerson écrivit un livre contre les astrologues, et, dès la fin du quinzième siècle, ainsi que pendant tout le seizième, des édits furent publiés contre eux; malgré cela, Louise de Savoie, mère de François Ier, Henri II et Catherine de Médicis admiraient les prédictions ridicules de Nostradamus ou de Cosimo Ruggieri, et croyaient généralement à l'astrologie aussi bien qu'à la sorcellerie.

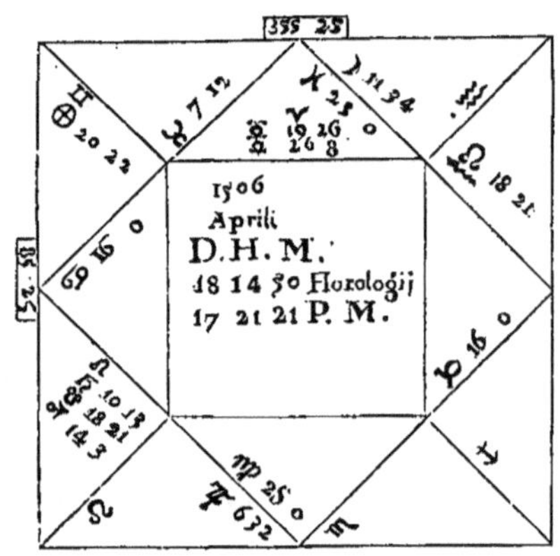

Fig. 21. — Horoscope de Képler.

Au dix-septième siècle, on n'osait plus affirmer hautement la croyance à l'astrologie; pourtant Képler fit son horoscope et Henri IV fit dresser celui de Louis XIII par Larivière; plus tard, Morin tira celui de Louis XIV au moment même de sa naissance.

Richelieu, tout en déclarant nettement qu'il ne croyait

pas à ces sornettes, racontait tous les propos et les prédictions qui coururent lors de l'assassinat d'Henri IV : La Brosse, médecin du comte de Soissons, et en même temps astrologue, lui dit de se garder du 14 mai ; un billet trouvé sous une nappe d'autel, en 1605, prédisait le jour de l'assassinat ; le pronostic de Jérôme Oller pour l'année 1610, etc.

Les astrologues et les magiciens n'agissaient qu'avec timidité, craignant parfois d'avoir affaire au démon et surtout craignant des châtiments plus immédiats, tels que le bûcher ou la potence.

Bardi Vilelaire, dans sa préface de l'horoscope de Louis XIV, s'efforce de prouver, au milieu d'innombrables flatteries, qu'au point de vue religieux l'exercice de la science astrologique est absolument licite.

Pour donner un échantillon du grimoire des astrologues, reproduisons le commencement de l'horoscope de Louis XIV : « Louis XIV nacquit à St-Germain en Laye, l'an 1638, le 5 septembre, à 11 heures 15 minutes 33 secondes du matin ; son ascendant composé de 15 degrés 30 minutes du Scorpion, soubz l'empire de Mars, le milieu du ciel de 50 minutes seulement de la Vierge, soubz le domicile de l'exaltation de Mercure, etc. »

C'est dans ce style imagé que Bardi fit l'histoire du règne de Louis XIV jusqu'en 1697. Non content de bâtir après coup l'horoscope du grand roi, il entreprit d'écrire tous ceux des princes régnants ou ayant régné depuis peu en Europe. Pour Gustave-Adolphe ou Mahomet IV, « lequel avait au moment de sa naissance Vénus et la Lune pour ses deux astres prédominants, » il est facile d'être affirmatif : l'un devait périr par le fer et par le feu, et l'autre devait être étranglé ; quant aux autres, il s'en tint à des termes vagues et qui ne l'engageaient en rien.

Les éphémérides de Bardi sont conservées aujourd'hui

Fig. 22. — Horoscope de Louis XIV.

à la Bibliothèque nationale; écrites par Hanicle et décorées de dessins à la plume par Desmaretz, c'est un chef-d'œuvre de calligraphie; mais c'est là le seul mérite de cette « Gazette des sots, de ce Credo des gens qui ont trop de foi », suivant les propres termes de Cyrano de Bergerac, un des premiers qui, au dix-septième siècle, aient jugé les livres de magie et d'astrologie à leur juste valeur.

On peut toujours apercevoir Arcturus avec un instrument; à l'œil nu, les vues perçantes le distinguent quelque temps après le coucher du Soleil.

On conçoit que l'on ait cherché tout d'abord à déterminer la parallaxe de cette étoile, étant donnée sa clarté. Il faut attendre jusqu'en 1842 pour que Peters lui assigne une parallaxe de 0″,127, c'est-à-dire 1.620.000 fois environ la distance de la Terre au Soleil. Halley avait déterminé, 65 ans auparavant, le mouvement propre de cette brillante étoile, et l'avait fixée à 2″,25 par an.

Comme son mouvement l'entraîne suivant un arc de grand cercle dirigé vers le sud-ouest, cette étoile est destinée à passer dans l'hémisphère austral.

Outre plusieurs variables, entre autres R (6e à 12e gr.), qui varie en 223 jours, et 34 du Bouvier (5e,2 à 6e,1 gr.), dont la période est de 361 jours avec un maximum le 24 février 1876 et qui se trouve près de ε du Bouvier, une des plus belles doubles du ciel, qui se décompose en une étoile de troisième grandeur d'un jaune brillant, autour de laquelle une étoile bleu foncé, un peu éclipsée par sa voisine, n'atteint que la 6e,5 grandeur. L'écartement est très faible, 3″, et demande un instrument puissant pour les dédoubler. Il en est de même de ξ ou de ζ du Bouvier, dont les étoiles sont à peine écartées de 1″.

On pourra plus facilement apercevoir π du Bouvier, composé de deux étoiles de 4e et de 6e grandeur, et encore mieux δ du Bouvier, dont le satellite accomplit sa révolution en

190 jours avec un mouvement propre de 0'',03 environ. Les deux étoiles de 3e,5 et de 8e,5 grandeurs sont écartées de plus d'une minute.

Citons encore l'étoile ι et l'étoile μ, de 4e grandeur, qui se divise en deux à la lunette, et dont la seconde est de 7e grandeur, étant encore éloignée de plus de 1 minute de la première. Cette petite étoile se dédouble aussi et montre un compagnon fort proche de la seconde. Signalons enfin β du Bouvier, qui est le centre d'une pluie d'étoiles filantes que l'on remarque le 2 janvier.

La Couronne boréale.

La Couronne boréale (*Gnossia, Corona Vulcani, Ariadnæ, Thesei, Amphitrites*) (Al Fekah).

A l'orient du Bouvier, six à sept étoiles affectent la forme d'un arc, dont la concavité est tournée dans le sens de la tête du Dragon. La prolongation de la diagonale β δ du carré de la Grande Ourse rencontre plus loin la Couronne, qui a une belle étoile de 2e grandeur α (*Margarita, Lucida Coronæ*, Monir men al Fekah).

Les variables abondent dans la constellation qui nous occupe : citons R, S, V. La première, la plus curieuse, varie, dans une période irrégulière de 323 jours, de la 6e à la 13e grandeur, restant fort longtemps à son maximum et descendant tout à coup à son minimum en 126 jours. Le maximum fut observé le 5 mai 1884 et le 11 mai 1885. La seconde a sensiblement les mêmes variations en 360 jours environ. U varie de la 7e,5 à la 8e,8 grandeur en un peu plus de 3 jours ; T s'est modifiée de la 2e à la 9e grandeur, où elle est encore aujourd'hui.

Quant aux doubles, c'est à peine si l'on peut mentionner le couple de σ, formé de deux étoiles de 6e à

7e grandeur qui se déplacent à quelques secondes de distance, et η de la Couronne, qui, bien que composé de deux étoiles de 5e,5 grandeur, est fort difficile à dédoubler à cause de leur faible écartement, 0″,6, et demande un instrument très puissant; elles sont néanmoins fort curieuses à observer à cause du rapide mouvement de l'une autour de l'autre. La durée de révolution de ce système s'opère, d'après M. Doberk, en 416 années.

θ de la Couronne est un centre d'émanation d'étoiles filantes du 18 - 28 janvier, et ε de la Couronne un autre centre dont l'afflux se remarque en avril-mai.

Le Cygne.

Le n° 11 ou le Cygne, la Croix (*Cycnus*, *Olor*, *Helenæ genitor*, *Ales Jovis*, *Ledæus*, *Milvus*, *Gallina*, *Crux*) (Lornis), forme une constellation, à l'orient de la Lyre, qui dessine une grande croix dans la Voie lactée; relativement au pôle, elle est opposée aux Gémeaux; une étoile de 2e grandeur, α, est en haut sur la diagonale β γ de Pégase, ou sur le prolongement de la corde γ α de l'arc de Céphée; α γ et β du Cygne forment la grande branche de la croix, tandis que ε γ δ représentent la transversale qui se dirige vers la tête du Dragon.

Le Cygne semble la patrie des variables : signalons χ du Cygne, que l'on trouve dans le col, entre β et γ, et à peu près au tiers de la distance en partant de β, et qui varie de la quatrième à la treizième grandeur dans une période de 406,5 jours. Cette variable est sujette à des irrégularités marquées; un maximum a été observé par Sawyer le 23 novembre 1884 et le 10 janvier 1886.

Indiquons tout près, au sud de γ, l'étoile 34 P, qui nous offre encore des surprises. Observée à partir de 1600, comme une étoile de 3e grandeur, elle ne tarda pas à devenir de 5e grandeur, puis à luire pendant vingt ans d'un éclat modéré pour reprendre sa clarté première pendant un an ou deux; elle disparut enfin à l'œil nu. Depuis un siècle, elle semble rester à la 5e,5 grandeur.

Une étoile temporaire a paru en 1670 sous la tête du Cygne; mais, après quelques oscillations dans son éclat, elle semble avoir disparu en 1672.

Un autre astre, dans le même cas, a paru en 1876. Découvert par Schmidt le 24 novembre, il brilla comme une étoile de 3e grandeur, s'affaiblit successivement et finit par disparaître à l'œil nu pendant le mois de janvier; observée quelques mois plus tard, cette étoile offrait l'apparence d'une nébuleuse avec l'éclat d'une étoile de douzième grandeur.

Citons aussi, près de là, θ du Cygne, qui varie de la 6e à la 13e dans une période de 425 jours 3; si on accepte les valeurs de Pogson, le minimum arrive 155 jours après le maximum dont le dernier a été fixé au 20 février 1885.

Une courte période signale une autre étoile du Cygne dont la position a été observée en 1886 par Chandler, et pour laquelle la période ascendante serait de 4 jours et le temps d'affaiblissement de 10 jours avec un temps d'arrêt dans la dernière partie de son cours.

Y du Cygne (7e,1 à 7e,9 gr.) est du type d'Algol; elle a été signalée par Chandler en 1886, comme variant dans une courte période (près de 3 jours). Elle ne demande que 6 heures pour accomplir ses variations, le reste du temps sa lumière est fixe.

Enfin W de cette constellation (6e à 7e gr.), dont la période est de 118 à 130 jours et dont l'observation à un de ses maximum date du 19 mai 1886.

Signalons encore S, T, U, qui varient successivement : la première de la 9e à la 13e grandeur en 322 jours; T, proche ε, la plus intéressante pour nous, qui va de la 5e à la 6e grandeur, sans période bien fixe, et U, qui varie de la 7e à la 10e grandeur en quinze mois environ.

La constellation qui nous occupe est également une véritable mine à étoiles doubles.

Tout d'abord nous observerons β, qui se décompose en deux soleils jaune et bleu fort écartés l'un de l'autre, de 3e et 6e grandeurs. o^2 doit aussi attirer notre attention : on la rencontre entre α et δ, brillant à peu près de l'éclat de 4e, 5 grandeur; lorsqu'on l'observe avec une petite lunette, elle est triple, et on la voit se décomposer et présenter deux compagnons, le premier de 5e,5 grandeur, et le second, qui est le plus rapproché, de 7e,5 grandeur. μ du Cygne forme un système de 4e et 5e grandeurs, accompagné d'un soleil de 5e grandeur, qui lui est fort proche.

Citons encore, près de la variable χ que nous venons de voir, une double qui porte la même lettre, et qui est composée d'un astre de 5e grandeur et d'une étoile de 8e, assez éloignée du précédent pour faire douter de sa qualité de compagnon, si elle n'était entraînée dans le même sens.

Si l'on observe dans les environs de l'étoile θ du Cygne, à l'extrémité de l'aile, on découvre à 1° environ vers l'est de la variable R, signalée ci-dessus, une étoile désignée sous le nom de 16e du Cygne, qui se dédouble en deux étoiles de 6e grandeur à 37″ d'écartement.

Disons en passant que χ du Cygne est un centre d'émanations d'étoiles filantes dont le maximum se remarque du 4 au 20 janvier. Ne quittons pas cette étoile, qui marque la queue du Cygne, sans dire que, comme elle est très brillante, presque de première grandeur, on avait tenté depuis longtemps de déterminer à quelle distance elle se trouve de nous. Tous les efforts faits dans ce but sont restés infructueux.

Elle est donc à une distance prodigieuse de notre planète, et, par suite, nous pouvons conclure que sa lumière, sa chaleur, et probablement ses dimensions, doivent être énormes.

Toute différente est l'histoire d'une étoile qui va nous arrêter un instant, la 61e du Cygne, qui offre à notre étude un intérêt tout particulier. On la rencontre en formant avec les étoiles, α γ et ε un carré dont elle occupe l'angle opposé à γ. C'est la première étoile pour laquelle on ait déterminé la parallaxe, dont la valeur est due à l'astronome Bessel. C'est l'étoile la moins éloignée de nous pour l'hémisphère boréal, car α du Centaure, la seule qui soit plus proche, ne se lève jamais au-dessus de notre horizon et appartient à l'hémisphère austral.

A l'aide d'une lunette on la dédouble facilement en deux étoiles de 5e et 6e grandeurs à un écartement de 20″. Ce couple est vraisemblablement dû à une apparence perspective, car, bien que Bessel ait annoncé qu'elles formaient un système physique et qu'elles devaient tourner l'une autour de l'autre en 400 ans, le fait est rien moins que prouvé.

Du Soleil à la 61e du Cygne, dit de Humboldt, la distance est de 6.570.000 rayons de l'orbite terrestre; la lumière, qui arrive du Soleil à la Terre en $8^m\ 17^s,78$, emploie plus de dix ans à parcourir cet espace.

Sir John Herschel a pensé que certaines étoiles de la Voie lactée sont situées à une distance telle que, si ces étoiles étaient des astres nouvellement formés, il aurait fallu 2.000 ans pour que leur premier rayon de lumière arrivât jusqu'à nous.

La puissance des nombres humilie notre compréhension dans les plus petits organismes de la vie animale aussi bien que dans cette Voie lactée, composée des innombrables soleils que nous nommons des étoiles fixes.

Voyez, en effet, quelle énorme quantité de polythalames peut renfermer, d'après Ehrenberg, une mince couche de craie.

Dans un seul pouce cube d'un tripoli qui forme à Bilin une couche de 13 mètres d'épaisseur, on a compté jusqu'à 41.000 millions de galionelles (*Galionella distans*); le même volume de tripoli renfermerait plus de 1 milliard 750.000 millions d'individus de l'espèce appelée *Galionella ferruginea.*

Ces chiffres reportent l'esprit au problème de l'arénaire d'Archimède, au nombre de grains de sable qu'il faudrait pour combler l'univers.

L'impression produite par ces nombres, symbole de l'immensité dans l'espace ou dans le temps, rappelle à l'homme sa petitesse, sa faiblesse physique, son existence éphémère; mais bientôt il se relève, confiant et rassuré par la conscience de ce qu'il a déjà fait pour pénétrer les secrets de l'harmonie du monde et les lois générales de la nature.

Le Lézard.

Le Lézard est une petite constellation formée de quelques étoiles seulement, qui se profile entre les astérismes du Cygne et d'Andromède. Il n'y a rien de particulier à remarquer dans le Lézard, sinon une faible étoile de 5e grandeur qui présente une couleur orangée agréable, avec un compagnon de couleur azurée.

Le n° 14 de la planche I représente une petite constellation introduite en l'honneur de Frédéric, roi de Prusse, et appelée le Sceptre de Brandebourg. Cette constellation, proposée par Bode en (1774) et formée aux dépens de quelques petites étoiles d'Andromède et du Lézard, n'a eu qu'une durée éphémère et n'est plus acceptée aujourd'hui.

Il en est de même de la constellation n° 16, que Lalande avait dédiée à l'astronome Messier (le furet des comètes); elle se composait de petites étoiles empruntées à Cassiopée, à Céphée et à la Girafe, et formait, si on la regardait avec une bonne volonté rare, un messier ou garde de moissons. Cette plaisanterie astronomique (1) de Lalande n'a pas eu plus de succès que l'autre constellation qu'il avait formée en l'honneur de son chat; elles sont tombées dans l'oubli. Il n'est pas jusqu'au n° 17, le Renne, qui d'après l'astronome Le Monnier, devait rappeler le souvenir du voyage qu'il avait fait au pôle, qui ne soit complètement abandonné aujourd'hui par les astronomes. Cette constellation a été ajoutée en 1776, ainsi que le Solitaire.

Cassiopée.

Cassiopée est également appelée le Trône ou la Chaise (*Cassiopea*, *Siliquastrum*, *Solium*) (Zat al Korsi).

Cette constellation est de l'autre côté du pôle, par rapport à la Grande Ourse; elle est de celles qui ne se couchent jamais pour nous. La ligne qui va de la première ε de la queue de la Grande Ourse à l'étoile polaire rencontre à dis-

(1) Entre le Renne et Cassiopée le Messier « gardien des moissons, dit Lalande, en souvenir en même temps de l'astronome français Messier, infatigable observateur qui semble, depuis plus de trente ans, préposé à la garde du ciel, comme le messier est préposé à la garde des moissons ou des trésors de la terre ».

tance égale la constellation de Cassiopée. Ce groupe de 5 étoiles de 3e grandeur est très remarquable par la figure en W, formée des étoiles ε δ α β, ou en Y dont la queue est brisée à l'étoile δ, et qui prend d'ailleurs toutes les situations à mesure qu'elle tourne autour du pôle.

Quelques personnes y trouvent encore la forme d'une chaise renversée : β α γ et κ sont le siège, γ δ ε forment la courbure du dos. Ces figures sont assez équivoques, surtout par suite des changements causés par la rotation diurne; mais rien n'est plus facile que de distinguer cette constellation; β est de 2e grandeur, et fait avec α et γ un triangle équilatéral.

Cassiopée était la femme de Céphée. Ayant voulu disputer le prix de beauté aux Néréides, Neptune envoya en Éthiopie un monstre marin qui ravagea la contrée. Cassiopée, pour apaiser le monstre, fut contrainte d'exposer à sa fureur sa fille Andromède, lorsque Persée, monté sur Pégase et protégé par la tête de Méduse placée sur son bouclier, vainquit le Dragon et délivra Andromède. Tous les divers héros de cette légende se retrouvent proches les uns des autres dans le ciel.

L'étoile ψ, qui se trouve sensiblement sur le prolongement γ α, est triple, c'est-à-dire que près d'elle gravite un petit système double qui n'a rien de commun avec elle qui semble variable. Le système double se compose de deux petites étoiles de 9e à 10e grandeur.

R, S, T sont aussi des variables; R, qu'on trouve sur le prolongement δ α, à peu près à distance égale, varie de la 5e à la 12e grandeur en 433 jours (maximum 6 février 1885); les deux autres ne sont pas visibles à l'œil nu et varient en 614 jours, et 435 jours en passant de la 7e grandeur à la plus faible lumière (11e et 14e gr.).

η de Cassiopée, entre α et γ, est double et présente l'aspect d'un astre de 4e grandeur avec une petite étoile de 7e grandeur, qui tourne autour de lui en 200 ans environ. D'autres,

Fig. 23. — Persée délivrant Andromède. Groupe de marbre de P. Puget, au Musée du Louvre.

telles que la Cassiopée, ont un compagnon, près duquel on remarque un amas d'étoiles; deux autres étoiles de la même constellation sont triples; mais demandent des instruments très puissants pour être décomposées.

L'étoile μ de Cassiopée, que l'on rencontre en poursuivant la ligne ε δ, dans le sens ε δ, à peu près à égale distance, est remarquable à cause de son rapide mouvement propre; il atteint 4'',43, ce qui indique une rapidité de progression dans le ciel dont nous nous faisons difficilement idée.

Mais le plus curieux phénomène est l'apparition de 1572. Si l'on trace un losange à l'aide des étoiles γ α β κ, cette dernière indique presque la place de la *Pèlerine*, qui brilla tout à coup d'un éclat bien supérieur à toutes les autres étoiles et disparut progressivement au bout de quelques mois.

Tycho Brahé fut un des premiers qui l'aperçurent à son apparition subite; il l'observa constamment, et constata qu'elle était absolument fixe. On ne manqua pas d'y voir un *signe du ciel* et de la rapporter au massacre de la Saint-Barthélemy, qui avait eu lieu quelques mois auparavant.

Les anciens historiens parlent confusément d'autres étoiles temporaires qu'on aurait aperçues vers le même lieu et avec lesquelles on a tenté de l'identifier : il semble qu'il existe dans ces parages une lueur confuse qui permettrait de supposer qu'on a affaire à une variable à très longue période, puisque les durées de révolution qui lui ont été attribuées dépassent 300 ans.

Andromède.

Andromède, n° 11, pl. II et III (*Andromeda Persea*) (al Marat al Mos al Selat), qui était fille de la précédente, se retrouve tout près d'elle dans le ciel, enchaînée et agenouillée comme elle était lorsque Persée la délivra.

La tête d'Andromède est la plus septentrionale des quatre étoiles du carré de Pégase : si l'on prolonge la ligne qui va de la polaire à β de Cassiopée, on rencontre à égale distance α; et la ligne qui, de la première, va à ε de Cassiopée, tombe sur γ, le pied d'Andromède (Alamak).

Cette constellation offre une particularité utile à constater. La diagonale qui joint α de Pégase à α d'Andromède, prolongée au-dessous de Cassiopée, s'étend jusqu'à Persée, en passant sur trois étoiles d'Andromède, savoir : α, l'une des quatre du carré, β à la ceinture Mirach (Mizar) et γ au pied. Ces trois étoiles sont à égale distance les unes des autres et forment une ligne un peu courbée qui se dirige vers α de Persée.

Signalons parmi les quelques variables de cette constellation R d'Andromède, qui varie de 6e à 13e grandeur dans une période de 404,7 jours, dont le dernier maximum observé fut celui du 10 janvier 1886; sa lumière étudiée au spectroscope donne un spectre du 3e type avec des irrégularités marquées dans l'intensité de couleur des bandes.

La première étoile qui doit attirer ici notre attention, est γ, d'Andromède, d'abord, comme centre d'émanation d'étoiles filantes du 27 novembre, ainsi que μ, pour celui de juillet, août. Cette étoile triple, examinée avec un instrument de faible grossissement, montre d'abord une première étoile orangée, près de laquelle est un compagnon du vert le plus brillant; ce dernier, décomposé à l'aide d'une lunette plus puissante, se montre formé de deux étoiles verte et bleue, 5e et 6e grandeurs, de la plus belle nuance. Il est probable que l'étoile verte est jaune et que l'influence de la bleue seule lui donne ce ton vert qui la caractérise. Ces deux dernières forment très vraisemblablement un groupe physique; on n'en pourrait pas dire autant de leur mouvement autour de γ, mouvement qui est loin d'être démontré.

Les autres doubles sont π d'Andromède, 5e et 9e grandeurs, et 56 de la même constellation, 6e et 6e, qui peuvent s'apercevoir à l'aide d'une petite lunette; mais elles disparaissent devant l'intérêt de la nébuleuse d'Andromède. Cette nébuleuse célèbre est visible à l'œil nu, et, comme le dit John Herschel, les observateurs la prennent souvent pour une comète. En suivant la ligne qui passe par β et ν d'Andromède, on tombe sur la nébulosité qui nous occupe et que nous étudierons plus loin. Qu'il nous suffise de signaler à ce sujet l'apparition d'une étoile dans cette nébuleuse.

Si l'esprit peut à peine concevoir l'infinité des mondes qui gravitent dans l'espace et que nos yeux peuvent distinguer, que dire de ces petites taches blanches que l'on nomme nébuleuses, et qui, vues à travers un télescope, se décomposent en une multitude d'étoiles! L'une des plus considérables est la Voie lactée, ou Chemin de Saint-Jacques, qui traverse obliquement notre ciel.

La nébuleuse d'Andromède est la première qui ait été observée avec un télescope. Cette nébuleuse présente un intérêt particulier; elle ressemble à un long fuseau, ce qui lui donne quelque analogie avec la lumière zodiacale; mais sa forme est entièrement différente; son spectre est continu comme celui des amas d'étoiles.

La description exacte de cette nébuleuse est due au Franconien Mayer (Simon-Marius), qui, le 15 décembre 1612, signalait une étoile fixe d'une espèce particulière. Cet astre présentait, dit-il, une lumière blanche qui rappelait « celle d'une chandelle vue de loin au travers d'une feuille de corne ».

Il y a cinquante ans à peine que Georges Bond, de Cambridge, résolut cette nébuleuse et y compta plus de 1.500 étoiles. Plusieurs astronomes observèrent pendant quelque temps les changements qui se produisaient vers le centre de cet amas stellaire; le noyau donnait une lumière comparable à celle d'une étoile de 10e-11e grandeur lorsque, presque simultanément, plusieurs observateurs découvrirent, presqu'à la place de ce noyau, une belle étoile de 7e gran-

Fig. 24. — Nébuleuse spirale de la Vierge.

deur. MM. Lajoye, Hartwig, Schönfeld de Bonn, et Bigourdan l'ont étudiée spécialement.

Herschel, Kant et Laplace voient dans les nébuleuses les états successifs par lesquels la matière cosmique passe pour former par sa condensation les soleils et les planètes.

Lorsqu'il se présente plusieurs centres de condensation, il se produit des étoiles doubles ou des systèmes planétaires comme le nôtre.

Cette théorie est confirmée par les nébuleuses en spirale dont les branches se contournent autour d'un centre de matière; ces nébuleuses, entraînées par un mouvement giratoire commun, donneront naissance un jour à de nouveaux systèmes planétaires.

L'anneau de Saturne est encore une preuve de cette formation.

Les nébuleuses sont susceptibles de changement dans leur forme et dans leur lumière, ce qui explique l'apparition de la nouvelle étoile d'Andromède. La nébuleuse du Taureau, qui avait disparu complètement, a fait une nouvelle apparition; ses variations d'éclat sont partagées par une étoile qui lui est adjacente.

La Baleine et le Dragon présentent aussi des nébuleuses variables, mais le fait le plus remarquable est celui qui se produisit dans la nébuleuse du Scorpion, transformée d'abord en étoile et redevenue ensuite nébuleuse.

CHAPITRE IV.

LES CONSTELLATIONS. (*Suite.*)

La Girafe.

La Girafe (nº 18, pl. I) *Camelopardalis*, est une constellation formée, en 1679, de quelques étoiles de faible éclat comprises dans l'espace qui sépare les deux Ourses, Cassiopée, Persée et le Cocher. Les étoiles qu'on y remarque sont de faible grandeur, inférieures à la 4ᵉ. On signale seulement deux étoiles doubles. Piazzi 230, qui se trouve presque dans le prolongement de η ζ Petite Ourse, à près de 3 fois la distance qui sépare ces astres, est composée de deux astres de 6ᵉ grandeur environ, très brillants. L'étoile 11 de Flamsted est aussi double (5ᵉ,5 et 6ᵉ gr.); ces astres sont assez éloignés pour pouvoir être dédoublés facilement. Il y a également dans la Girafe une assez belle nébuleuse, nous l'avons indiquée dans la planche II, au-dessus de deux petites étoiles marquées sur la cuisse gauche de la Girafe.

Le Triangle.

Le Triangle, que nous représentons dans la pl. II, nº 20, portait le nom de (*Triangulum*, *Nilus*, *Ægyptus*) (al mot

Hallet); il a généralement la forme d'un triangle isocèle dont α indique la pointe avec β et γ à la base, quoiqu'on le dessine quelquefois comme un équilatéral en étendant les côtés à de petites étoiles.

Hévélius a ajouté un petit triangle à côté du grand. Dans cette même région on avait fait une constellation de la Mouche, qui a été abandonnée par la suite.

Nous remarquerons en passant, dans le triangle, une petite étoile double dont les deux astres, de 5e,5 et 6e,5 grandeur, jaune et bleu, sont très proches l'un de l'autre. La nébuleuse qu'on rencontre en allant de α du Triangle à β d'Andromède a été décomposée en une infinité d'étoiles; de très forts grossissements permettent de voir sa forme contournée en spirale, à la façon de celle des Chiens de chasse.

Signalons en passant la constellation qui porte le n° 6 de la planche I, le Quart de Cercle mural, qui n'est plus employé, le n° 23 de la planche II, le Télescope d'Herschel, en souvenir du lieu où la planète Uranus avait été découverte, le 13 mars 1781, entre le Lynx, les Gémeaux et le Cocher, a été également supprimé. Ces constellations, qui avaient été imaginées par l'astronome allemand Bode, n'ont eu qu'une durée éphémère.

Le Cocher.

Le Cocher (*Auriga*, *Arator Heniochus Erichtonius*) (Mamsek Ala'nat, Alhaiot, Alatod). Pour retrouver facilement les étoiles de cette constellation, on peut mener par la polaire une perpendiculaire à la ligne des gardes α β de la Grande Ourse (*ligne qui nous a servi à trouver la polaire*). Cet alignement se portera d'un côté sur la Lyre et de l'autre sur la Chèvre, toutes deux de 1re grandeur et un peu plus éloignées du pôle que Persée. La Chèvre (*Olenia, Aglaé, Æga*, en arabe, *Al Cabelah, al Cailat, al Silat*) se trouve également sur le prolongement du côté δ α du trapèze de la Grande Ourse. La constellation du Cocher forme un grand pentagone irrégulier : ses trois étoiles les plus brillantes sont disposées en triangle isocèle, dont le sommet β est en bas. Ce pentagone ou ce triangle est à l'orient de Persée.

On remarque trois étoiles, ε ζ η, qu'on nomme les Chevreaux et qui forment un petit triangle isocèle placé tout près de la Chèvre.

La Chèvre est la plus éloignée des étoiles qui ont été mesurées. Sa parallaxe se réduit à 0″,046, ce qui permet d'évaluer la distance qui la sépare de nous à 4.484.000 fois la distance du Soleil à la Terre; sa lumière met à peu près 72 ans (71 ans 8 mois) pour venir jusqu'à nous.

Parmi les variables, R du Cocher passe de la 6e,5 à la 12e,5 grandeur tous les 15 mois à peu près (exactement 465 jours). On la rencontre sur le prolongement de β du Taureau à χ du Cocher.

Les étoiles doubles qu'on peut observer sans grand instrument sont dénuées d'intérêt, car elles restent fixes depuis des siècles. Ce sont la 14e du Cocher et ω (entre ι et η, au milieu de la distance à droite). Ces astres, de 5e grandeur, laissent apercevoir assez facilement près d'eux un compagnon de 7e ou 8e grandeur.

Il y a encore quelques mots à dire sur les nébuleuses de cette constellation : le premier amas, Messier 37, se trouve presque sur l'alignement du Cocher à χ des Gémeaux; on y compte plus de 500 étoiles de la 10e à la 14e grandeur.

Un second amas, Messier 38, près de l'étoile φ, affecte la forme d'une croix et présente plusieurs étoiles doubles; mais ce sont là des travaux en dehors des grossissements moyens, et que nous devons laisser de côté. Signalons seulement α du Cocher, centre d'émanation des étoiles filantes du 21 au 25 août, ainsi que de celui du 21 septembre.

Le Lynx.

Hévélius, en 1860, constatant qu'il y avait un grand espace vide entre la Grande Ourse et les Gémeaux, imagina la nouvelle constellation, dont le nom est dû à un jeu de mots, « car, dit-il, il faut avoir des yeux de *Lynx* pour distinguer les étoiles qui forment cet astérisme ». Le nom est resté : il contient quelques étoiles doubles intéressantes. La 12e de la constellation, qui porte le n° 22 de notre planche II, est triple. On la dédouble facilement, avec une petite lunette, en étoiles de 5e,8 et 6e,5, grandeurs assez espacées; mais la troisième, de 7e,5 grandeur, est réservée aux puissants instruments.

Le Petit Lion.

Le Petit Lion, au-dessous de la Grande Ourse et près du Lion, n'a qu'une étoile de 3e grandeur, qu'on trouve sur le prolongement méridional de la ligne des *gardes*, qui, de l'autre côté, tombe sur la polaire. Le Petit Lion, placé au-dessus du Lion, faisait autrefois partie du Jourdain, constellation qu'on a supprimée, et qui comprenait les Lévriers des Chiens de chasse et quelques étoiles éparses.

Cette constellation a reçu le n° 24 de notre planche II, mais ne peut figurer ici que pour mémoire, car les amateurs, avec la meilleure volonté du monde, ne trouveraient aucun motif d'appliquer leur assiduité à l'étude d'étoiles pâles et dénuées d'intérêt. Quoique, au point de vue philosophique, on puisse dire que tous ces points qui brillent au ciel sont des mondes, des soleils autour desquels gravitent peut-être des terres, aux yeux de l'observateur qui ne possède qu'un instrument de moyenne puissance, il n'y a rien d'intéressant dans cette région.

Persée.

(*Perseus, Pinnipes, Inachides, Abantiades*) (Fersaous, Chelub).

La brillante étoile α de Persée (en arabe, *Genb Fersaous*), qu'on rencontre sur le prolongement des trois principales d'Andromède, est entre deux autres étoiles de 3ᵉ grandeur, δ et γ, qui forment un arc concave vers la Grande Ourse, très facile à distinguer. L'extrémité δ de cet arc forme la ceinture, qui se trouve ainsi sur le prolongement de la ligne des Gémeaux à la Chèvre. On voit à partir de δ une série d'étoiles dont l'une se dirige du côté de l'orient, vers la Chèvre, et continue l'arc de Persée; l'autre, qui va au midi, formant d'abord une courbe opposée, se porte en ligne droite vers les Pléiades, en passant sur deux étoiles de 3ᵉ grandeur, ε et ζ; cette ligne est un cercle horaire. La droite qui va du Baudrier d'Orion à Aldébaran passe sur Algol (la tête de Méduse, en arabe *Ras algoul, Chamil*), au-dessous de l'arc de Persée.

α de Persée et η de la queue de la Grande Ourse viennent passer au zénith de Paris, à 11 heures d'intervalle à peu près; ces deux étoiles sont sur un cercle dont les points sont tous sensiblement par 41° 30′ du pôle (complément de la latitude de Paris). La partie boréale de la constellation qui nous occupe ne se couche jamais sur notre horizon.

Il nous tardait d'arriver à cette belle constellation, n° 19 de la planche II. La figure de Persée tient une épée haute dont la pointe est au-dessus de sa tête. La plus brillante de Persée, marquée α, fait la continuation des trois étoiles d'Andromède. Remarquons en passant que si l'on prend le carré de Pégase, dont la tête d'Andromède fait partie, comme analogue au carré de la Grande Ourse, les deux dernières d'Andromède et la brillante de Persée formeront comme la queue d'une grande figure qui ressemblera en grand à celle des deux Ourses.

β de Persée (Algol) est une des variables les plus remarquables; ses variations peuvent s'observer à l'œil nu; la lumière, qui est fixe au maximum, diminue tout à coup en dix heures; ces variations semblent causées par un satellite obscur qui l'éclipse de temps à autre. Elle passe en effet de la deuxième à la quatrième grandeur en près de trois jours, exactement en 2 jours 20 heures 49 minutes. ε de Persée, de 3e grandeur, a un compagnon de 8e grandeur, de couleur bleue, qui n'est vraisemblablement que le résultat d'une illusion d'optique.

On pense que la réunion fortuite de quatre étoiles autour de ζ de Persée ne constitue pas non plus un système orbital, c'est-à-dire que le hasard seul les a groupées, au lieu que leur position dérive des lois de l'attraction. On doit penser de même du groupe de η de la même constellation. Signalons aussi deux amas d'étoiles que l'on trouve facilement avec une lunette; ils portent les nos 33 et 34 du catalogue d'Herschel. C'est à la garde même de l'épée que se rencontrent ces curieuses agglomérations. On aperçoit

Fig. 23. — Cartes célestes. Planche III.

une blancheur résultant d'un ou plutôt de deux amas d'étoiles, qui, dans un instrument puissant, forment un des plus beaux spectacles du ciel.

On dirait de nombreuses étoiles de première grandeur, très voisines les unes des autres, et remarquables par leur éclat. Le groupe est séparé en deux fragments qui rivalisent de richesse et de lumière.

Une autre nébuleuse, n° 34 de Messier, se trouve près d'Algol. Elle a été résolue dès 1764 en une infinité d'étoiles brillantes.

α β η et ε sont des centres d'émanations de pluies d'étoiles filantes remarquables des juillet 23 (comète de 1764), août 9-11 (comète 1862.1) et septembre 4-17.

Les deux planches I et II, dont nous avons donné l'explication, nous ont permis de faire le tour du ciel en prenant le pôle pour centre, et nous sommes allés à peu près jusqu'à la moitié de la distance qui sépare ce point de l'équateur. La plupart des constellations comprises dans ces deux planches sont visibles, toute la nuit, sur l'horizon de Paris.

Nous allons maintenant faire le tour du ciel par bandes d'une certaine largeur; il en faudra quatre à la suite les unes des autres pour remplir l'espace compris entre les limites des deux premières planches et l'équateur. Nous aurons vu alors la moitié du ciel, et, pour ne pas fatiguer nos lecteurs, nous passerons plus rapidement sur les constellations australes, qui nous intéressent beaucoup moins que celles de l'hémisphère boréal.

Pégase.

Pégase, (*Pegasus*, *Equus ales*, *Equus gorgonius*) (Al Faras Ala'dram) (fig. 38, planche III), peut facilement se reconnaître de la façon suivante : en prolongeant d'une longueur double la ligne qui va des *gardes* α β de la Grande Ourse à la polaire, on traverse le carré de Pégase, qui est formé de 4 étoiles secondaires; les deux méridionales sont γ Algénib (en arabe, *Alvarabe*, *Algenah*), et α Markab (en arabe, *al Markeb*); les deux septentrionales sont β Scheat, à l'occident, au-dessus de Markab, et la tête α d'Andromède (en arabe, *Alpharas*), au-dessus d'Algenib. On peut remarquer que dans le carré l'étoile du haut est commune à Andromède et à Pégase.

Si on prolonge la ligne qui va de δ tertiaire du carré de la Grande Ourse à la polaire, elle passe sur β de Cassiopée, et par delà entre Algénib et la tête d'Andromède. Le carré de la Grande Ourse et celui de Pégase sont des deux côtés opposés du pôle, et viennent passer au méridien, à 12 heures environ d'intervalle l'une de l'autre. A l'occident de Pégase sont quelques étoiles de 3e grandeur, telles que η, ζ, μ, ε.

Plusieurs variables, en dehors de la visibilité des instruments moyens, distinguent Pégase, qui possède aussi plusieurs doubles : ε de 3e grandeur, accompagnée d'une petite étoile de 9e, convient à un observateur muni d'une petite lunette; π de Pégase (4e et 5e gr.) se dédouble facilement et se trouve presque sur le prolongement de γ et β.

Sur la bissectrice de l'angle à α d'Andromède, ou, ce qui est la même chose, sur le parcours de la diagonale qui joint α d'Andromède à α de Pégase, proche α d'Andromède, se trouve la 85e de Pégase, de 6e grandeur, dont la parallaxe a été mesurée et trouvée égale à 0'',054, c'est-à-dire que l'astre dont il s'agit se trouve distant de nous de 3.800.000 fois la distance du Soleil à la Terre. Sur la ligne qui joint β de Pégase à γ du Petit Cheval, nous rencontrons un amas d'étoiles : c'est le 15e du catalogue de Messier, qui peut se diviser convenablement dans un instrument moyen. μ de Pégase est un centre d'émanation d'étoiles filantes, du 30 mai.

Le Petit Cheval.

Le Petit Cheval (fig. 38 de la pl. III) portait en latin les noms d'*Equuleus Hinnulus pars Equi*, et en arabe entre autres celui de Cata't al Faras.

Pour le trouver dans le ciel, on n'a qu'à tracer une ligne de la Lyre au Dauphin en la prolongeant au delà de β du Cygne, on tombe sur le milieu du Petit Cheval, qui affecte la forme d'une sorte de trapèze formé de 4 étoiles de 4e grandeur environ. Il n'y a rien à glaner ici pour nous, malgré la plus grande bonne volonté, hors une triple de 5e grandeur qu'on dédouble facilement. Le compagnon de 7e grandeur se décompose à son tour, mais seulement pour les puissants instruments, car les deux satellites sont fort serrés l'un près de l'autre. Le second gravite autour du compagnon.

Les Poissons.

En suivant en dessous, nous trouvons (n° 41, pl. III) les Poissons (*Pisces*) (al Hout). Cette constellation touche l'équateur au point où passe le Soleil au moment de l'équinoxe de printemps. Autrefois cette place était occupée par le Bélier, qui est plus à gauche maintenant.

La ligne du pied γ d'Andromède, à la tête α du Bélier, se prolonge sur α, une étoile de 3e grandeur : c'est le nœud où se joignent les cordons qui attachent les Poissons, le boréal, placé sous Andromède, l'occidental, sous le carré de Pégase. Cette constellation peu apparente est composée de deux files d'étoiles très fines, qui partent de α et vont en divergeant, l'une vers α d'Andromède, l'autre se dirigeant sur le Verseau.

La plus intéressante est α, qui semble de siècle en siècle diminuer d'éclat : elle est double (4ᵉ et 5ᵉ gr.), mais assez serrée pour être difficile à dédoubler. Elle est très peu au-dessus de l'équateur et peut servir à trouver cette région dans le ciel. Ψ^1 des Poissons, près de η d'Andromède, dont les deux astres sont sensiblement de 5ᵉ grandeur et à une distance telle que le moindre instrument les dédouble. Ce système semble fixe et paraît le résultat d'une illusion d'optique. Il en est de même de ζ.

Il n'y a plus rien de bien intéressant pour un amateur dans cette constellation, sinon 19 des Poissons, de 5ᵉ à 6ᵉ,2 grandeur, variable en 165 jours. L'étoile principale passe du rouge à l'orange.

Nous allons, en conséquence, commencer à l'étude du Bélier, qui est également une constellation zodiacale. Profitons de cet instant pour rappeler que les constellations du zodiaque (grec ζωδια, petits animaux) entourent le ciel comme une large bande qui est limitée environ 8°,5 au-dessus et 8°,35 au-dessous de l'équateur et qui contient la trace du passage de la lune, de toutes les planètes (excepté la Terre et certaines petites planètes) ainsi que du Soleil.

L'Écliptique est la trace du chemin que parcourt la Terre. Les signes du zodiaque sont en quelque sorte disposés en sautoir et inclinés de 23° sur l'équateur, procédant de l'ouest à l'est dans l'ordre suivant :

Poissons, Bélier, Taureau, Gémeaux, Cancer, Lion.

Vierge, Balance, Scorpion, Sagittaire, Capricorne, Verseau.

Sans entrer dans des détails inutiles, nous allons rappeler l'origine qu'on suppose aux douze constellations qui marquent la route du Soleil.

Le *Bélier* retrace le souvenir de la fuite d'Athamas, de Phryscus et d'Hellé sur un *bélier à toison d'or;* Jason devint célèbre par la conquête de cette toison, dont il s'empara avec le secours des Argonautes.

Le Taureau rappelle l'enlèvement d'Europe, princesse si belle qu'on prétendait qu'une des compagnes de Junon lui

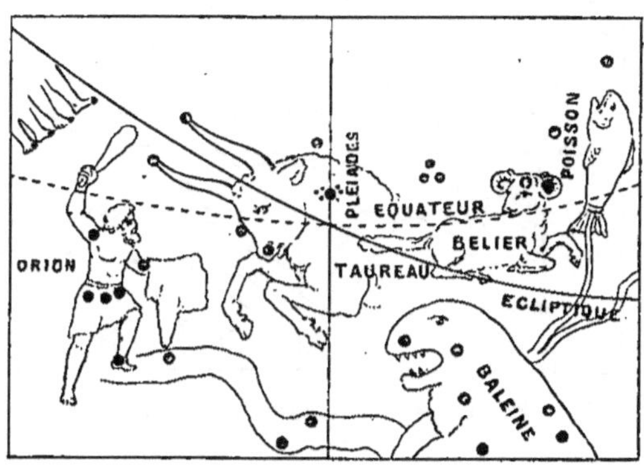

Fig. 26. — Le point vernal dans la constellation du Taureau 2170 ans avant Jésus-Christ.

avait donné du fard dont se servait cette déesse. Jupiter, sous la forme d'un taureau, l'enleva, passa la mer avec elle et vint aborder dans la contrée qui depuis a pris son nom.

Dans la constellation du Taureau on trouve les *Pléiades*, connues aussi sous le nom d'*Atlantides* ou *Hespérides*. On n'aperçoit plus à l'œil nu que six étoiles dans ce groupe, la septième, nommée Électre, se cacha, dit-on, lors de la prise de Troie. On voit également dans cette constellation les *Hyades*, nommées aussi *Héliades* ou *Titanides*. *Aldébaran*, l'une des plus belles étoiles du Taureau, est l'une des cinq étoiles de ce groupe.

Les *Gémeaux* sont les *Dioscures*, que l'on désigne dans

la Fable sous le nom de *Castor* et *Pollux*, d'*Apollon* et d'*Hercule*, etc., sont l'emblème de l'amitié. Les phénomènes de leur lever et de leur coucher ont fait dire dans la Fable que Pollux avait partagé son immortalité avec son frère, ce qui faisait qu'on les voyait alternativement.

L'*Écrevisse* ou le *Cancer*, que Junon avait placée dans le ciel pour la récompenser d'avoir piqué Hercule au talon pendant son combat avec l'Hydre de Lerne. Dans cette

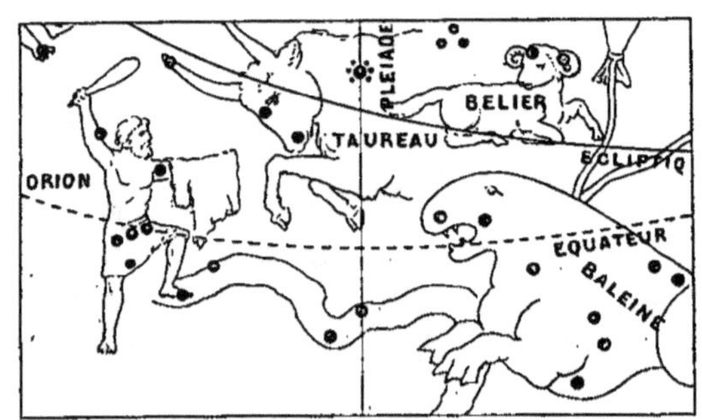

Fig. 27. — Position du point vernal par rapport à l'équateur.

constellation se trouve une petite nébuleuse qui porte aussi nom de Cancer.

Le *Lion* consacrait le souvenir du lion de Nemée, fameux dans l'histoire d'Hercule. Le cœur du Lion est marqué par la belle étoile qui porte le nom de Régulus : c'est dans cette constellation que se trouve un groupe connu sous le nom de la *Chevelure de Bérénice*. La princesse Bérénice avait fait vœu d'offrir à Vénus sa chevelure, qui était magnifique, si son mari, Ptolémée Évergète, revenait vainqueur : elle accomplit son vœu, mais ses cheveux disparurent du temple dès le lendemain, et l'astronome Conon prétendit qu'ils avaient été placés dans le ciel sous la forme d'un groupe d'étoiles.

La *Vierge*, fille de Jupiter et de Thémis, porte les ailes

qui furent données à sa mère pour s'envoler dans le ciel. Dans cette constellation se trouve une étoile de 1re grandeur connue sous le nom de l'*Épi de la Vierge;* dans quelques sphères très anciennes, la Vierge, au lieu de l'épi, tient un enfant dans ses bras.

La *Balance* représentait pour les Égyptiens l'époque du passage à l'équinoxe et leur servait de symbole pour marquer l'égalité des jours.

Le *Scorpion* servait d'emblème à la maladie et aux fléaux destructeurs; la Fable en faisait la terreur d'Orion, parce que cette constellation, la plus lumineuse du ciel, se couche lorsque le Scorpion se lève. Antarès est une belle étoile qui se trouve dans le Scorpion.

Le *Sagittaire* est l'image du centaure Chiron, instituteur d'Achille, de Jason et d'Esculape. On le disait inventeur de l'équitation.

Le *Capricorne* est un souvenir du bouc qui fut élevé avec Jupiter sur le mont Ida. Il jeta l'effroi parmi les Titans en embouchant la conque marine, qu'on entendait pour la première fois.

Le *Verseau* représente Ganymède, que Jupiter fit enlever par son aigle pour servir d'échanson aux dieux. On a dit aussi que le Verseau rappelait Deucalion, qui débarqua sur le Parnasse après avoir échappé au déluge avec sa femme Pyrrha.

Les *Poissons*, enfin, rappellent ceux dont Vénus et l'Amour prirent la forme pour échapper à Typhon. Une légende raconte aussi que deux poissons ayant trouvé un œuf le roulèrent sur le rivage, il fut couvé par une colombe et Vénus en sortit.

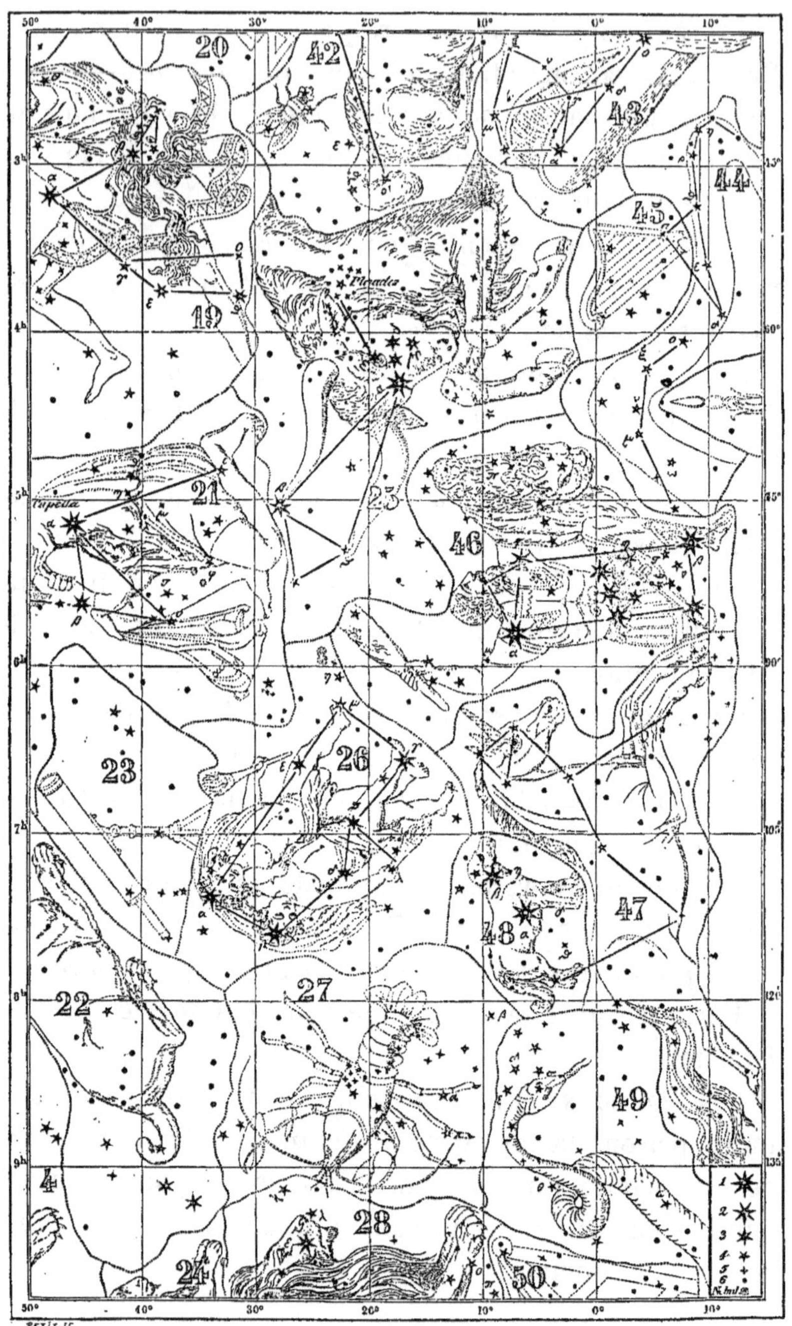

Fig. 28. — Cartes célestes. Planche IV.

Le Bélier.

Le Bélier, n° 42, pl. III (*Laniger*, *Aries*) (al Hamal), se trouve dans la bande du zodiaque; il suffit, pour le découvrir, de prolonger d'une quantité à peu près égale la ligne qui joint Procyon (α du Petit Chien) à Aldébaran (α du Taureau), ou celle qui relie β de Cassiopée à β d'Andromède, ou enfin celle qui va de δ de Persée à Algol (β Persée); on découvrira aussi la tête du Bélier, formée de deux étoiles de 3e grandeur, α β, très voisines, dans la direction du N. E., vers le Cocher. Un peu au-dessous de β est γ, une étoile de 4e grandeur, qui, par flatterie, est devenue la Fleur de Lys sous Louis XIV. Cette constellation est au sud-ouest de *la Mouche*, astérisme abandonné, qui formait un petit triangle sur le prolongement de la ligne α β. Le Bélier est situé sur la ligne des *Pléiades* à γ de Persée (Algénib), et sur celle du Baudrier d'Orion à α, la tête d'Andromède. Ces deux étoiles α et γ sont les deux orientales du carré de Pégase.

La première étoile double qui ait été découverte est γ du Bélier, facile à observer pour les petits instruments, car les deux étoiles, de 4e grandeur environ, sont à près de 9″; il n'est pas bien démontré que ces étoiles forment un groupe physique, en tout cas, la durée de révolution du système serait énorme; il y encore environ une douzaine de doubles dans le Bélier et quelques triples, mais ces étoiles sortent de notre étude, consacrée à la revision rapide du ciel à l'aide de faibles instruments, et elles trouveront place dans des catalogues spéciaux; ζ et ε du Bélier sont des centres d'émanation d'étoiles filantes observées en octobre.

Le Taureau.

A la suite du Bélier et sur la route que suit le Soleil,

nous avons (fig. 25, pl. IV), le Taureau (*Taurus*) (al Thor), qui ne présente que la partie antérieure du corps. Remarquons tout d'abord que l'étoile β du Taureau appartient aussi au Cocher et se nomme γ de cette constellation. Nous devons donc retenir que la quatrième de Pégase est la même que la première d'Andromède et que la seconde du Taureau est la même que la troisième du Cocher.

Les alignements suivants permettront de le reconnaître sans peine : la ligne du Baudrier d'Orion se dirige au nord-ouest sur un groupe de six étoiles très serrées, dont une, η, de 2e grandeur ou Poussinière (Pléiades, *Taygetes*) (al Thoraia). Ce sont les *Pléiades*, qu'on voit sur le dos du Taureau.

La ligne qui joint les Pléiades à γ d'Orion, la supérieure du grand quadrilatère, rencontre vers le milieu une étoile de 1re grandeur un peu rougeâtre, c'est l'œil du Taureau, en arabe « al Debaran », une des merveilles du ciel; elle termine la branche inférieure d'un V oblique, formé de 5 étoiles très visibles (*Hyades*, *Suculæ*) (al Calaiess), qui sont les Hyades, qu'on aperçoit sur le front du Taureau.

En prolongeant au nord, d'une quantité égale, le côté occidental du quadrilatère d'Orion, on tombe sur ζ, qui est aussi dans la direction de l'épée d'Orion, en passant au milieu du Baudrier sur ε. Cette dernière ligne se dirige au delà de ζ sur β du Cocher, traversant sur la pointe inférieure β du pentagone, qui est une secondaire et appartient aux deux constellations; β et ζ sont les deux cornes du Taureau.

Comme Arcturus, la brillante étoile rouge qui porte le nom d'Aldébaran n'a pu donner de parallaxe appréciable; nous en concluons donc qu'elle possède vraisemblablement une lumière et une chaleur considérables, qu'elle est d'une dimension énorme, mais qu'il nous est impossible d'apprécier la distance qui la sépare de nous en raison même de son éloignement.

C'est ici qu'un vaste champ est ouvert aux observateurs zélés. Remarquons d'abord que, parmi les variables de cette constellation, aucune ne semble à la portée des amateurs, qui doivent abandonner cette recherche aux astronomes possédant de forts instruments : il convient de signaler cependant parmi ces variables λ du Taureau qui se trouve presque dans l'alignement de β à γ du Taureau, variant de la 3e,4 grandeur à la 4e,2 dans une période de 3 jours 22 heures 52 minutes. Pour les autres, R. S. T. U. V, entre autres, on doit y renoncer lorsqu'on ne peut compter que sur ses propres ressources.

Quant aux étoiles doubles, nous pouvons d'abord citer Aldébaran, qui possède un petit compagnon de 11e grandeur ; mais, bien qu'éloigné de 1′ 55″ de l'étoile principale, il est tellement noyé dans ses feux qu'il faut une bonne lunette pour le distinguer.

Bien plus facile est la série d'étoiles doubles de θ^1 et θ^2 du Taureau, visibles à l'œil nu, car elles sont distantes de 5 37″ et ont un éclat égal à la 4e grandeur environ. D'autres groupes, $\varkappa^1$ et $\varkappa^2$, sont très faciles à observer. θ^1 et θ^2 se trouvent sur la ligne qui joint α à γ du Taureau; les 2 étoiles σ^1 et σ^2 sont deux jolies étoiles de 5e grandeur, très proches de α; quant à $\varkappa^1$ et $\varkappa^2$, qui se voient sur la ligne qui joint ζ à η, plus près de η, il y a une petite double très serrée entre les deux.

Presque sur l'alignement de β à γ du Taureau, se voit encore une double, τ, qui est facilement observable pour une lunette moyenne.

Nous ne nous attarderons pas à décrire minutieusement le groupe des Pléïades, car il est rien moins que prouvé que ces astres forment des systèmes spéciaux; il semblerait cependant qu'on pût, en tenant compte des mouvements propres particuliers à ces étoiles et tous dirigés dans le même sens, les identifier à un système

Ce qui paraîtrait confirmer cette hypothèse, c'est le

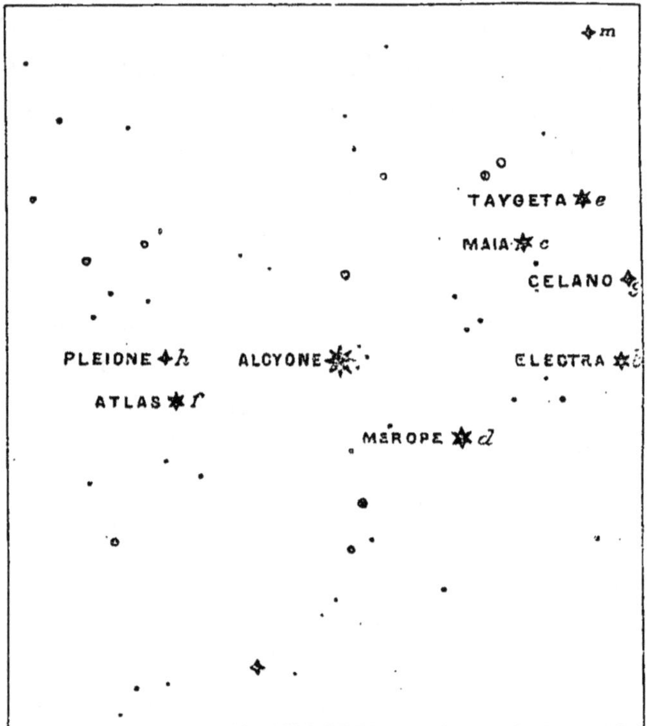

Fig. 29. — Les Pléiades.

mouvement propre constaté dans les Hyades, autre groupe que nous étudierons dans les amas d'étoiles, qui est dirigé sensiblement dans le même sens que le précédent.

L'amas des Pléiades se trouve placé dans le cou du Taureau; il se compose de six étoiles visibles à l'œil nu. On en comptait sept autrefois, ce qui a fait dire aux poètes (Ovide entre autres) que cette Pléiade, nommée Électre, s'était enfuie au moment de la prise de Troie. Les six autres portaient les noms de : Taygète, Mérope, Alcyone (celle-ci est la plus brillante), Celano, Astérope et Maïa. Les astronomes modernes ont ajouté à ces noms ceux d'Atlas et de Pleione, le père et la mère de ces Atlantides.

Certaines personnes dont la vue est très perçante comptent à l'œil nu, dans les Pléiades, de 7 à 10 étoiles. Mœstellin, le maître de Képler, doué d'une vue remarquable, en distinguait quatorze. La première fois que l'on se servit du télescope pour observer les Pléiades, on en aperçut une trentaine; depuis, M. Wolf, a dressé une carte, qui en contient plus de six cent vingt-cinq, et à mesure que les instruments se perfectionnent on en découvre de nouvelles.

Des savants ont constaté que, dans la Polynésie, l'année est réglée sur les levers et les couchers de cet amas et que la fête des morts est célébrée par des danses en l'honneur des Pléiades. L'un des plus anciens calendriers connus, celui des brames, donne au mois de novembre le nom de Kartica, ou mois des Pléiades. Depuis, on a retrouvé partout des traces de ce calendrier primitif, car beaucoup de traditions et de pratiques religieuses avaient pour point de départ cette année stellaire.

Le souvenir de la disparition de l'une des sept étoiles est commun à presque tous les peuples sauvages, dans les légendes desquels on trouve ces astres représentant sept jeunes femmes, dont six très belles qui se laissent voir, tandis que la septième se cache, ne se trouvant pas assez belle.

Parmi les nébuleuses qui pullulent dans cette constellation, il en est une qui n'a pu encore être résolue et qu'il faut signaler : c'est la première du catalogue de Messier, qui la découvrit en 1758. On dirait une pelote d'étoiles, ou mieux encore une sorte de crabe.

La constellation du Taureau contient deux centres d'émanations d'étoiles filantes particulièrement riches ; ce sont ε pour la pluie d'octobre 2 à novembre 30, et ζ pour celle de novembre 27 à décembre 12.

Orion.

Nous arrivons maintenant à Orion (n° 46, pl. IV), qui se trouve après le Taureau, au sud et en dehors de la ligne que suit le Soleil dans le ciel. Orion (*Hyriades*, *Candaon*) (al Gebbar) est un héros armé d'une massue, présentant son bras gauche, garanti par une peau de lion, qui se prépare à frapper de son arme un grand coup sur la tête de l'animal qui baisse les cornes pour se défendre.

Cette constellation est la plus belle de toutes par son étendue et le nombre d'étoiles brillantes qui la composent. Un grand quadrilatère α γ β κ a ses diagonales formées de deux secondaires κ et γ (Bellatrix), et de deux primaires α (épaule droite ou Adaker) et β (pied gauche ou Rigel, — en arabe, *al Giouza*). β, Rigel, est maintenant plus brillante que α ; c'est, avec Sirius, Arcturus et Vega, une des étoiles qu'on peut voir en plein jour avec une petite lunette, de même que Jupiter ou Vénus.

Au milieu du quadrilatère sont trois secondaires serrées, disposées en ligne oblique δ ε ζ ; on leur a donné, suivant les pays, le nom de Baudrier, de la Ceinture, des Trois-Rois, du Râteau ou du Bâton de Jacob (*Balthæus*, *Cingulus*). Cette ligne se porte au nord-ouest sur Aldébaran, et au sud-est sur Sirius; au-dessous est une traînée lumineuse de trois étoiles très rapprochées; c'est l'Épée, où se trouve la plus belle nébuleuse du ciel. Entre l'épaule occidentale γ et Aldébaran (α du Taureau) se trouve le Bouclier, composé d'une file de petites étoiles affectant la forme d'une ligne courbe.

Orion est placé au-dessous du Cocher, sur le prolongement de la diagonale δ β de la Grande Ourse qui rencontre les Gémeaux; elle se trouve entre cette dernière constellation et le Taureau, mais un peu plus bas. On la voit briller dans les belles nuits d'hiver, et elle se trouve dans une région du ciel qui est peuplée d'une multitude d'étoiles de 1re grandeur, sans compter un grand nombre de secondaires. Vers neuf ou dix heures du soir, en février et mars, on peut découvrir à la fois jusqu'à douze étoiles de 1re grandeur, savoir : Sirius, Procyon, la Chèvre, Aldébaran, Arcturus, l'Épi et le Cœur de l'Hydre, Orion, les Gémeaux et le Lion.

Orion a toujours été connu; on le trouve mentionné dans le livre de Job. Hésiode recommande d'observer ses levers et ses couchers. Théocrite parle de la brillante épaule d'Orion. Homère en peint la fougue, Pindare le chante, etc. Terminons en disant que ce guerrier du ciel a failli porter le nom d'une de nos plus belles gloires militaires. En 1807, les étudiants de Leipsig proposèrent de substituer à Orion le nom de Napoléon, qui était alors fort populaire de l'autre côté du Rhin.

Si Betelgeuse, qui a un compagnon de 9e grandeur très éloigné, est jaune et laisse supposer un soleil dans la phase du refroidissement où le carbone afflue, comme notre Soleil, Rigel est blanc et montre la présence de l'hydrogène. Ce dernier astre est double et possède un compagnon de

9e gr., écarté de 9'' environ, qui reste sans mouvement apparent. Il possède encore deux autres compagnons impossibles à distinguer pour un amateur.

On conçoit que cette constellation contienne un grand nombre de variables. Betelgeuse, tout d'abord, varie sensiblement; l'étoile ζ', au-dessous de δ, semble s'affaiblir progressivement; remarquons en passant qu'elle est double. δ, la plus petite du Baudrier, est une belle double dont les étoiles, à près d'une minute de distance, offrent des grandeurs de 2e,5 et 7e, et 14 ι d'Orion de 3e, 6e grandeur, forme un système à longue période, car la durée de révolution du satellite a été évaluée à 191 ans. Vers σ, au-dessous de ζ, on remarque avec de bons instruments un groupe assez considérable d'étoiles; σ est elle-même triple, formée de trois étoiles de 4e, 7e et 8e grandeurs, qu'une lunette moyenne laissera facilement apercevoir.

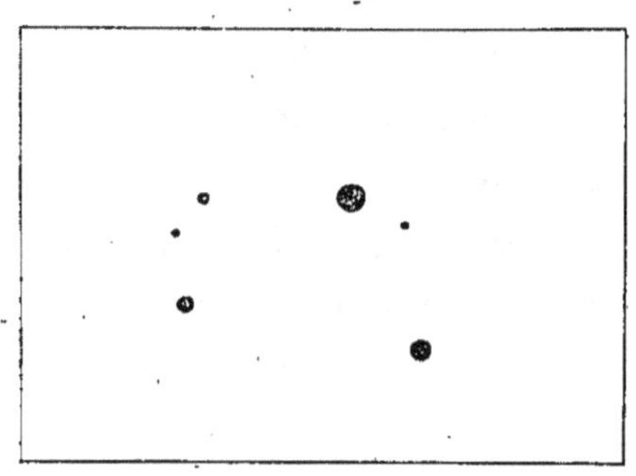

Fig. 30. — θ d'Orion.

Nous arrivons au groupe de θ d'Orion, marqué à tort ε sur la figure 46 (pl. IV). Il est entouré d'une nébuleuse remarquable qui s'étend en largeur de l'est à l'ouest et contient des étoiles multiples, θ^1 et θ^2 de 5e grandeur environ, près desquelles on distingue d'autres étoiles de 7e et 8e grandeurs au moins.

C'est le plus joli type d'étoiles multiples. Simple à l'œil nu, θ d'Orion se décompose en 4 étoiles formant un trapèze, lorsqu'on l'observe avec une lunette d'une puissance suffisante. Les grands télescopes ont d'abord montré deux, puis trois nouvelles étoiles de faible éclat dans les limites de ce trapèze. D'après de Humboldt, ces 7 étoiles formeraient un système.

Pour terminer, disons que vers ν d'Orion se montre, le 18 octobre, un centre d'émanation d'étoiles filantes particulièrement fourni.

La nébuleuse découverte en 1656 par Huyghens dans la constellation d'Orion est l'une de celles que les savants ont le mieux étudiées. Hévélius et Galilée ne l'avaient pas aperçue; mais elle avait été signalée antérieurement par J.-B. Cipsat, père jésuite de Lucerne.

Huyghens, l'abbé Picard (1673) et Legentil (1758) en ont aussi donné des dessins; mais il nous faut arriver au commencement du dix-neuvième siècle pour trouver les premières observations précises. On possédait alors de gigantesques télescopes qui permettaient de faire les observations les plus minutieuses.

En 1824, J. Herschel donnait un dessin dont voici la description : La nébuleuse, outre la région centrale la plus lumineuse, qui conserve le nom de région d'Huyghens, étend vers le sud-est et le nord-est des prolongements allongés; elle est de plus accompagnée de fragments de nébulosité et de ces formes bizarres que Legentil comparait à la gueule ouverte d'un animal.

On trouve dans le fond de cette gueule le célèbre trapèze dont Huyghens et Legentil n'ont pu observer que trois étoiles, tandis que W. Herschel en découvrit quatre et d'autres observateurs jusqu'à douze; il est bon de dire toutefois qu'on n'en vit jamais simultanément plus de neuf. Ces étoiles sont effectivement variables, mais on ne peut conclure de là à la variabilité de la nébuleuse, attendu que l'existence d'un lien physique entre les étoiles et la nébuleuse n'est pas encore démontrée. Le P. Secchi fait remarquer cependant que l'on retrouve la nuance verdâtre

Fig. 31. — Grande nébuleuse d'Orion.

de la nébulosité dans presque toutes les étoiles qu'elle renferme.

En 1847, le P. Secchi donna, dans la publication de son

Voyage au Cap, un magnifique dessin de la nébuleuse d'Orion, dessin fait d'après ses observations de 1834 à 1837; en 1848, W.-C. Bond, à Cambridge (États-Unis), Lassel en 1854, Liapounow et Struve en 1862 et le P. Secchi en donnèrent encore. Celui du P. Secchi, fait avec une petite lunette de Cauchoix, diffère entièrement des autres. On croirait que la nébuleuse a repris la forme que lui donnaient Huyghens et Legentil; tandis que dans de nouveaux dessins faits à l'aide du *Léviathan* de Parsonstown, par G. Bond, en 1865, et lord Rosse en 1867, on distingue au contraire de nouveaux détails. La région d'Huyghens offre l'apparence de plaques lumineuses séparées les unes des autres et finit par se résoudre en une quantité de points lumineux.

L'analyse spectrale n'a pu décider si ces points sont des étoiles ou des amas de matière gazeuse plus concentrée. Le spectre se réduit à trois lignes brillantes, il est donc certain qu'il y a partout de la matière nébuleuse; mais le prisme ne peut nous apprendre s'il existe des astres; il étale la lumière déjà très faible de ces étoiles supposées sur une bande très longue, ce qui rend leur éclairement inappréciable; au contraire, la lumière même plus pâle de la nébulosité garde son éclat, parce qu'elle n'est distribuée qu'entre trois lignes très fines dont deux sont très faibles. C'est le même phénomène qui a permis à M. Janssen de distinguer les lignes des flammes roses du Soleil sur le fond éclatant du ciel et de la couronne solaire.

Depuis 1867, on a encore étudié la nébuleuse qui nous occupe, mais d'après l'ensemble des dessins, dont aucun n'a été fait avec le même instrument et qui, par suite, diffèrent les uns des autres, il est impossible de trouver l'indice d'une transformation progressive se dessinant de plus en plus dans un sens déterminé.

Un seul point certain existe : c'est la variation irrégulière, et sans époque fixe, de l'éclat des étoiles du Trapèze et l'apparition de nouvelles étoiles. C'est dans ce détail qu'on pourrait trouver une preuve de changement dans la nébuleuse, en admettant la formation ou l'accroissement des étoiles au détriment de la matière nébuleuse, ou en supposant que l'on voit les étoiles à travers des couches changeantes de la nébulosité.

La Licorne.

Combien différente de la précédente est la constellation que nous signalons ici sous le n° 47 (pl. IV). La Licorne ou le Monoceros est une constellation ajoutée en 1624 sur le planisphère de Bartschius; elle s'étend entre le Grand et le Petit Chien. Cet astérisme ne contient que de petites étoiles inférieures à la 4ᵉ grandeur. Les seules curiosités qui pourront nous arrêter sont les suivantes : l'étoile 11, sur la ligne qui joint Sirius à $\varkappa$ d'Orion, est une des plus belles triples, décomposable en deux étoiles seulement de 6ᵉ et 7ᵉ grandeurs; la deuxième, étant fort difficile à dédoubler, semble un système physique.

Presque sur le chemin de α d'Orion à Procyon, au quart de la route en allant de Betelgeuse à Procyon, se trouve la 8ᵉ de la Licorne, composée de deux étoiles de $4^e,7$ et $7^e,5$ grandeurs formant un système physique facilement décomposable.

Les variables T, $6^e,2$ à $7^e,6$ grandeurs et U (6ᵉ à 7ᵉ), variant dans des périodes de 26,8 jours et 31 jours, sont d'intéressants objets d'observation. Sensiblement au-dessus de 8, on trouve 15 ou S de la Licorne, qui est une variable de $4^e,9$ à $5^e,4$ grandeur, dont la période n'est pas encore bien exactement déterminée, mais est très courte et a été évaluée à 3 jours 10 heures 38 minutes, c'est le noyau de l'amas (H, VIII, 5); elle est double pour les bonnes lunettes, avec un compagnon de 9e grandeur, et triple (5e, 9e et 11e) pour les excellents instruments.

Dans cette région et non loin de 8 de la Licorne, se rencontre une nébulosité (H, IV, 2 Herschel) en forme de triangle; du reste toute cette partie du ciel, comprise entre Aldébaran et Procyon, est remarquable par ses amas, ses nébuleuses, ses variables et par cet inépuisable trésor d'étoiles qu'on nomme la Voie lactée; mais ces études semblent rentrer plus spécialement dans le labeur réservé aux gros instruments.

Au n° 45 de la même planche, figure une constellation, supprimée aujourd'hui, qui s'appelait la Harpe de Georges III, en souvenir de la protection éclairée dont ce souverain entoura les premiers essais d'Herschel et soutint ses travaux. Il dépensa, dit-on, plus d'un million de francs pour l'aider à construire les gigantesques instruments de Slough.

Le Petit Chien.

Le Petit Chien (*Canis minor*, *Catellus*) (al Kelb al Asghar) (n° 48, planche IV), qui est presque dans le prolongement des épaules d'Orion, vient ensuite. Procyon (en arabe : *al Chamial*, *Ghamissat*) est au nord de Sirius, à l'est de l'angle supérieur du quadrilatère d'Orion. Ces trois étoiles de 1re grandeur sont disposées en triangle équilatéral. Près de Procyon, en se dirigeant vers γ, aux pieds des Gémeaux, on trouve β (3e gr.), qui semble avoir augmenté de lumière.

Procyon, éclatant de lumière, a un mouvement propre qui a été derminé; il est égal à 1",27, ce qui semble très rapide, car il est à une distance considérable de nous, environ 1.670.000 rayons terrestres, si l'on accepte 0",123, comme valeur de sa parallaxe. L'analyse des mouvements de Procyon avait fait croire à Auwers qu'ils étaient dus à l'influence d'un compagnon. Le satellite indiqué par Otto Struve, en 1873, n'a pas été trouvé, même avec les plus puissants instruments, ce qui n'implique pas son absence. Procyon est encore entouré de quelques étoiles doubles ou colorées qui demandent de forts instruments pour être aperçues.

Les Gémeaux.

Les Gémeaux (*Gemini*) (al Giouza), qui sont sur la route du Soleil, parmi les constellations zodiacales, ont été fort étudiés par les astronomes. α (Castor) est une belle étoile double, qui était autrefois plus brillante que β (Pollux). C'est le contraire aujourd'hui.

La ligne ζ ε de la queue de la Grande Ourse passe sur la dagonale δ β du carré, puis se prolonge sur Rigel (β d'Orion), en passant sur ζ, la plus orientale du Baudrier. Cette droite coupe perpendiculairement une ligne de quatre étoiles, dont une, γ, est de la 2e grandeur : ce sont les pieds des Gémeaux. Plus haut elle passe entre les têtes, qui sont deux belles étoiles, au nord Castor, et Pollux à droite. Castor et Aldébaran sont à la base d'un triangle isocèle dont la Chèvre est le sommet. La constellation des Gémeaux affecte assez sensiblement l'aspect d'un parallélogramme.

L'étoile ζ est une périodique variant de 3e,7 à 4e,5 grandeur en 10 jours 3 heures environ ; de plus elle est double avec un compagnon de 8e grandeur. Il y a encore d'autres variables, R, S, T, U, mais visibles au télescope seulement ; U, très remarquable, varie de la 9e à la 14e grandeur.

On a essayé de trouver un système double dans Castor et Pollux; il faut y renoncer. Castor se recommande à nous pour ce fait qu'il est double : c'est lui qui attira l'attention d'Herschel; il est du reste remarquable parce qu'il forme réellement un couple physique d'astres de 2e et 3e grandeurs, distants de 5″ environ, ce qui permet de les dédoubler facilement. On a pensé que Pollux était double, mais il ne forme que des systèmes optiques dénués d'intérêt.

δ est une double de 3e et 8e grandeurs. N'oublions pas le curieux amas des Gémeaux figuré dans notre planche IV, au-dessus de η des Gémeaux, qui donne un nombre considérable d'étoiles jusqu'à la 12e grandeur; une autre petite nébuleuse se rencontre près de δ et se trouve formée d'une étoile de 9e grandeur, qui en occupe le centre.

α des Gémeaux est un centre d'émanation d'étoiles filantes très actif du 9 au 12 décembre.

L'Écrevisse ou le Cancer.

Restons dans les constellations zodiacales, et continuons nos recherches en étudiant l'Écrevisse ou Cancer (*Cancer*, *Cammarus*, *Astacus*) (al Saratan); elle portele n° 25 de notre plan-che IV. Sur le milieu de la ligne qui joint α de l'Hydre aux têtes des Gémeaux sont deux étoiles de 4e grandeur voisines, α^1 et α^2, puis un groupe d'étoiles qu'on nomme *l'Étable*, *la Ruche* ou *Præsepe*, dont les plus grosses sont de 6e à 7e grandeur; les autres sont très petites. On les rencontre entre deux astres de 4e grandeur, δ γ, qui sont les *ânes* au milieu desquels le Soleil passait autrefois. Cette constellation est une des moins apparentes du ciel et la moins visible du zodiaque. Elle ne se compose, en effet, que de petites étoiles disséminées entre les Gé-

Fig. 32. — Cartes célestes. Planche V.

meaux et le Lion. L'étoile ζ du Cancer, qui se trouve sensiblement sur la ligne qui va de Pollux à δ de l'Hydre, est une ternaire à système physique dont les étoiles sont de 5e grandeur environ.

Signalons encore quelques petites doubles, θ entre autres, sur le chemin de δ à ζ, qui, avec deux étoiles de 5e et 9e grandeurs, est juste à 1′ de son compagnon. Terminons par l'amas du Cancer, près de α, riche agglomération que d'excellentes vues peuvent distinguer sans instrument et qui se compose d'étoiles de très petites grandeurs.

Le Lion.

Le Lion est la constellation qui porte le n° 28, pl. V (*Leo*) (Alasad). La disposition des étoiles de cet astérisme ne représente que d'une manière informe l'image qu'on leur prête; on voit souvent dans cette constellation l'aspect d'une faucille. Le lion affecte la forme d'un grand trapèze formé de quatre belles étoiles α β γ δ au-dessous de la Grande Ourse; la base inférieure a deux belles étoiles, le Cœur du Lion ou Régulus (*al Gelhat*, en arabe) et la queue β (*al Sorfat, al Sarcat*), qui était de 1re grandeur au temps de Ptolémée et qui est de 2e aujourd'hui. Cette base se dirige vers Arcturus.

En prolongeant le côté δ γ du carré de la Grande Ourse, on suit le côté occidental du trapèze, qui se termine à Régulus. Le même côté γ α sert de base à un triangle ε α γ, au-dessus duquel est un autre trapèze plus petit que le premier, μ ζ γ ε. Régulus se rencontre encore sur le prolongement de la ligne des deux gardes de la Grande Ourse, qui de l'autre extrémité coupe le pôle; et enfin sur l'alignement de Rigel à Procyon.

Au temps de Virgile, le Soleil était dans le Lion à l'époque des grandes chaleurs; il se trouve maintenant dans les étoiles de cette constellation à la fin de l'été et l'automne commence dans la Vierge, au lieu de commencer dans la Balance. Comme on le voit, tout le ciel a rétrogradé d'une constellation environ. Dans quatorze mille ans, les constellations d'hiver deviendront celles de l'été, et le Soleil, qui nous inonde de ses feux lorsqu'il est dans les Gémeaux, nous donnera les grandes chaleurs lorsqu'il sera dans le Scorpion.

La variable R, qui se trouve à mi-chemin sur la ligne qui joint α à ξ (la dernière de la patte au delà de o), est variable en 330 jours. On la voit avec un petit instrument, donnant une belle lumière rouge. S, T, U, sont aussi des variables, mais très petites et difficiles à observer.

On a souvent avancé que Régulus était une étoile double : on rencontre, en effet, à 3′ environ de cette brillante étoile, un petit astre, de 8e grandeur, qui en tout cas, aurait un mouvement extraordinairement lent. Auprès de cette étoile de 8e grandeur il y a encore un compagnon de 13e grandeur.

Près du nez du Lion, en γ, on remarque une très belle étoile double qui forme un système physique remarquable à la vue : les deux étoiles sont de 2e et 4e grandeurs, séparées seulement par un espace de 3″ environ, suffisant pour les dédoubler facilement avec un petit instrument. Quelques autres doubles offrent de l'intérêt aux possesseurs de forts télescopes, telle par exemple ω du Lion, qui sert à apprécier le pouvoir des grosses lunettes.

Disons enfin un mot des nébuleuses qu'on remarque fréquemment dans le Lion. La 66e de Messier se trouve entre θ et ι, plus près de θ; elle présente l'éclat d'une étoile de 9e grandeur, et dans un télescope elle se décompose en deux petites nébuleuses elliptiques, dont la première et la seconde ne dépassent pas la 10e grandeur.

La nébuleuse double au-dessous de λ semble variable, car lord Rosse ne distinguait pas les deux nébuleuses, mais dessinait cette masse comme ne formant qu'un seul corps, dans lequel la seconde nébuleuse était à peine indiquée comme un simple noyau.

Il y aurait encore bien d'autres nébuleuses à citer dans cette région, qui en est particulièrement fournie, mais nous y renonçons. On n'aura, pour les trouver, qu'à chercher un catalogue de nébuleuses dont les positions soient indiquées pour les reconnaître dans le ciel.

ο, β et γ du Lion sont des étoiles qui deviennent le centre d'émanations particulièrement riches en étoiles filantes aux dates suivantes : ο, en janvier, février et même en décembre, β, en février-mars, enfin γ est le centre du flux de novembre 13-14, en connexion avec la comète de 1866.

La Chevelure de Bérénice.

La Chevelure de Bérénice (*Beronice* ou *Véronique*) (al Hamel), d'après une légende dont nous avons donné l'origine dans l'historique du Lion, s'est trouvée transportée au ciel, entre le Lion et le Bouvier; elle occupe le n° 29 de notre planche V. On la trouve facilement, quoiqu'elle ne soit composée que de petites étoiles, en tirant une ligne de l'Épi de la Vierge au Cœur de Charles. Il y a parmi ces étoiles qui ne dépassent pas la 5e et la 6e grandeur, deux couples intéressants qu'on reconnaîtra facilement. Entre la Chèvre et la Vierge, la région céleste est criblée de petites nébuleuses télescopiques, dont quelques-unes offrent de singulières agglomérations ; elles affectent des formes spirales telles que celle que nous avons remarquée dans les Chiens de Chasse.

Fig. 33. — Région nébuleuse de la Chevelure de Bérénice, d'après un dessin de M. Proctor, fortement grossi.

La Vierge.

La Vierge (*Virgo*) (Al A'dzra) (fig. 30, pl. V), offre l'image d'une femme couchée sur le zodiaque. Le Soleil parcourt, avant l'équinoxe d'automne, une petite partie de cette constellation et ensuite l'autre partie.

Sur le prolongement de la grande diagonale $\alpha\ \gamma$ du carré de l'Ourse, et aussi sur celui du côté oriental du pentagone du Bouvier (côté qui passe par Arcturus), on voit, vers le midi, une étoile de 1re grandeur : c'est l'Épi de la Vierge (en arabe *al A'zal*, *al Aghzal*; en hébreu, *Shiboleth* ; elle forme un triangle équilatéral avec Arcturus et la queue du Lion. La droite qui va de cette dernière à l'Épi rencontre un V ouvert à angle droit formé de 5 étoiles, $\varepsilon\ \delta\ \gamma\ \eta$ et β, de 3e grandeur. Le côté inférieur suit l'écliptique et se dirige vers Régulus; l'autre va à la dernière, η de la queue de l'Ourse; ε se nomme la Vendangeuse.

Les variables sont comme toujours à partir de R, S, T, U, V, W, X. La première varie de la 6e à la 11e grandeur en 5 mois environ. On la rencontre sur la ligne $\eta\ \varepsilon$, à peu près au tiers de la route en partant d'ε. S, que l'on voit près d'une petite de 5e, varie de la 5e,5 à la 12e,5 en un peu plus d'un an. Les autres sont invisibles pour nous. La portion de la figure qui entoure l'étoile ρ est remplie de nébuleuses qui s'étendent jusqu'à la Chevelure de Bérénice. L'étoile γ de la Vierge, double fort belle, composée de deux étoiles de 3e écartées de 5″ environ, devient de plus en plus facile à observer. En effet, en 1836, les deux astres ont été si près l'un de l'autre qu'il a été impossible de les dédoubler; mais peu à peu le mouvement du compagnon l'a écarté de l'étoile principale, et il va grandir jusqu'à 6″ environ, pour se rapprocher ensuite. θ est une triple de 4e gr. et 9e, dont les rapports physiques ne sont pas bien démontrés.

α, dite la Chaise de la Vierge, était autrefois au-dessus de l'équateur, marqué sur nos cartes 0, et c'est grâce à elle que Hipparque découvrit le mouvement dit de *précession*, qui rend compte des causes pour lesquelles les constellations zodiacales se succèdent l'une à l'autre sur notre horizon en se déplaçant dans le sens de la marche du Soleil. La Balance était autrefois à la place que la Vierge occupe de nos jours, de même que les Poissons ont remplacé le Bélier antique, qui de ses cornes d'or ouvrait l'année au printemps.

Hercule.

Au commencement de la planche VI, nous retrouvons Arcturus et le Bouvier, la Couronne, n° 7, avec α la Perle, puis au-dessus de l'équateur une figure à genoux, la tête en bas, qui porte le n° 8 : c'est Hercule (*Hercules, Eugonasis, Ingeniculus, Nessus, Tamyris*) (al Cheti). La ligne qui va de la Lyre à α de la Couronne traverse un quadrilatère, η π ε ζ, d'étoiles de 3e grandeur ; la diagonale η ε se dirige au nord vers, α la queue du Dragon, et au midi sur une tertiaire δ, puis à la tête α d'Ophiuchus, un peu à gauche et plus bas que la tête α d'Hercule (*Ras-al-Rakess*). La ligne d'Antarès à la Lyre passe entre ces deux têtes. Le bras oriental est une traînée d'étoiles, qui, partant de δ, se dirige vers le triangle de la Lyre; au-dessous sont le Rameau et Cerbère, petit groupe peu visible, qu'on rencontre aussi en allant de la tête d'Ophiuchus à la Lyre.

L'étoile α de la tête d'Hercule, bien qu'elle ait été indiquée par Bayer comme la plus brillante, est d'un éclat plus faible que β et même que γ; c'est probablement une variable; c'est également une étoile double, mais par suite d'une illusion d'optique. La plus petite étoile variable est d'un vert émeraude ou d'un bleu tirant sur le vert, tandis que la plus grosse (3e gr.) est orangée.

Ajoutons la double κ (sur la ligne β γ), dont les étoiles, de 5e et 6e, distantes de 30″, sont faciles à dédoubler; signalons enfin ζ, dont les étoiles, de 3e et 6e grandeur, forment un système physique à écartement si faible, 1'', qu'il faut un puissant appareil pour le dédoubler, et l'étoile *u* (68) double avec un compagnon de 10e grandeur à 4''; elle est variable de la 4e,6 à la 6e grandeur, en 30 à 40 jours, avec des fluctuations, spécialement au minimum.

Hercule nous présente deux amas remarquables : l'un, qui se trouve en partant de ζ et en allant sur le milieu de πη, ou sur la ligne qui joint α de la Lyre à υ, présente une surface égale au quart de la Lune à peu près. L'autre, qu'on rencontre entre η et ζ, à un tiers de la distance en partant de η, se distingue à l'œil nu et présente une étendue à peu près égale, que de puissants télescopes seuls peuvent décomposer en plus de 6.000 étoiles variant de la 10e à la 15e grandeur.

Si l'on cherche sur la figure l'étoile μ, qui est au coude du bras et tenant un rameau entouré de serpents, et qu'on joigne cette étoile avec π du petit quadrilatère, on aura entre ces deux étoiles le point vers lequel se dirige notre Soleil par son mouvement dans l'espace.

Ce μ d'Hercule qui nous occupe est un centre d'émanation d'étoiles filantes de mars à avril.

La diversité du mouvement des étoiles donne au premier abord l'idée d'un chaos; mais une étude attentive fait apparaître une loi qui s'applique à la généralité des astres : cette loi est due à un mouvement propre qui leur est commun, conséquence probable d'un déplacement de notre Soleil et des planètes qui l'accompagnent.

En effet, il est aisé de comprendre que si le système solaire est emporté vers un point quelconque de l'espace, les étoiles situées dans cette zone sembleront s'écarter du côté de sa marche, tandis que le phénomène contraire aura lieu pour la région opposée. Il en résultera une sorte de courant qui semblera entraîner les étoiles du point d'arrivée au point de départ de la trajectoire solaire.

Fontenelle et Bradley avaient supposé un mouvement

Fig. 34. — Hercule couronné par la Gloire, sculpture de Martin Desjardin (van den Bogaerts). Musée du Louvre.

de translation du Soleil dans l'espace; Laplace l'avait affirmé aussi, et Herschel assura que le Soleil était entraîné vers un point qu'il fixa, dès 1783, dans la constellation d'Hercule.

La théorie démontrait déjà que le Soleil se mouvait dans une orbite très allongée, que l'on était contraint de considérer comme rectiligne, vu la faible durée des observations. Cette hypothèse s'est confirmée, du reste.

Voici les déterminations les plus sérieuses qui ont été proposées par divers astronomes :

OBSERVATEURS.	ASCENSIONS DROITES.	DÉCLINAISONS.
Argelander................	257° 49′	28° 50′ N.
Otto Struve..............	261 12	37 36 N.
Lundahl..................	252 24	14 26 N.
Galloway..	260 1	34 23 N.
Madler...................	261 38	39 54 N.
Airy et Dunkin...........	262 29	28 58 N.

D'après M. Otto Struve, ce déplacement serait à peu près de 7 kilomètres à la seconde.

Fig. 35. — Les Dioscures. (Castor et Pollux.)

CHAPITRE V. — Les Constellations. (Fin.)

Ophiuchus.

Voyez fig. 33, pl. VI. Ophiuchus (*Serpentarius*, *Triopas*, *Anguifer*, *Anguitenens*) (al Haoua). Nous venons de voir comment on peut facilement trouver α, la tête d'Ophiuchus (*Passor*, *caput Serpentarii*) (*al Raï*, *Ras al Haoua*). Au-dessous, deux étoiles de 3e grandeur, β γ (en latin *Canis*, ou en arabe *Kelb al raï*), forment l'épaule orientale; à l'autre épaule sont deux étoiles de 4e grandeur très proches, $\varkappa$ ι, à droite des têtes d'Hercule et d'Ophiuchus : les épaules et ces deux têtes forment une sorte de trapèze. Au-dessous de ce trapèze on remarque, dans les replis du Serpent, un quadrilatère d'étoiles quartaires ν μ (Ophiuchus) et ν ξ (Serpent). Enfin la queue θ du Serpent est entre les deux trapèzes d'Ophiuchus et d'Antinoüs, proche de l'Aigle.

Outre les variables, U du type d'Algol, variant de 6e à 6e,7 en 20 jours 7^h 41^m, et R, S, T, que l'on ne peut recommander qu'aux possesseurs de forts instruments.

Si l'on tire un alignement de α vers η à plus du tiers inférieur, c'est-à-dire vers η, on rencontre la double 70 d'Ophiuchus, qui forme un système stellaire de deux astres dont le second (6e gr.) fait sa révolution de 88 à 94 ans autour du premier (4e gr.). Comme il se rapproche sensiblement de son astre central, le groupe devient de plus en plus difficile à décomposer; Jacob soupçonne des perturbations d'un troisième compagnon invisible.

Après ce beau couple rougeâtre, près de 70, sur la ligne qui joint cette étoile à β, se trouve un autre groupe, 67, composé de deux étoiles de 4e,5 et 8e grandeurs écartées de près d'une minute; il peut être divisé par un faible instrument. D'autres doubles, τ ρ, etc., sont trop serrées pour des recherches d'amateur; près de β se rencontre un brillant amas stellaire, facilement reconnaissable, et un autre, non loin de γ, plus difficile à observer. Les astronomes purent voir, du 10 octobre 1604 au 8 octobre 1605, une étoile temporaire, qui porte le nom d'étoile de Képler. A son apparition, elle égalait en éclat l'étoile de 1572, mais elle s'affaiblit graduellement jusqu'au moment où elle disparut complètement à l'œil nu, car les lunettes n'étaient pas encore inventées. Les savants ont signalé d'autres apparitions semblables. M. Hind, le 28 du mois d'avril 1848, découvrit une étoile nouvelle d'un jaune orangé et d'un éclat égal à celui d'une étoile de 5e grandeur; deux ans plus tard, elle avait diminué de clarté et égalait à peine une étoile de 11e grandeur, puis elle disparut peu à peu. C'est dans cette constellation que sont apparues deux des étoiles temporaires les plus curieuses.

Le Serpent.

Le Serpent (*Anguis*, *Serpens*, *Lernæus*) (al Haiat), que représente notre figure 32, pl. VI, forme une longue file d'étoiles qui ont donné naissance à la figure d'un long serpent enlacé autour d'Ophiuchus; ces deux constellations embrassent un vaste espace. Au-dessous de la couronne boréale est la tête du serpent, qui affecte la forme d'un *Y*

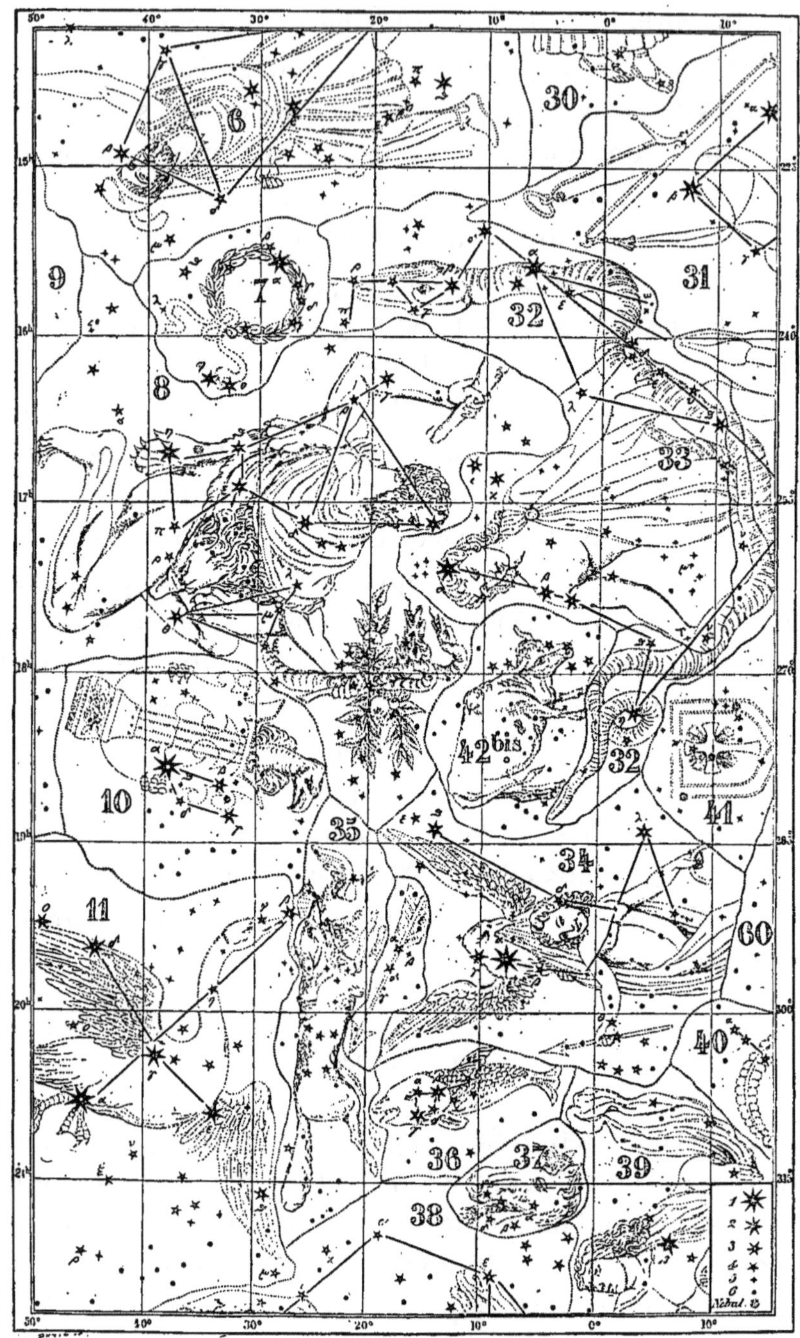

Fig. 36. — Cartes célestes. Planche VI.

oblique, dont la queue est brisée et formée de deux tertiaires, δ et ε, entre lesquelles est le cœur, qui est de 2e grandeur.

La queue de l'*Y* se prolonge en une file d'étoiles tertiaires, qui va s'abaissant beaucoup au-dessous de l'équateur. Cette longue série se dirige en bas vers la tête du Sagittaire, perpendiculairement à la ligne qui joint le bassin austral α à la tête d'Ophiuchus. La branche inférieure de la tête de l'*Y* est plus longue et se termine par deux tertiaires, β γ, qui se prolongent à la tête du Dragon, le long du côté oriental π ε du quadrilatère d'Hercule, dont β γ sont le bras occidental.

Nous avons peu de chose à signaler dans cette constellation, sinon l'intérêt de quelques doubles : θ (à l'extrémité de la queue du Serpent, de 4e,5 et 5e gr.), très facile à dédoubler, δ, beaucoup plus difficile, et ν, de 5e et 9e grandeurs, très espacées.

Les amas d'étoiles dans cette région doivent également attirer les regards. On en rencontre un très fourni et facile à découvrir entre α d'Ophiuchus et θ du Serpent, à mi-chemin de la ligne qui les joint.

La Lyre.

Bien que la Lyre, n° 10, pl. VI (*Lyra*, *Cythara Apollinis*, *Orphei*, *Mercurii*, *Vultur cadens*) (al Seliac, al Molzafzef al Moracrec), soit une des plus petites constellations, elle renferme des curiosités pleines d'intérêt pour l'observateur. La figure de cet astérisme représente un aigle dont le vol se dirige en bas, d'où vient le nom de vautour tombant, tandis que l'aigle se dirige vers le nord.

La Lyre a une belle étoile primaire, Véga (en latin *Testa*, *Pupilla*, en arabe *al Ouaké*), qui fait, avec Arcturus et la polaire, un grand triangle dont la Lyre est le sommet de l'angle droit : elle est opposée à la Chèvre, relativement au pôle; quand l'une est au zénith, l'autre est à l'horizon. Un peu au-dessous de Véga sont trois tertiaires, β γ δ, qui font un triangle isocèle.

Parmi les variables de cette constellation, signalons β de la Lyre (3e,4 à 4e,5 gr.), qui passe de l'une à l'autre grandeur, puis revient à son point de départ en 12 j. 9 h., et R qui varie irrégulièrement de (4e,3 à 4e,6 gr.) dans une période moyenne de 46 jours environ.

Notre attention va être attirée par une étoile *doublement double*, comme on l'appelle parfois, ou quadruple : c'est ε, qu'on retrouve facilement en formant un triangle équilatéral avec α et ζ, et un autre avec δ ε et ζ; une jumelle ou un faible instrument ne la divise qu'en deux doubles, et il faut une forte lunette pour apercevoir ε^1 et ε^2, qui sont doubles chacune. Une double plus modeste est δ, facilement observable, car la distance qui sépare les deux astres est assez considérable et les étoiles sont de 4e,5 et 5e,5 grandeurs; l'étoile ζ se trouve identiquement dans le même cas.

Mais la merveille de la constellation est sans contredit la nébuleuse perforée de la Lyre, qu'on voit facilement entre β et γ, à un tiers de β; un autre amas, concentré au contraire vers le milieu, demande déjà un bon instrument pour se résoudre en plusieurs centaines de petites étoiles.

α de la Lyre est un centre d'émanation de météores qu'on peut observer vers le 19-20 avril.

Non loin de la Lyre se rencontre la constellation dite du Taureau royal de Poniatowski. Bien que Bode, avant de lui avoir donné ce nom, ait demandé l'assentiment de l'Académie des sciences, cette constellation est généralement abandonnée, et on rend à l'Aigle, à Hercule et à Ophiuchus les quelques étoiles de faible éclat qu'on leur avait empruntées pour la former.

L'Écu de Sobieski.

Cette constellation, n° 41, pl. VI, créée en 1660 par Hévélius en l'honneur du héros polonais, ne renferme guère d'étoiles intéressantes. Quand on a cité R, variable de la 7e à la 11e grandeur en 3 mois 1/2, il ne reste plus qu'à indiquer les magnifiques amas de cette région, entre autres la remarquable nébuleuse en forme de fer à cheval, ou d'oméga, Ω, une des plus curieuses du ciel : c'est celle qui dans notre dessin est à droite.

L'Aigle.

L'Aigle (*Aquila, Vultur volans, Gallina*) (Ala' cab) déploie ses ailes dans la portion de notre pl. VI qui porte le n° 34; on la reconnaît à l'aide des alignements suivants : au sud du Cygne et de la Lyre, et sur la ligne menée d'Arcturus à Pégase, ou de la tête du Dragon à la Lyre, on voit trois étoiles voisines et en ligne droite; celle du milieu est α Altaïr (*al Radaf*), de 1re grandeur; les deux autres, β γ, sont de 3e grandeur.

Au nord, cette ligne se dirige sur la Lyre; cette constellation contient encore plusieurs étoiles, dont deux tertiaires très rappprochées, ζ et ε, sur la ligne qui va d'Altaïr à la Couronne. On dessine l'Aigle volant vers la région supérieure du ciel.

Quoique l'on y ait le plus souvent dessiné le corps d'Antinoüs, indigne favori d'Adrien, qui se noya dans le Nil l'an 131 de notre ère. Le misérable empereur fut si touché de la mort de cet éphèbe, qu'il lui fit élever des autels et des statues et édifia une ville à laquelle il donna son nom.

Le jeune homme qui est au-dessous de l'aigle représente souvent Ganymède emporté par l'oiseau de Jupiter.

Quelle que soit l'image représentée au ciel, on n'en a pas fait une constellation absolument séparée.

Les quatre tertiaires θ η ι et $\varkappa$ forment un quadrilatère au midi de l'Aigle; la plus orientale, θ, est sur le prolongement de la ligne droite γ à β de l'Aigle; le côté θ η se dirige sur une tertiaire δ et de là sur θ, la queue du Serpent; ces quatre étoiles, θ η δ (Aigle) et θ (Serpent), font une ligne droite qui se prolonge sur les têtes d'Hercule et d'Ophiuchus, puis sur la Couronne, en traversant β et γ d'Hercule. Enfin une tertiaire, λ, est à la droite du quadrilatère, sur une ligne qui va de θ au milieu du côté opposé $\varkappa$ ι : $\varkappa$ λ ι forment un triangle équilatéral.

η de l'Aigle est une variable qui passe régulièrement de la 4e à la 5e grandenr, en 7j 4h 14m environ.

R et S varient, la première de la 7e à la 11e grandeur, dans une période de 345 jours; elle croît de la 9e,5 à la 7e,5 grandeur extrêmement vite; la seconde, en 4 mois et demi, passe de la 9e à la 11e grandeur; ces deux variables ne peuvent être des objets d'études que pour de bons instruments. α de l'Aigle (Altaïr) semble double, mais n'offre pas d'intérêt, son compagnon, qui ne lui est lié en aucune façon, est difficile à dédoubler; il vaut mieux observer *h*, au-dessus de λ, qui est composée de deux étoiles de 5e,7 et 7e,5 grandeurs, suffisamment écartées, et 57, dans la continuation de la ligne ζ δ, qui se présente dans les mêmes conditions.

Les plus faibles lunettes montrent dans cette région les merveilles stellaires de la Voie lactée; des gouttes qui semblent en avoir rejailli se rencontrent sur son chemin et des quantités de nébuleuses sont jetées comme au hasard sur les bords de sa route. Près de l'Étoile λ, il y a une belle double très écartée à observer, et, un peu plus loin, un curieux amas d'étoiles qui a été depuis longtemps résolu.

La Flèche.

La Flèche (*Sagitta*, *Telum*) (al Soham), dont la place est régulièrement déterminée dans notre planche VI, entre le Renard et l'Aigle, bien qu'elle n'ait pas de numéro, est formée d'étoiles de 4e grandeur disposées en ligne droite entre l'Aigle et β du Cygne. Nous ne l'avons citée que parce qu'elle renferme deux doubles et une triple, ainsi que des amas intéressants, observables à l'aide de faibles instruments.

A peu près au milieu de la Flèche est une étoile de 5e,5 gr., qu'il ne faudrait pas confondre avec δ (4e) dont la petite étoile est de 9e. Elles paraissent rouge et bleue et variables de couleur; une triple θ, facile à découvrir, est à l'extrémité de la Flèche; ses étoiles sont de 6e-7e et 8e grandeurs, assez espacées pour être décomposées sans peine à l'aide de faibles grossissements.

ε est une double perceptible presque avec une jumelle, écartée de 1m 1/2 et formée d'étoiles de 6e et 8e grandeurs. Si l'on tire l'alignement β α, au-dessus de α est un amas visible à la jumelle, composé d'étoiles de 6e et de 10e grandeurs, très riche en étoiles. Enfin, au-dessus de la pointe de la Flèche, est la célèbre *Dumb-bell* (Battant de cloche) appelée aussi l'Haltère, dont nous allons parler dans la constellation suivante.

Le Petit Renard.

Nous arrivons à une constellation (n° 35, pl. VI), qui

n'a été imaginée, en 1660, par Hévélius que pour combler la lacune qui s'étendait du Cygne à la Flèche. On la nomme parfois le Renard et l'Oie, à cause du dessin qu'on avait imaginé de faire sur cette constellation. Cet astérisme ne présente qu'une étoile de 4e grandeur; toutes les autres sont de 5e ou 6e. Les variables sont très faibles d'éclat (8e et 9e) et sans intérêt.

Le plus merveilleux spectacle est réservé aux chercheurs de nébuleuses, qui rencontreront dans cette région de grandes richesses, entre autres la *Dumb-bell*. On la rencontrera sûrement entre β du Cygne et le Dauphin; c'est la 27e de Messier, dont l'observation, dans un instrument faible, donne deux nébuleuses distinctes; une lunette plus forte permet de voir la jonction des deux nébuleuses, et un télescope gigantesque lui donne vaguement l'apparence d'une cloche (*bill*) ou mieux d'un vaste champignon. Le Petit Renard est le centre de la pluie de météores de juin 13-20.

Le Dauphin.

Le Dauphin (*Delphinus, Hermippus*) (al Delphin) forme la figure 36 de notre planche VI : c'est un petit losange formé de quatre étoiles tertiaires serrées, α β γ δ; une cinquième ε est un peu plus bas. Le Dauphin est précisément au midi de la brillante étoile α du Cygne, et forme avec celle-ci et la Flèche un triangle isocèle.

Nous avons d'abord R, belle variable de 5e,5 à 6e,6 gr., en 4^j, 44^j; la période décroissante est de 1^j,06; S et T chan gent de la 8e à la 13e grandeur environ dans des périodes de 9 à 11 mois; γ est une belle double, facile à dédoubler (4e et 6e) et présentant les plus jolies teintes variant du jaune au vert.

Nour croyons utile de donner ici un conseil basé sur l'expérience : lorsque l'on veut découvrir une étoile qui échappe à l'investigation, il est nécessaire, pour bien s'assurer qu'on est sur la bonne voie, de chercher dans son voisinage une brillante étoile qui indique la place de l'objet cherché. Du reste, pour les observateurs zélés, nous donnerons un tableau renfermant les AR et les δ des principales étoiles que l'on peut apercevoir à n'importe quelle époque de l'année.

La Balance.

Les six planches suivantes contiennent les constellations de l'hémisphère sud ou austral ; elles ont été bien moins étudiées que les précédentes et offrent peu d'intérêt à un habitant de l'hémisphère nord, car il n'en aperçoit quelques-unes qu'à de rares intervalles. Ce que nous venons de dire ne s'applique pas aux constellations zodiacales de la Balance, du Scorpion, du Sagittaire et du Capricorne.

La Balance, n° 31, pl. VII (*Libra*, *Jugum*, *Mochos*, *Chelæ*) (Al Mizan), est, sur le zodiaque, la première des constellations australes, c'est-à-dire au-dessous de l'équateur. Les deux plus belles étoiles, α et β, formaient autrefois les pinces du Scorpion, qui faisait à lui seul deux des constellations du Zodiaque.

C'est dans la Balance que le Soleil se trouvait autrefois au moment de l'équinoxe, mais le mouvement de précession a fait rétrograder les constellations, et maintenant c'est dans la constellation de la Vierge que les jours sont égaux aux nuits et que commence l'automne.

On pense, mais sans preuve certaine, que cette constellation n'a été imaginée que sous le règne d'Auguste, et

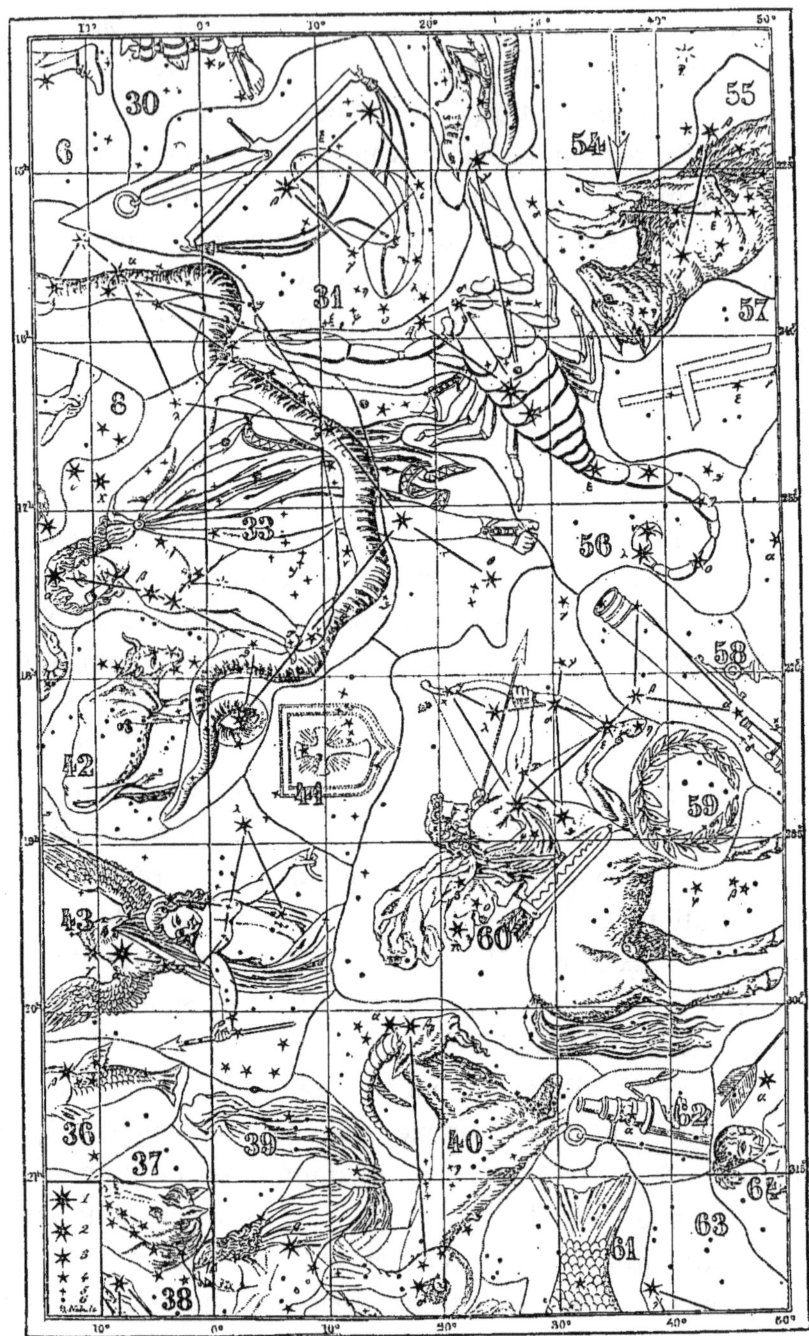

Fig. 37. — Cartes célestes. Planche VII.

qu'elle n'aurait été placée au ciel que pour rendre hommage à sa justice. Un carré placé obliquement, formé de deux tertiaires, α et β, les plateaux (*al Zoubania*), et de deux étoiles de 4e et 5e grandeurs, γ et ι, se trouverait sur le prolongement de la ligne qui de Régulus passe un peu audessus de l'Épi de la Vierge. La direction α β se trouve dans le sens de la Lyre.

Parmi les variables, nous devons signaler δ de la Balance, qui accomplit sa révolution d'éclat dans une période très rapide de $2^j\ 7^h\ 51^m\ 20^s$; elle varie de la $4^e,9$ grandeur à la $6^e,1$. Schönfeld pense que cette période est affectée par des inégalités que Schmit considère comme pouvant être représentées par un cycle de neuf ans. On peut découvrir δ de la Balance sur le prolongement de β du Scorpion à γ de la Balance, à peu près à égale distance. Quelques autres variables, R, S, T, U, sont réservées aux télescopes puissants. Les étoiles doubles que l'on rencontre dans cette constellation semblent plutôt des associations d'étoiles que de véritables doubles. Remarquons cependant ξ de la Balance, qui est une remarquable triple, perceptible seulement aux forts instruments, quoique ses composantes soient de $4^e,4$ et 7e grandeurs.

κ est un centre d'émanation du flux de météores d'avril-mai.

Le Scorpion.

Le Scorpion (fig. 58, pl. VII) (*Scorpius*, *Nepa*) (al A'crab), qui vient après la Balance, va maintenant attirer notre attention. Pour le découvrir on peut s'aider de l'alignement suivant : la ligne qui va de Régulus à l'Épi passe sur Antarès ou le cœur du Scorpion (en arabe *Calb al'Acrab*). Cette belle étoile primaire se trouve aussi sur la ligne qui, de la Lyre, passe un peu à gauche de la tête d'Ophiuchus. La Lyre, Arcturus et Antarès forment un grand triangle isocèle dont Arcturus est le sommet. Antarès est le centre d'un arc convexe tourné vers la Balance, formé de 4 ou 5 étoiles, dont l'une, β ou le front, est secondaire; la queue est composée d'une file d'étoiles de 3e et de 4e grandeurs, courbées en crosse vers l'horizon. Le bas n'est pas visible à Paris.

Une constellation qui est tout à fait proche du Scorpion, le n° 57, l'Équerre avec une Règle, a été introduite, en 1752, par La Caille, en prenant au Scorpion, au Loup et à l'Autel des étoiles qu'on aurait parfaitement pu leur laisser. C'est une constellation inutile, et qui doit être supprimée, aussi bien que le Télescope, n° 58, qu'on a placé entre le Scorpion et le Sagittaire.

Quelques variables peuvent tenter les possesseurs de bons instruments. T, qui varie de la 7e à la 12e grandeur, n'a été vue qu'une fois dans une période encore indéterminée, ainsi que R, S, U, V, W, qui varient de la 9e à la 13e grandeur.

ω du Scorpion, un peu au-dessous de β, présente l'aspect d'une belle double de 4e,5 gr. à 14′,5 d'écartement, que des yeux excellents, et, à leur défaut, la moindre jumelle, peuvent dédoubler. ν de la même constellation, un peu au-dessus de β, est formée de deux étoiles de 4e et 7e grandeur espacées de 40″, qu'il est facile de décomposer à l'aide d'une faible lunette; ces deux astres ne semblent pas former un système physique. Quoi qu'il en soit, chacune de ces étoiles est double à son tour, mais demande de très bons instruments pour être dédoublée. β, de 2e,5 et 5e,5 grandeurs, est écarté de 13″, et présente un aspect charmant.

α du Scorpion est une des plus jolies doubles qu'on puisse observer, mais demande une lunette assez forte, car le compagnon, de 7e grandeur, n'est espacé de l'étoile principale que de 3″ et se trouve noyé dans le rayonnement rouge d'Antarès.

Si l'on en croit W. Herschel, l'amas qui se trouve au milieu de l'alignement α β est le plus riche qui soit au ciel. Nous avons vu que le bas de l'astérisme n'est pas visible sur l'horizon de Paris; ce n'est donc que dans le Midi qu'on pourra découvrir, auprès de ζ, un autre amas d'étoiles presque visible à l'œil nu.

Le Sagittaire.

Le Sagittaire (*Arcitenens*, *Sagittarius*, *Arcus*, *Pharetra*, *Eques*, *Croton*) (al Rami-al Cous) (fig. 60, pl. VII) présente l'aspect d'un personnage, moitié homme et moitié cheval, qui est figuré sur les cartes célestes depuis la plus haute antiquité.

Un peu à l'orient d'Antarès (nº 25), en suivant toujours la direction de l'écliptique, on rencontre le Sagittaire. En prolongeant d'une égale longueur la ligne qui va du milieu du Cygne à celui de l'Aigle ou la diagonale du carré de Pégase (la même qui passe sur Andromède jusqu'à Persée), est un trapèze oblique ζ ν σ φ; à droite on voit une file d'étoiles β ε δ λ en ligne courbe, imitant un arc tourné vers le Scorpion : la flèche est σ δ γ. On trouve, un peu plus haut, à gauche, un petit quadrilatère formé des étoiles ξ ν π υ. Cette constellation est toujours proche de l'horizon.

L'étude du ciel présente cette particularité remarquable, qu'il semble que les mêmes phénomènes s'observent spécialement dans la même constellation. Ainsi que pour Cassiopée, la caractéristique du Scorpion est l'apparition subite d'étoiles temporaires.

Tout d'abord, celle de l'an 134 avant Jésus-Christ, qu'on aperçut entre β et ρ du Scorpion; c'est elle qui, au dire de

Pline, poussa Hipparque à faire son fameux catalogue d'étoiles, cette chose *a deo improbam.*

Puis celle de l'an 393 après Jésus-Christ, où, dans la queue du Scorpion, on signala une très grande étoile.

On observa encore, de 830 à 850, dans cet astérisme, une étoile dont l'intensité lumineuse égalait celle de la lune dans son premier quartier; on la vit environ quatre mois, puis elle s'évanouit.

Vers la fin du mois de juillet 1203, dans la queue du Scorpion, on aperçut encore une belle étoile bleuâtre d'un éclat égal à celui de Saturne. Dans le même mois, en 1584, près de π du Scorpion, on vit une grande étoile.

Entre les deux pattes de devant du Sagittaire, les premiers observateurs découvrirent une file d'étoiles, qui dessinaient si distinctement une couronne, qu'on a conservé à cette constellation le nom de la Couronne australe; nous allons l'étudier tout à l'heure.

En 1752, La Caille enleva plusieurs étoiles au Sagittaire pour en former une constellation nouvelle, le Télescope; mais ce nouvel astérisme est tombé en désuétude, car ses étoiles sont assez petites. A l'arrière du cheval du Sagittaire, le même abbé La Caille a créé le Microscope, n° 62, qui doit être également abandonné.

Il semble que ce soit ici la région des variables. Citons seulement les trois curieuses X, W, U, qui varient toutes les trois dans une période de 7 jours environ et qui peuvent être observées à l'aide de la moindre jumelle : X étant de 4ᵉ-6ᵉ grandeur; W de 5ᵉ-6ᵉ, et U de 7ᵉ-8ᵉ; d'autres variables, R, S, T, sont plus difficiles à observer. Signalons en outre *h'* (n° 51 de l'*Uranométrie argentine*), variable de 5ᵉ,3 à 6ᵉ,7, et 57 Sagittaire (*Uranom. Arg.*), une courte variable de 5ᵉ,6ᵉ à 6ᵉ,6 grandeur dont la période est de

5 jours 75 et qui a été découverte en 1886 par Sawyer. La position moyenne respective de ces deux astres pour 1880 est :

h' du Sagittaire.	AR = 18h 14m 20s	δ = — 18° 54',7
57 du Sagittaire.	19 28 44	— 24 58 ,8

Les étoiles doubles de cette constellation sont nombreuses, mais semblent ne former que des systèmes optiques sans relation entre les étoiles. Les véritables doubles, qui paraissent former des systèmes orbitaires, sont ou trop faibles pour être signalées ici, ou seulement observables sous les latitudes plus basses.

Signalons cependant ζ du Sagittaire, dont les composantes, de 3e,5 et 4e grandeurs, forment un joli couple, découvert par Winlock et mesuré par Burnham en 1878-1881. La période de 18a,75 trouvée par Gore est exacte, et l'on a calculé que le compagnon passait à son périastre en novembre 1883, que son orbite est inclinée de 59° environ sur le plan de projection et que son demi-grand axe est égal à 0 ,53.

Rappelons que sous la latitude de Paris nous sommes à 42° environ du pôle nord, de sorte que nous ne voyons pas le ciel à plus de 42° au delà de l'équateur, et que toutes les étoiles au delà sont invisibles pour nous et restent toujours au-dessous de notre horizon. Si l'on compte que l'on doit, à cause des impuretés de l'atmosphère, retrancher encore une dizaine de degrés, on comprendra pourquoi l'étude de cette partie des constellations que nous allons voir devient moins intéressante. Dans le midi de la France, on peut atteindre jusqu'au 45e degré, et en Algérie jusqu'à 50° environ, mais ce sont les limites absolument extrêmes auxquelles on puisse prétendre dans nos contrées.

La région céleste qui nous occupe, traversée par la Voie lactée, semble avoir, comme nous l'avons dit plus haut, semé sa route d'îlots nébuleux, d'amas d'étoiles ; c'est ainsi qu'on les rencontre fréquemment dans la constellation du Sagittaire.

Le plus beau de ces amas se trouve à peu près à mi-chemin de γ vers μ, et porte le n° 8 de Messier ; un peu au-dessus est le 21e de Messier ; ils semblent s'être agglomérés autour d'étoiles doubles. Au-dessus de μ, est un amas télescopique dit nébuleuse du Sagittaire, que le télescope sépare en une myriade de points lumineux ; du reste, les merveilles de ce champ sont innombrables. L'étoile μ semble triple (4e, 9e et 10e gr.) et assez écartée ; on voit même, avec un bon instrument, son cortège s'augmenter d'un quatrième compagnon. Signalons une dernière particularité : des astronomes français ont découvert, en 1690, à l'observatoire de Pékin, près de μ, une étoile nouvelle qui paraissait de 4e grandeur, mais qui a diminué peu à peu, après avoir brillé un mois environ.

La Couronne australe.

Quoiqu'elle soit à peu près invisible pour nous, la Couronne australe (n° 59, pl. VII) ne doit pas être passée sous silence. Elle n'est composée que de petites étoiles de 4e et 5e grandeur ; la seule curiosité, qui même n'est réservée qu'à l'observateur muni d'un gros instrument, c'est γ, une des plus belles doubles à mouvement rapide, formée de deux étoiles de 6e, mais à peine écartées de 2″. Le temps de révolution le plus probable du satellite est de 82 ans, mais les nombreuses observations de cette étoile qui ont été faites font varier cette valeur de 55 à 100 ans.

Le Capricorne.

Le Capricorne, n° 40, pl. VII (*Caper*, *Capricornus*), en arabe al Gedi, marquait autrefois le moment où le Soleil, après avoir atteint le point extrême de sa course vers le sud, commençait à revenir vers nous. Ce fait se produit aujourd'hui dans le Sagittaire; lorsque cette constellation est visible le soir en France, elle nous annonce l'automne.

La ligne qui va de la Lyre à l'Aigle se prolonge sur deux étoiles tertiaires et très voisines, α β, la tête du Capricorne. Trois étoiles de 4e grandeur, δ γ ε, à l'orient et plus bas, forment la queue; elles sont sur la droite qui va du centre γ de la croix du Cygne au Petit Cheval.

Comme le *nimbosus* Orion, le Capricorne était chez les anciens la constellation des tempêtes.

Les variables ne manquent pas ici, mais il n'y a guère que S (7e à 8e gr.) qui puisse être aperçue par un amateur. R, T, U, qui ont une période d'un an environ, sont de 9e à 14e grandeur; α est une brillante étoile de 4e grandeur, qu'une jumelle montre accompagnée d'une autre étoile assez proche avec laquelle elle n'a aucune relation. C'est un exemple fort intéressant de système optique. β est une double facilement décomposable en deux étoiles de 3e et 7e grandeurs. ρ σ ο sont également curieuses, π est plus difficile à dédoubler.

Sur le prolongement de β à ζ du Capricorne on rencontre un amas qu'Herschel a résolu; il porte le n° 30 du catalogue de Messier. On peut encore signaler un autre amas entre ν du Verseau et β du Capricorne, plus près de ν. C'est un amas non moins intéressant que le précédent, découvert également par Messier, et connu sous le n° 72 du catalogue de cet astronome; il a été résolu également par Herschel, trois ans après sa découverte, en 1783. α du

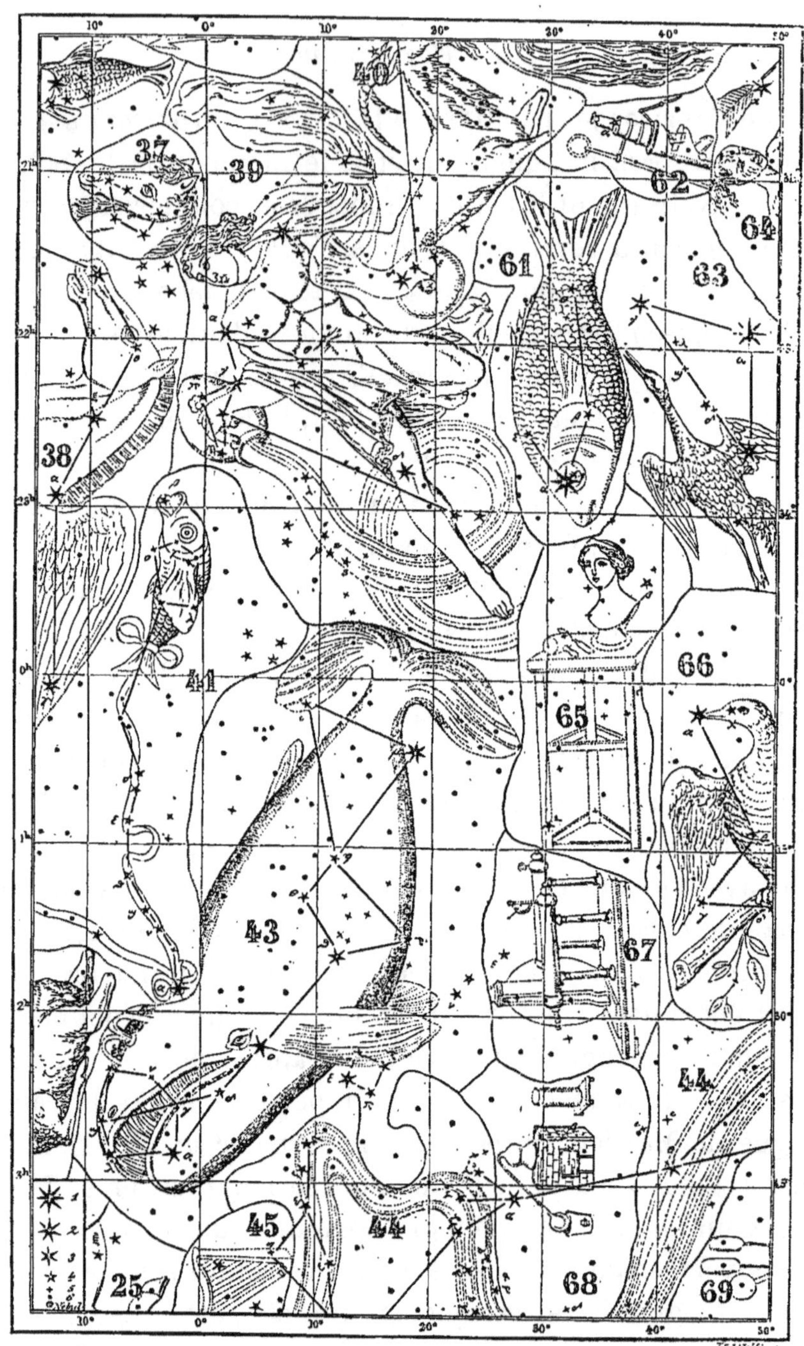

Fig. 38. — Cartes célestes. Planche VIII.

Capricorne est un centre d'où jaillit, en juin et juillet, une pluie d'étoiles filantes.

Le Verseau.

Le n° 39, pl. VIII, est le Verseau (*Amphora, Aquarius*) (al Delou, Sakil alma), où le Soleil arrive à la fin de l'hiver. Le Verseau annonçait autrefois les pluies et la fin de l'hiver. Cette constellation, qui empiète sur le Capricorne, a été bien moins étudiée que celui-ci. Pour la découvrir dans le ciel, il suffit de chercher le prolongement de la ligne qui va de la Lyre au Dauphin ; cette ligne se dirige vers le Verseau, et plus loin sur Fomalhaut, α du Poisson austral.

On voit dans cette constellation un triangle très aplati formé par trois étoiles tertiaires, α β γ. La base du triangle, perpendiculaire à l'alignement que nous avons tiré, se prolonge sur le Capricorne en une série d'étoiles, μ ε, et vers la gauche se porte sur l'urne, ζ η. De là part une file sinueuse de petites étoiles, qui se termine vers l'horizon, à Fomalhaut; c'est le courant d'eau répandu par le Verseau et qui arrive au Poisson austral, qu'on aperçoit, dans nos contrées, en septembre vers 11 heures, en octobre vers 9 heures, en novembre vers 7 heures, et ainsi de suite.

Les variables sont R du Verseau, qui varie de la 6e à la 11e grandeur dans une période d'un peu plus d'un an. S, qui est plus difficile, varie de la 8e à la 13e grandeur, tandis que T passe de la 7e,8 à la 13e grandeur en 203 jours environ; on la rencontre à mi-chemin sur l'alignement tiré de α du Petit Cheval à α du Capricorne.

Une autre, la 46.090 de Lalande, est encore plus facile. On la voit non loin de ψ; elle semble varier de la 6e à la 8e grandeur, dans une période à déterminer.

ψ^1 est double et intéressante à voir, quoique probablement son compagnon ne lui soit proche que par une illusion de perspective ι^2 est une jolie double, assez facilement visible, quoique proche, ses étoiles étant de 5e,5 et 7e,5 grandeur.

Signalons encore ζ du Verseau, au milieu de l'urne, qui se dédouble en deux étoiles de 3e,5 et 4e,5 grandeurs, séparées de 3",5.

Parmi les amas, la nébuleuse que Maraldi découvrit en 1746, et qui porte le n° 2 de Messier, doit attirer notre attention.

Sur le prolongement de γ des Poissons à α du Verseau, à la moitié, au delà de α, de la distance qui sépare ces étoiles, on rencontre la nébuleuse 2 de Messier. C'est l'un des plus beaux spectacles du ciel que de voir dans un puissant télescope cette brillante agglomération de points étincelants. Une autre nébuleuse non résolue, mais bien petite, se voit près de ν du Verseau, non loin de la nébuleuse du Capricorne que nous avons décrite : elle porte la désignation (IV, I) du catalogue d'Herschel et présente cette particularité qu'observée aux plus puissants télescopes, on l'aperçoit sous une forme elliptique qu'on suppose due à la présence d'un anneau vu par la tranche.

α et δ du Verseau sont des points d'émanation des pluies d'étoiles filantes d'avril-mai et de juillet.

C'est dans le Verseau, près de δ, que Tobie Mayer observa Uranus le 26 septembre 1756; c'est également dans cette constellation que la planète Neptune a été vue pour la première fois par Galle, directeur de l'Observatoire de Berlin, en 1846.

La Baleine.

La figure de notre planche (VIII, n° 43) représente assez exactement une baleine (*Cetus*, *Draco*) (Kithos, al kett), tandis que les anciennes cartes figurent un animal fantastique que les astronomes du moyen âge appelaient le monstre marin.

On trouve cette constellation en tirant une ligne de la ceinture β d'Andromède entre α et β du Bélier; on rencontre plus loin, à distance à peu près égale, une secondaire α (Menkab), qui forme sensiblement un triangle équilatéral avec le Bélier et les Pléiades : c'est la mâchoire de la Baleine; α μ ξ et γ forment un parallélogramme. La base α γ se prolonge sur la tertiaire δ et sur la variable ο (Mira); continuant toujours cette direction au sud-ouest, on rencontre un grand quadrilatère formé de quatre tertiaires, ζ τ η θ; puis la queue β, qui est une étoile de 2e grandeur; et enfin, beaucoup plus bas, on arrive à Fomalhaut, α du Poisson austral. La ligne des Pléiades à la mâchoire α, se prolonge au midi sur un autre quadrilatère beaucoup plus petit, à gauche du second et qui touche à l'Éridan.

En 1596, Fabricius, le père de celui qui découvrit les taches du Soleil, aperçut dans la constellation de la Baleine une étoile de 3e grandeur qui disparut bientôt; sa variation était de 1re,7 à 9e grandeur. Plusieurs observateurs étudièrent ensuite les variations d'éclat de cette étoile, nommée à juste titre *Mira Ceti*, « l'admirable de la Baleine, » qui passe de la 2e grandeur à sa disparition complète. Nous entendons par disparition l'idée que l'étoile devient trop faible pour être perçue par nos sens, malgré le grossissement des plus forts instruments, mais il ne nous vient pas à l'esprit qu'elle s'éteigne tout à fait. Une période de près de 332 jours rend compte de ces apparences et ramène les mêmes phases de variation (maximum de février 1885 observé par Gorre).

Une étoile de 9e grandeur, proche de Mira, a laissé croire

qu'elle était double, mais il semble que ce ne soit qu'un groupe optique. D'autres variables, R, par exemple, qui varie de la 8e à la 13e grandeur, se trouvent proches de o de la Baleine.

Parmi les doubles, citons γ (3e et 7e gr.) assez rapprochées et par conséquent moins faciles à voir que 37 de la Baleine, près de θ, dont les deux étoiles, de 5e et 7e grandeurs, sont éloignées de près d'une minute (exactement 51''). Une autre bonne observation, est celle de 66 de la Baleine, formée de deux étoiles de 6e et 8e grandeurs : du reste, dans les environs de Mira, on remarquera de nombreuses doubles, telles que 61, qui sont fort intéressantes à observer.

Le Poisson austral.

Le Poisson austral (*Piscis notius vel australis*) (al Hout, al Genoubi). Si on tire un alignement de l'Aigle à la queue du Capricorne, on peut remarquer qu'il se dirige, vers l'horizon, sur Fomalhaut ou la bouche du Poisson austral, que les Arabes appellent *Fomalhout* et qui est une belle étoile de 1re grandeur. A l'occident, sont deux étoiles de 3e grandeur, ε β, avec lesquelles elle forme un triangle.

Cette constellation s'élève très peu sur l'horizon de Paris, on ne la voit dans le ciel que de septembre à novembre. En dehors de α, cette constellation ne présente aucune particularité intéressante. Nous trouvons à sa suite trois constellations modernes : l'Atelier du Sculpteur (n° 65); la Machine électrique (n° 67) et le Fourneau chimique (n° 68). La Machine électrique est une création de Bode, en 1790, et les deux autres astérismes sont dus à Lacaille, qui les signala en 1752, à son retour du cap de Bonne-Espérance. Bien que ces constellations soient encore adoptées, elles ne présentent que des étoiles fort petites, dont la plus brillante, α du Sculpteur, atteint à peine la 4e grandeur.

L'Éridan.

L'Éridan, qui occupe le n° 44 de notre planche IX, a pris dans les catalogues les noms de tous les fleuves; c'est ainsi qu'il s'appelle successivement (*Eridanus*, *Pœdus*, *Nilus*, *Melo*, *Mulda*, *Oceanus*, *Amnis*) (al Nahr).

L'Éridan est assez peu intéressant pour nous, car ses étoiles, tertiaires et quartaires, vont en serpentant de l'angle occidental inférieur d'Orion, en descendant sous l'horizon, où elles se perdent : après plusieurs très grandes courbes, invisibles pour nous, cette constellation se termine à 31° 30′ du pôle austral, à une belle étoile primaire (A *Chanar-acher nahr*). Cette étoile est naturellement invisible dans nos contrées, et il faut descendre pour l'observer au-dessous du 32e degré de latitude, c'est-à-dire qu'on doit, pour l'apercevoir, traverser la Méditerranée et gagner les rives de la mer Rouge, le Caire, Alexandrie, Suez, etc.

Les sinuosités qu'elle présente dessinent le cours du fleuve, qui enclave dans ses replis la Harpe de Georges (n° 45), créée en l'honneur de Georges III d'Angleterre, qui soutint royalement William Herschel, ainsi que le sceptre des Brandebourg, constellation imaginée par Kirch, en 1688, qui semblent tout à fait inutiles.

Malgré sa longueur et son grand nombre d'étoiles, l'Éridan, en y ajoutant les deux constellations que nous venons de voir, n'offre guère de curiosités autres que o^2 Éridan (4e gr.). Cette étoile, placée entre γ et ζ, a près d'elle un compagnon de 9e grandeur et un autre de 11e, qui est écarté de 81″ et par conséquent très facile à dédoubler. Les trois étoiles ont un mouvement propre de 4",07 par an. Sur l'alignement de ξ de l'Éridan à ο de la Baleine, on trouve, à peu près au quart du chemin, la 32ᵉ de l'Éridan, qui est une double composée de deux étoiles de 5ᵉ et 7ᵉ grandeurs, assez écartées pour être facilement visibles; elles semblent former un groupe optique plutôt que physique qui se trouve au milieu de la constellation de la Harpe de Georges.

Citons encore, entre γ et o^2, 39 de l'Éridan (5ᵉ et 9ᵉ gr.), dont les étoiles sont écartées, ainsi que 55 de l'Éridan; tout proche, 56; à mi-chemin de o^2 à Rigel (β Orion), qui est composée de deux étoiles de 7ᵉ grandeur faciles à observer : dans les environs de γ se trouve une nébuleuse qui demande un fort instrument pour être observée utilement.

Une constellation nouvelle, l'Atelier du Typographe, entre le Grand Chien, la Licorne et le Navire, qui a été ajoutée par Bode sur son atlas, n'est plus employée aujourd'hui.

Le Lièvre.

Nous allons maintenant étudier le Lièvre (pl. IX, nº 72) (*Lepus*, *Levipes*) (al Arnab). On trouve facilement le Lièvre, grâce à quatre étoiles de 4ᵉ grandeur, α β γ δ, qui forment un quadrilatère au-dessous d'Orion et à droite du grand Chien; μ, la tête, est garnie de deux oreilles, κ et γ.

Une des variables R de cette constellation sur le prolongement de γ à β d'Orion, est d'un beau rouge. Elle passe de la 6ᵉ à la 8ᵉ grandeur en 15 mois; κ du Lièvre est une double de 10ᵉ et 8ᵉ grandeurs, à 3" d'intervalle, et β de 3ᵉ et 11ᵉ, à peu près au même intervalle. Au sud de cette dernière étoile, on rencontre une nébuleuse de 3' de diamètre, résolue par Herschel (1780) en un riche amas de forme ronde, condensé au centre; elle porte le n° 79 du catalogue de Méchain.

Le Grand Chien.

Le Grand Chien (*Canis major*, *Æslifer*) (al Kelb, al Akbar) En rapprochant cette constellation (n° 73, pl. IX) de celles du Petit Chien et du Taureau, avec les Gémeaux au-dessus, on a une grande région du ciel ornée des astres les plus brillants. Ce sont les constellations d'hiver, qui sont, en général, sur notre horizon beaucoup plus lumineuses que celles d'été.

En prolongeant vers la gauche la base β κ du quadrilatère d'Orion, ou le baudrier δ ζ, on trouve la plus belle étoile du ciel, Sirius (en arabe *al Imaniat*, *Ouala'bour*, *Elcheer*), qui porte la lettre α de la constellation; elle est à l'angle supérieur oriental d'un grand quadrilatère α β ζ ε, dont la base, voisine de l'horizon de Paris, est adjacente à un triangle ε δ η.

L'étoile ε est presque de première grandeur, comme α; cependant les étoiles les plus basses perdent de leur éclat dans les brumes de l'horizon, mais sitôt que l'on descend vers des latitudes plus élevées, en Espagne, en Grèce, elles reprennent leur splendeur.

Avant d'étudier la merveille du ciel, Sirius, jetons un coup d'œil sur les étoiles remarquables de la constellation. Ce ne sera pas long, du reste, quand nous aurons vu μ du Grand Chien, composée de deux étoiles de 5e et 9e grandeurs, écartées à 3″, ν, entre α et β, formée d'astres de 6e et 8e grandeurs, qui est aussi fixe que μ, et quand nous saurons que ζ β δ sont dans le même cas et possèdent des voisines qui for-

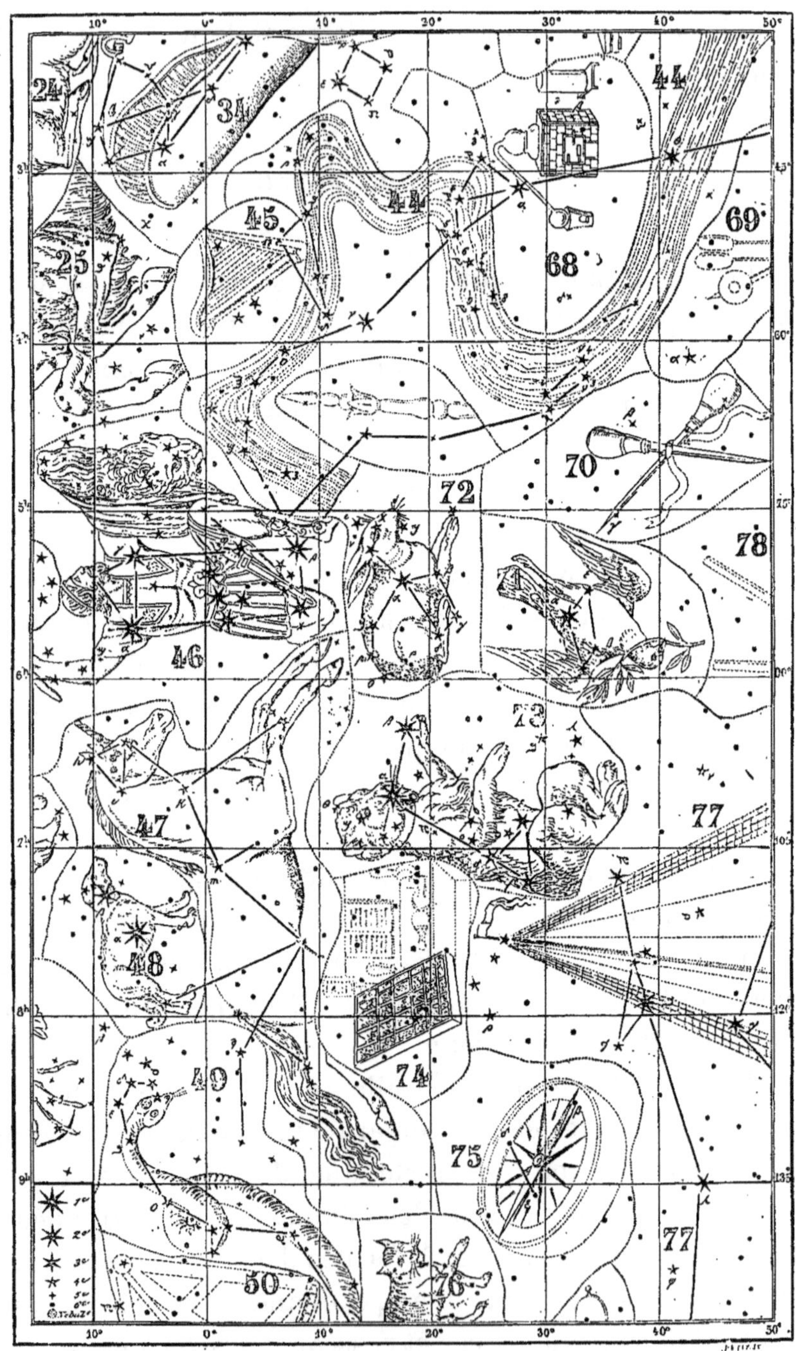

Fig. 39. — Cartes célestes. Planche IX.

ment avec elles des couples trop écartés pour être des systèmes orbitaux.

π^2, qu'on rencontre entre α et δ, forme un amas de quatre étoiles de 6e, 9e, 10e et 11e grandeurs, qui est facile à voir, car chacun de ces astres est assez éloigné des autres. Un amas plus curieux, qui contient une centaine d'étoiles de la 10e à la 12e grandeur, porte le n° 41 de Messier, presque au milieu de la ligne qui joint o^2 à β ; il est parfois visible à l'œil nu et couvre 25′ environ.

Un autre un peu plus haut (Herschel VII, 12) n'est composé que d'étoiles de la 10e à la 12e grandeur.

Mais il nous tarde d'arriver à ce soleil étincelant, le plus lumineux de notre ciel que les Arabes ont nommé *Seïr, Syriad*, nom dont la parenté avec *Sûrya* est évidente et qui désigne le Soleil (exactement, ce qui brille de feux brûlants).

Sirius, généralement connu comme l'astre principal de la constellation du Grand Chien, est une des étoiles les plus brillantes du ciel. En hiver, se trouvant au-dessus de l'horizon, elle attire les regards par l'éclat de sa scintillation.

Sa parallaxe, observée d'abord par M. Henderson, avait été portée à 0″,23, mais sur les corrections apportées par M. Peters, on l'a réduite à 0″,15. Cette parallaxe est l'élément fondamental de l'histoire de toute étoile, c'est l'angle, à peine appréciable à l'aide des instruments les plus délicats, sous lequel la distance qui sépare la Terre du Soleil apparaîtrait à un observateur placé sur l'étoile.

On comprend que, connaissant la distance de la Terre au Soleil, c'est-à-dire connaissant la base du triangle formé par le Soleil, la Terre et l'étoile, et de plus le degré d'ouverture de l'angle situé au sommet, qui est justement la parallaxe, il soit possible de déduire de là, par le calcul, la valeur du grand côté du triangle, c'est-à-dire la distance du Soleil à l'étoile. Ce calcul prouve que la distance de Sirius à la Terre est trois millions de fois plus grande que celle du Soleil à la Terre, qui est déjà vingt-quatre mille fois plus grande que le demi-diamètre de notre globe; autrement dit, Sirius est à cent huit mille milliards de lieues de nous.

On trouve généralement plus commode de définir la distance par le nombre d'années que la lumière met à la parcourir. Or la propagation de la lumière, en la prenant à la vitesse de 75.000 lieues par seconde, met environ vingt-deux ans pour nous arriver de Sirius. Voilà des grandeurs que les anciens ne soupçonnaient pas et que l'astronomie moderne nous a rendues familières.

La distance qui nous sépare de Sirius et si considérable. qu'on ne peut déterminer la grandeur de cet astre. Son disque n'est, pour les plus puissants télescopes, qu'un point imperceptible dont l'éclat fait toute la valeur.

Mais on peut du moins déterminer l'intensité de sa lumière, comparée à celle du Soleil. C'est à sir John Herschel qu'appartient la gloire de cette étude. Il a d'abord comparé l'étoile nommée α du Centaure avec la pleine Lune, et il a constaté que la pleine Lune envoyait à la terre 27.000 fois plus de lumière qu'α du Centaure. Comparant ensuite cette étoile avec Sirius, il a vu que Sirius nous envoyait quatre fois plus de lumière que celle-ci, c'est-à-dire environ 7.000 fois moins que la pleine Lune.

En comparant ensuite cette quantité de lumière avec celle du Soleil et prenant pour intermédiaire celle de la Lune, Wollaston a trouvé que la lumière du Soleil est environ 800.000 fois plus grande que celle de la lune; elle est donc 22.000 millions de fois plus grande que celle d'α du Centaure et environ 5.000 millions de fois plus grande que celle de Sirius.

En admettant que Sirius vînt se substituer à notre Soleil, nous éprouverions les mêmes effets que si un groupe de 224 soleils égaux au nôtre éclatait au milieu du ciel, tandis que notre Soleil, placé à la distance où se trouve actuellement Sirius, ne s'apercevrait plus qu'à l'aide du télescope.

Cette étoile si brillante, que Bond croit avoir aperçue en plein jour, aurait été autrefois d'un rouge foncé. Les astronômes de notre temps s'accordent à lui trouver une lumière d'un bleu très clair; cet astre splendide, que les anciens avaient divinisé, est quatorze fois plus gros que notre Soleil (1).

Pendant qu'un vif mouvement de translation nous entraîne vers un point du ciel qui semble correspondre à la constellation d'Hercule, Sirius subit un même mouvement qui le déplace en sens inverse et l'éloigne journellement de nous; pourtant la lumière qu'il nous envoie ne semble pas avoir beaucoup diminué d'intensité malgré cet éloignement continuel, et la cause de ce phénomène est due à l'énorme distance qui nous sépare de cet astre. L'espace parcouru depuis quatre mille ans n'est que la 50e partie de cette distance.

Le mouvement propre de Sirius est ordinairement évalué à 1″,2; ce mouvement se produirait uniformément si aucune perturbation ne venait le modifier : or Bessel avait remarqué que cette étoile possédait un balancement particulier qu'il avait attribué à l'action d'un corps invisible et de masse considérable sur l'étoile qui nous occupe. On admit

(1) La connaissance de la parallaxe de l'étoile principale d'un groupe binaire donne la détermination positive des orbites des deux étoiles : on peut ainsi en calculer les masses ; c'est de cette manière qu'on s'est assuré que la masse de Sirius est quatorze fois plus grande que celle du Soleil, tandis que celle de α du Centaure a tout au plus un tiers en plus de la masse du Soleil.

longtemps l'hypothèse d'un corps obscur produisant cette action troublante; il était en effet assez raisonnable de croire à ces masses obscures, restes de mondes éteints, circulant encore dans les espaces célestes. Cette opinion était, en 1854, celle de Le Verrier.

Bessel pensait que le satellite de Sirius resterait toujours inconnu, ainsi qu'il est arrivé pour celui de Procyon; cependant M. Peters, en 1851, avait, d'après des calculs minutieux, assigné cinquante années à la révolution complète du satellite dans une ellipse très allongée.

L'avis de Bessel fut partagé par MM. Auwers et Safford : une étude approfondie de la question indiqua un angle de position de 85°,4 pour l'année de 1862, et une distance angulaire de 10,°6.

Malgré les plus actives recherches on n'avait rien découvert jusqu'en 1862, lorsque, le 31 janvier, M. Alvan Clark fils eut l'idée, en essayant un télescope de 49 centimètres, de le diriger sur Sirius. Il aperçut immédiatement vers la gauche de cet astre un point lumineux qu'il signala sur-le-champ.

Ainsi qu'il arrive souvent pour des objets d'une perception difficile, dès que le satellite eut été indiqué une fois, plusieurs astronomes l'aperçurent, même avec des lunettes beaucoup plus faibles.

L'angle de position indiqué pour 1862 était de 85°,4, l'observation donna 84°,6; la différence n'était donc pas de 1°.

L'éclat de ce satellite est à peu près semblable à celui d'une étoile de 9e grandeur. D'après M. Auwers, sa masse serait à peu près la moitié de celle de Sirius, bien que sa lumière soit environ 5.000 fois moindre que celle de l'étoile principale.

Le succès des recherches du compagnon de Sirius encouragea M. Auwers à continuer celle du satellite de Procyon;

il lui assigna une durée de révolution de 40 ans. Le satellite, découvert par M. Otto Struve, le 19 mars 1873, distant de 11 à 12° de l'astre principal, n'a pu être retrouvé depuis, bien qu'on lui ait découvert jusqu'à quatre compagnons nouveaux.

On a signalé β d'Orion (Rigel), α de l'Hydre, l'Épi de la Vierge, comme pouvant être perturbées par un satellite, mais cette opinion n'est basée que sur la discussion de mauvaises observations.

Le Sextant.

Le Sextant a été introduit parmi les constellations, vers 1860, par Hévélius; il n'est formé que de quelques étoiles de la 5e à la 8e grandeur, parmi lesquelles nous devons signaler une étoile double sur l'alignement de α à φ du Lion, à mi-chemin : c'est 35 du Sextant, formée de deux étoiles de 6e et 8e grandeurs, à 7″ de distance. Quelques nébuleuses télescopiques se rencontrent aussi dans le prolongement de δ du Lion à 35 du Sextant, l'une de forme elliptique et l'autre double, assez espacées.

L'Hydre.

Cette constellation, qui occupe presque toute la planche X (n° 49), est connue sous les noms de (*Hydra*, *Echidna*, *Serpens aquaticus*) (al Chegià). L'Hydre, ainsi qu'on peut le voir, est une longue constellation qui occupe le quart de l'Horizon, sous le Cancer, le Lion et la Vierge. A la gauche de Procyon, se rencontre *la Tête* formée de quatre étoiles de 4e grandeur, η δ σ ζ, au-dessous du Cancer et sur le prolongement de la droite menée par α d'Orion et Procyon.

Le côté occidental γ α du grand trapèze du Lion se dirige sur le *Cœur* α (en arabe *al Frad* ou *Alfard*). La ligne des têtes des Gémeaux aboutit encore à ce point. Une longue file d'étoiles forme les replis de l'Hydre, qui porte sur son dos le Corbeau et la Coupe.

Parmi les variables R, S, T, la seule qui nous puisse occuper est la première, les autres se réclamant d'instruments puissants. R varie de la 4e à la 10e grandeur dans une période, qui va en se raccourcissant d'année en année, atteignant en moyenne 436 jours. Elle était au maximum du 10 au 30 juillet 1884.

Les étoiles doubles ne sont pas moins bien représentées. Citons ε de l'Hydre, qui forme un groupe physique d'étoiles jaunes et bleues de 3e,5 et 7e,5 grandeurs, séparées de 3″,5, fort intéressantes à observer.

Au sud de α de la Balance est une jolie double de 5e et 8e grandeurs, facile à dédoubler à cause de son écartement. Cette étoile est appelée souvent 30 de l'Oiseau solitaire, constellation tombée en désuétude. C'est le *Turdus Solitarius* (n° 53) introduit là par Lemonnier, en 1776, sous le bassin austral de la Balance.

τ, double de 5e et 8e grandeurs, forme probablement un couple optique. Il est en tout cas des plus faciles à dédoubler, les deux étoiles étant à plus d'une minute d'intervalle. Signalons aussi, au-dessus de δ, un couple de 6e et 7e grandeurs, à 10″ de distance, et 17 de la Coupe, qui, au même écartement, est facile à voir, ses composantes étant de 5e,5 et 6e grandeurs.

Quelques nébuleuses peuvent être observées dans la constellation qui nous occupe. Une nébuleuse planétaire (H. IV, 27) d'Herschel donne aux forts instruments un point brillant au centre, entouré à quelque distance d'un anneau de matière condensée. Son spectre indique une nébuleuse absolument gazeuse. Un amas d'étoiles très riche, de 3′ de diamètre, est très pâle, mais se décompose en une riche moisson d'astres. La tête de l'Hydre et le Sextant marquent, avec les pieds de derrière du Lion, l'Équateur dans le ciel.

Le Corbeau.

Le Corbeau (*Corvus*) (al Ghorab) occupe le n° 52 de notre planche X. Il présente un grand trapèze de quatre étoiles tertiaires, α β γ δ, au sud de la Vierge et sur l'alignement de l'Épi à la Lyre. En prolongeant la base de ce trapèze on arrive à l'Épi ; la base inférieure se dirige vers le bassin austral de la Balance. Ces bases sont à angle droit sur le côté oriental β δ. Une ligne menée de α de la Vierge à χ de l'Hydre traverse cette petite constellation, dont les étoiles vont de la 3e à la 7e grandeur.

R du Corbeau est une variable, qui passe de la 7e à la 12e grandeur en dix mois et demi ; elle se rencontre dans les environs de γ.

Un beau couple, qu'on voit entre ψ de la Vierge et γ du Corbeau, présente deux étoiles de 6e grandeur, faciles à dédoubler

Nous avons vu que le chat de Lalande, que celui-ci avait tenté de placer au ciel, avait été dépossédé de cet honneur. Cette constellation n'a pas été admise ; de nos jours elle est tout à fait supprimée. Les petites étoiles qui avaient servi à la construire sont retournées à l'Hydre et à la Machine pneumatique. On peut, à ce sujet, faire un reproche à Lalande d'avoir, sans consulter personne et sans utilité pour la science, tenté d'établir des constellations qui troublaient toutes les nomenclatures adoptées.

La Coupe.

La Coupe (*Crater*, *Pcyphus*, *Urna*, *Satera*, *Calix*)

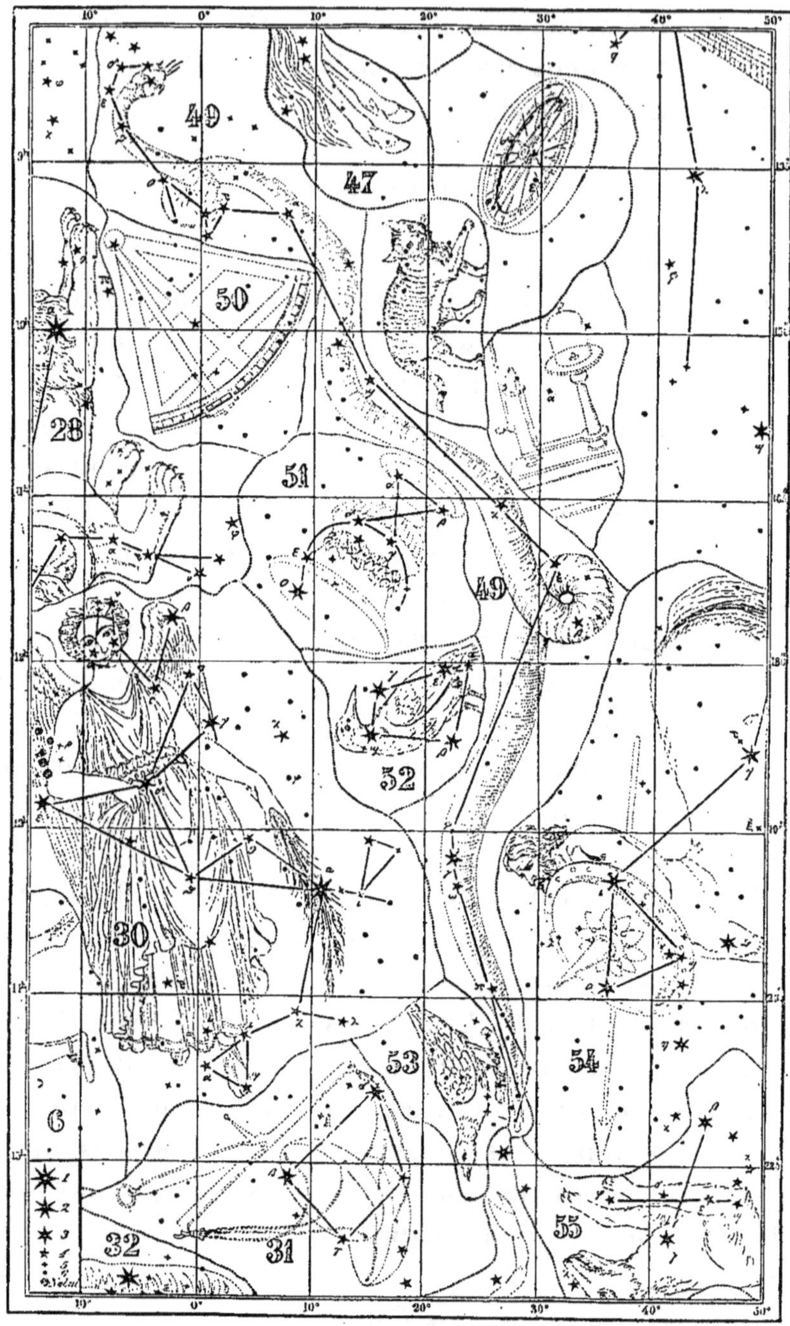

Fig. 40. — Cartes célestes. Planche X

(pl. X, 40, 52) (al Bathial) se rencontre au-dessus de l'Hydre. Pour la reconnaître au ciel, on peut prendre les alignements suivants : au-dessous de δ du Lion on voit une file de petites étoiles qui se dirigent vers la constellation dont il s'agit, qui est formée de six étoiles de 4e grandeur placées en demi-cercle. La ligne qui va de β de la Vierge à χ de l'Hydre coupe en deux cet astérisme. Les étoiles qui le composent, bien qu'un peu moins faibles que les précédentes, n'offrent aucune particularité qui puisse nous arrêter, sinon R de la Coupe, près de α ; c'est une variable qui passe, en deux mois et demi environ, de la 8e à la 10e grandeur, et qu'on aperçoit au ciel, brillant d'un bel éclat rouge.

La Machine pneumatique.

Cette constellation (pl. X) a été imaginée par La Caille pour utiliser quelques petites étoiles entre le Navire et l'Hydre. Ces astres varient de la 4e à la 7e grandeur et ne présenteraient à notre étude que peu d'intérêt. La constellation n'est même pas entièrement visible en France. On peut apercevoir dans nos contrées α et même θ en avril et mai. On trouve α de la Machine pneumatique sur le prolongement de la ligne menée de α de la Vierge à χ de l'Hydre.

La Colombe.

La Colombe, qui forme le n° 71 de notre planche X, se trouve au-dessous du Grand Chien et à la droite du Navire et porte un rameau à son bec. On peut observer les principales de ces constellations sur notre horizon en janvier et février. Les étoiles, qui, excepté α, varient de la 3e à la 6e grandeur, n'offrent aucun aliment à notre curiosité. Tout auprès de la Colombe se retrouvent les trois principales étoiles qui ont servi à figurer au ciel l'instrument dit le Burin du graveur.

Le Navire.

Le Navire (*Argo navis*, *Carina argoa*) (al Safinal) est à l'orient du Grand Chien. Sous nos latitudes, on n'aperçoit que deux ou trois étoiles de 3e grandeur à côté du Grand Chien, et plus loin on en voit deux ou trois autres qui représentent la mâture. L'horizon nous cache le reste, et particulièrement la plus belle des étoiles après Sirius, Canopus (en arabe *al Sothil*).

Parmi les astres de cette constellation, il en est un qui mérite d'attirer tout particulièrement notre attention à cause de sa curieuse variabilité, c'est η d'*Argo*, dont les changements d'éclat ont été observés depuis plus de deux siècles.

A. de Humboldt nous a conservé l'historique de cette curieuse observation : « Dès 1677, Halley, à son retour de l'île Sainte-Hélène, émettait des doutes nombreux sur la constance d'éclat des étoiles du navire Argo; il avait surtout en vue celles qui se trouvent sur le bouclier de la proue et sur le tillac, dont Ptolémée a indiqué les grandeurs. Mais l'incertitude des désignations anciennes, les nombreuses variantes des manuscrits de l'*Almageste*, et surtout la difficulté d'observer les évaluations exactes sur l'éclat des étoiles, ne permirent point à Halley de transformer ses soupçons en certitude. En 1677, Halley rangeait η d'Argo parmi les étoiles de 4e grandeur; en 1751,

Lacaille la trouvait déjà de 2e grandeur. Plus tard, elle reprit son faible éclat primitif, puisque Burchell la vit de 4e grandeur pendant son séjour dans le midi de l'Afrique (de 1811 à 1815). Depuis 1822 jusqu'en 1826, elle fut de 2e grandeur pour Fallous et Brisbane (Nouvelle-Hollande); Burchell, qui était, en 1827, à San Paulo, au Brésil, la trouve de 1re grandeur et presque égale à σ de la Croix. Un an plus tard, elle était revenue à la 2e grandeur. C'est à cette classe qu'elle appartenait quand Burchell l'observait à Goyaz le 29 février 1828; c'est sous cette grandeur, que Johnson et Taylor l'inscrivirent dans leurs catalogues, de 1829 à 1833, et quand sir John Herschel alla observer au Cap de Bonne-Espérance, il la plaça constamment, de 1834 à 1837, entre la 2e et la 1re grandeur. »

Herschel rapporte que sous ses yeux, en 1837, l'étoile passa par la 1re grandeur, atteignant presque l'éclat de Sirius; elle s'affaiblit jusqu'en mars 1843, sans redescendre jusqu'à la 2e grandeur; mais en avril, elle rivalisa de nouveau avec Sirius et conserva cet éclat jusqu'en 1850.

Depuis cette époque, elle s'est affaiblie progressivement et a atteint aujourd'hui la 7e grandeur. Cette singulière variation répond sensiblement à une période de 46 ans, d'après Wolf, de 67 ans d'après Loomis, mais Schonfeld pense qu'une période régulière est très improbable.

L'étoile est liée à une nébuleuse gazeuse dans laquelle quelques observateurs ont remarqué des variations. Depuis les observations d'Herschel, le spectre de cette nébuleuse donne entre autres des raies d'hydrogène.

Il n'y a peut-être pas de région mieux fournie que celle-là, placée non loin de la Croix du Sud, la merveille du pôle austral, en pleine Voie lactée et près de cette curieuse η d'Argo que nous venons de voir et qui nous réserve encore des surprises, car elle est entourée d'une nébuleuse d'intensité variable, disloquée dans tous les sens, laissant sur le fond laiteux apparaître une multitude d'étoiles de toutes grandeurs dont 21 sont doubles. Ce mot double nous rappelle que η du Navire est accompagnée de deux étoiles de 12ᵉ et 13ᵉ grandeurs, séparées d'elle de 12″ et 14″.

La belle Canopus doit nous arrêter un moment. C'est la plus belle étoile du ciel après Sirius ; elle est supérieure en éclat à toutes les autres premières. On la voit briller au gouvernail du Navire et elle porte le nom du pilote de Ménélas Κανωϐος. Cette étoile était fort adorée en Égypte. On pense que Canope (Aboukir) avait reçu ce nom en souvenir du lieu où le pilote du roi grec avait succombé à la morsure d'un serpent.

Il faut descendre à 37° de latitude pour observer Canopus à l'horizon de Gibraltar, d'Espagne ou d'Algérie, ou mieux encore de Grèce ou d'Alexandrie : on peut alors l'apercevoir dans tout son éclat.

La plus grande partie de la constellation n'étant pas visible pour nous, nous allons passer brièvement sur les curiosités qu'elle peut présenter. Indiquons cependant un bel amas visible à l'œil nu (H. VIII, 38) de Herschel, qu'on trouve sur le prolongement d'un alignement tiré par β α et γ du Grand Chien, à deux fois et demie environ la distance de α à γ.

Entre cet amas et γ se rencontre (H. VII, 12) une agglomération d'étoiles découverte, en 1785, par Mˡˡᵉ Caroline Herschel, digne collaborateur de son illustre frère, ainsi que diverses autres petites nébuleuses qui remontent jusqu'à l'Atelier typographique, dont la désignation n'est plus admise non plus que celle du Cœur de Charles II, constellation que Halley avait dessinée près du Navire.

On verra (fig. 77, pl. IX) la portion du Navire qui peut être aperçue dans nos régions, ainsi que les quelques étoiles que La Caille, en 1752, a soustraites à cette constellation pour former la Boussole.

Le Centaure.

Nous arrivons à la limite des constellations visibles sur notre horizon. Il y en a de telles que l'Autel, une grande partie du Centaure, la Croix du Sud, une grande partie du Navire, Canopus, Achernar, le Phénix, l'Indien, qui restent cachées pour nous.

Le Centaure (n° 54) (*Centaurus*, *Semivir*, *Pelenor*, *Minotaurus*, *Chiron*) (Kenthouros, al Beze), est représenté sur les vieilles sphères perçant un loup (n° 55) de sa lance. C'est ce que nous indique la figure ci-après, reproduction d'une miniature du *Liber de locis stellarum*. Cette constellation est au-dessous de l'Épi de la Vierge, et s'élève peu sur notre horizon : on y remarque θ, de 2e grandeur, et, vers la droite, ι, de 3e grandeur; un peu au-dessus on trouve la tête, formée de quatre petites étoiles. Le reste de la constellation n'est jamais visible à Paris, et contient plusieurs belles étoiles, entre autres, α et β, de 1re grandeur. Entre les jambes du Centaure est la Croix du Sud; elle est formée de quatre secondaires, toujours cachées pour nous.

Les parallaxes conclues pour α du Centaure sont resserrées dans des limites assez étroites; de plus, c'est, de l'avis général, l'astre qui a donné la plus forte, on l'égale généralement à 0'',92, près d'une seconde, ce qui correspond à 222.000 fois le diamètre de l'orbite terrestre, ou 8 trillions de lieues. La lumière emploie 3 ans et demi pour nous parvenir de cet astre, qui est le plus proche de nous.

Les mesures de parallaxe entreprises sur β de la même constellation ont donné 0″,49, près de la moitié, d'où on conclut que cet astre est à quinze trillions de lieues et qu'il faut à sa lumière six ans environ pour venir jusqu'à nous.

α du Centaure est double et possède un compagnon

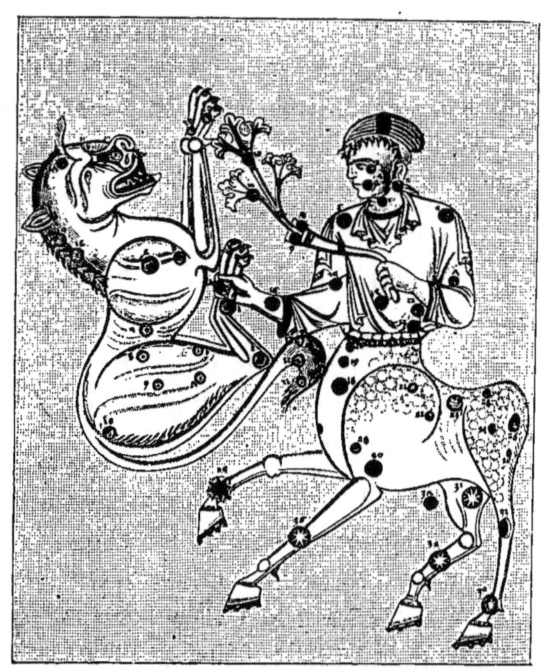

Fig. 41. — Constellation du Centaure, d'après une miniature du XIVe siècle. *Liber de locis stellarum fixarum*, ms. espagnol. Bibl. de l'Arsenal.

de 3e grandeur et de couleur orangé, qui accomplit sa révolution en 84 ans.

Arrêtons-nous un instant devant la belle nébuleuse désignée sous la lettre grecque ω. Ce splendide amas globulaire, visible à l'œil nu comme une étoile de 4e grandeur, ne mesure pas moins de 20′ de diamètre.

Le Centaure était bien plus près de l'Équateur et de

l'hémisphère nord, du temps d'Hipparque, qu'il n'est maintenant, de même que la Vierge, à laquelle il correspond; il va constamment vers le sud, et les étoiles de la tête, visibles en Europe, s'abaissent de siècle en siècle sur notre horizon.

Le Loup.

La constellation du Loup (4° 55, pl. XI), qui portait les noms latins de (*Lupa*, *Lupus*, *Martius*, *Lycisca*, *Fera*, *Leopardus*, *Panthera*), et de al Dib, al-Saba en arabe, faisait autrefois partie de la constellation précédente. Cette figure du Loup ne se compose que d'un petit nombre d'étoiles, variant de la 3e à la 5e grandeur. Il n'y a aucune curiosité qui soit de nature à nous arrêter.

L'Autel.

L'Autel (*Ara*, *Altare*, *Thymele*, *Thuribulum*) se compose de trois étoiles de 3e grandeur, placées sous la queue du Scorpion. Cette constellation, ainsi que celles qui vont suivre, n'étant pas visible sur notre horizon, nous croyons qu'il nous sera permis d'écourter nos descriptions en n'indiquant que les points absolument remarquables qu'on peut signaler dans les divers astérismes qui nous restent à voir. L'Autel porte aussi les nom d'Encensoir ou de Cassolette. Quand il affecte la forme d'un autel, il est renversé, la flamme montant vers le pôle sud.

La Croix du Sud.

La Croix du Sud, qui est la plus brillante parmi les constellations australes, est essentiellement formée de quatre

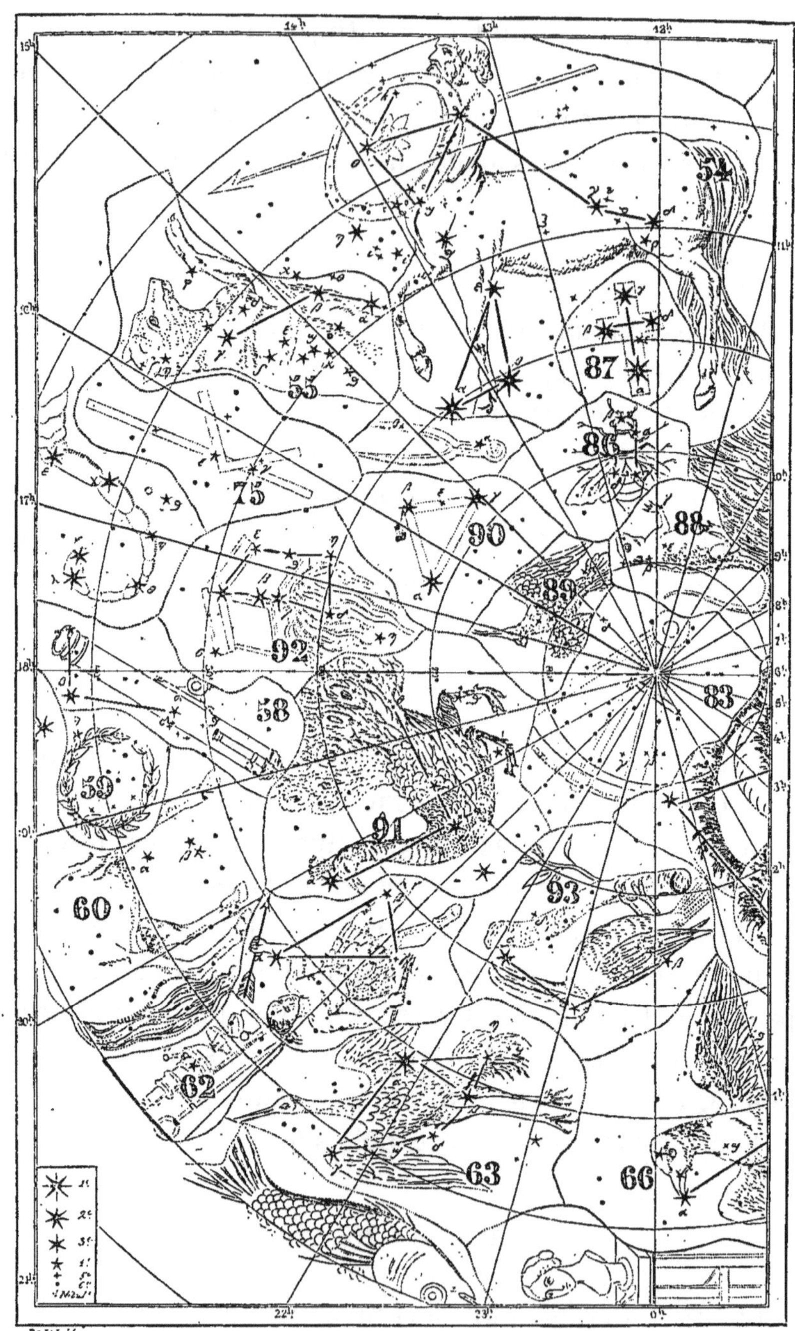

Fig. 42. — Cartes célestes. Planche XI.

magnifiques étoiles disposées en forme de croix. Près de β on remarque κ, à peine visible à l'œil nu, qui se divise, devant une lunette, en une centaine de points brillants étincelant de mille feux. L'étoile γ a donné un spectre du 3e type, dans lequel on a cru reconnaître des traces de vapeur d'eau. Ce sont là les constellations australes qui nous intéressent le plus. Il serait inutile d'entrer dans plus de détails au sujet de chacun de ces astérismes. Nous nous bornerons à signaler les étoiles les plus importantes des régions du ciel que nous devons encore visiter.

Dernières constellations du pôle austral.

Entre la Croix du Sud et le pôle, il y a la Mouche ou l'Abeille australe, n° 86, et le Caméléon, n° 88, qui porte le n° 84 sur la planche XII. Le n° 89 est l'Oiseau de Paradis, et 90, le Triangle austral ; à côté est le Compas. Le Paon, l'Indien et la Grue, n° 63, puis la Dorade ou Xiphias (79) et un oiseau, le Toucan.

La Caille a mis dans le ciel austral un grand nombre d'instruments d'astronomie et de physique, ne voulant flatter aucun des puissants de la terre par des constellations qui auraient plutôt manifesté la servilité de l'astronome que la véritable gloire de celui qui eût été ainsi déifié. C'est pour cela que l'on rencontre l'Hydre australe (81), le Poisson volant (85), l'Atelier du peintre (78), le Réticule (69), l'Horizon astronomique (69), dans les espaces que les anciens avaient laissés vides à cause du manque de brillantes étoiles.

L'Octant, que l'on dessine au pôle même et qui est le n° 83 sur la planche XI, est une constellation des moins

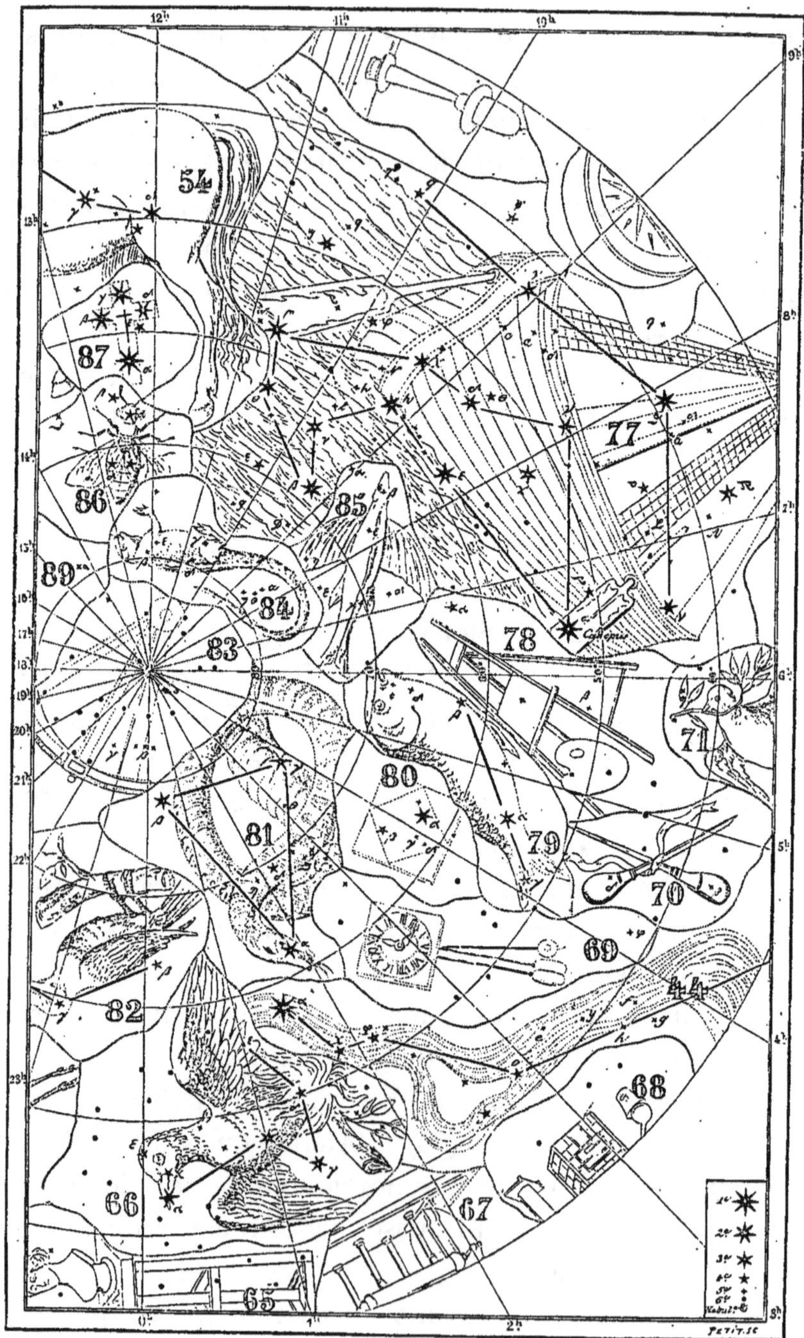

Fig. 43. — Cartes célestes. Planche XII.

caractérisées par des étoiles; le pôle austral n'a pas, comme le nôtre, une étoile polaire visible le jour et la nuit.

A ces astérismes nous devons en joindre encore d'autres. La montagne de la Table, les deux Nuées de Magellan et le Sac à charbon de la Voie lactée. La première de ces constellations a reçu de La Caille le nom d'une montagne du cap de Bonne-Espérance remarquable par sa forme.

Les Nuées de Magellan sont deux nébuleuses énormes, visibles à l'œil nu, qui semblent des morceaux arrachés à la Voie lactée.

Le Grand Nuage s'étend sur un espace de 42 degrés, soit approximativement 200 fois l'espace qu'occupe la surface de la Lune.

Le Petit Nuage occupe presque dix degrés. Dans ces régions australes si pauvres, il plane dans une sorte de désert.

Dans le Grand Nuage, Herschel a découvert 284 nébuleuses, 66 amas d'étoiles, 582 étoiles isolées. Le Petit Nuage n'est pas moins bien fourni : il compte 32 nébuleuses, 6 amas et 200 étoiles.

C'est là que l'on admire la nébuleuse de la Dorade, déchiquetée et perforée, ainsi que de splendides nébuleuses doubles ou multiples.

Plus loin, dans la Voie lactée, se rencontrent ces fameux Sacs à charbon, si connus des navigateurs portugais, vaste espace de 8° sur 5° complètement dénué d'étoiles.

Dans les constellations dont nous venons de voir les noms, il y a quelques étoiles qui, bien qu'invisibles pour nous, peuvent présenter quelque intérêt. α du Paon et α de la Grue sont deux belles étoiles de 2e grandeur; β du Toucan est facile à dédoubler en deux étoiles de 4e grandeur. Les étoiles du Poisson volant semblent variables.

On peut remarquer d'une manière générale, au sujet de ces étoiles australes, la grandeur de leur mouvement propre.

Nous aurons fini la description du ciel austral en signalant le superbe amas du Toucan, qui, à l'œil nu, semble une tache laiteuse, mais qui se décompose en une véritable pluie d'or, soleils étincelants qui projettent au loin leur éclatante lumière.

Fig. 44. — Médaille astronomique du XVIIe siècle.

CHAPITRE VI.

ÉTUDE DU CIEL.

Les phénomènes célestes.

Il nous reste, pour compléter les connaissances du ciel que nous venons d'acquérir, à étudier quelques-unes des particularités des astres dont nous devons posséder une notion exacte.

La Voie lactée (*al Magirat*) représente dans le ciel une sorte de bande blanchâtre et irrégulière qu'on aperçoit par les belles nuits, traversant la voûte étoilée et coupant l'écliptique vers les deux solstices.

Cette bande part de la queue du Scorpion ; de là, se divise en deux branches, dont l'une, s'infléchissant vers le nord-est, se dirige vers l'arc du Sagittaire, l'Écu de Sobieski, l'Aigle et la Flèche ; l'autre branche monte vers le nord, en passant sur le pied et l'épaule d'Ophiuchus, au travers du Taureau et du Cygne.

La Voie lactée traverse ensuite la couronne de Céphée, Cassiopée, Persée, une partie du Cocher, les pieds des Gémeaux, la Licorne, le Vaisseau, et vient enfin gagner le Scorpion d'où elle était partie.

Nous avons cru que ce serait un exercice utile que d'inviter nos lecteurs à tracer eux-mêmes sur les planches qu'ils viennent d'étudier les contours de la Voie lactée, dont nous étudierons bientôt la constitution.

La lueur blanchâtre qu'on perçoit en la regardant vient de l'impression produite sur la rétine par une masse de points brillants fort proches les uns des autres. A l'aide d'instruments assez puissants, on parvient à isoler chaque étoile et on en aperçoit alors des milliers.

Herschel, dans un espace de 15 degrés sur 2, n'en a pas compté moins de 50.000. A mesure que la puissance du télescope s'accroît, le nombre des astres de la Voie lactée s'augmente dans le même rapport.

Les nébuleuses, dont les principales figurent sur nos cartes, sont des sortes de petits nuages blanchâtres, immobiles dans le ciel. Les unes ne sont en réalité que de petites voies lactées, c'est-à-dire qu'elles ne paraissent formées que d'amas d'étoiles forts petites. On n'en compte pas moins de 36 dans Prœsepe (entre γ et δ du Cancer).

Les catalogues de nébuleuses d'Herschel présentaient près de mille numéros, tandis qu'on en compte environ six mille aujourd'hui; les principales sont celles d'Orion, de la Lyre, d'Andromède, etc.

Il y a certaines étoiles qui ne conservent pas toujours le même éclat, aussi leur a-t-on donné le nom de changeantes ou variables; un catalogue spécial en sera donné afin que les cartes n'induisent pas en erreur.

Les variables peuvent avoir un éclat dont l'intensité croît sensiblement avec la durée des temps. On en a même vu dont la lumière a disparu complètement.

Outre ces diverses variétés d'astres, on peut remarquer d'autres phénomènes intéressants. On sait que les étoiles conservent entre elles des distances constantes et invariables : il en est cependant quelques-unes qui changent un peu de place, par rapport aux autres. Par exemple, la constellation de Céphée contient deux étoiles qui tournent l'une autour de l'autre, à la façon dont les planètes gravitent autour du Soleil.

Ce sont des systèmes d'étoiles ou soleils qui obéissent comme tous les corps aux lois de l'attraction; l'un des deux a une influence sur le voisin et le force à graviter dans sa sphère d'attraction. Nous verrons plus bas que ces curieux systèmes sont fort nombreux et qu'on en a même signalé de doubles, de triples, ou de multiples.

L'équateur et l'écliptique.

Maintenant nous allons aborder la partie la plus ardue de notre tâche, mais aussi la plus intéressante à nos yeux. Nous allons chercher la solution de quelques problèmes qui touchent aux points les plus délicats de la science; aussi les premières questions de cette étude sont-elles absolument indispensables, si l'on veut faire des observations fructueuses.

On appelle sphère céleste cette immense sphère creuse qui nous entoure de tous côtés, et à laquelle les étoiles semblent attachées. Rappelons, une fois pour toutes, que tous les phénomènes dont nous parlons ici ne sont qu'apparents et que, par suite, nous ne raisonnons que sur les apparences. Comme tous les mouvements que l'on peut observer ne sont pas pareils, il n'y a aucun inconvénient à ce que nous procédions de la sorte.

Les deux sphères, terrestre et céleste, étant concentriques, il existe entre elles deux des rapports évidents et forcés; en effet, si on prolonge, de part et d'autre, l'axe de la Terre jusqu'au point où il rencontrera la sphère étoilée, au-dessus et au-dessous, on aura l'axe du monde, qui n'est autre que la ligne imaginaire autour de laquelle tous les astres semblent tourner lorsqu'ils effectuent leur mouvement diurne.

Les pôles de cet axe, autrement dit les points où l'axe de la Terre vient toucher la voûte céleste, seront les pôles P P') du monde. Si, d'un autre côté, nous prolongeons le plan de l'équateur terrestre jusqu'à la voûte céleste, la ligne

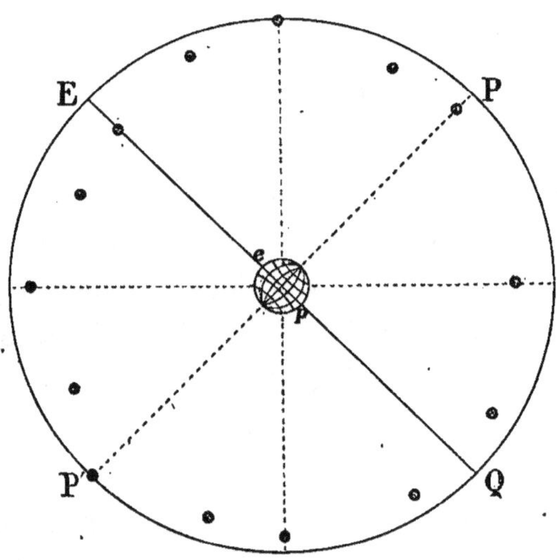

Fig. 45. — Disposition des pôles et de l'équateur céleste.

ainsi tracée prendra le nom d'équateur céleste (E Q). Le méridien céleste sera déterminé de la même façon et nous aurons un arc de grand cercle qui passera par l'axe du monde et qui sera perpendiculaire à l'équateur céleste.

La sphère céleste compte encore d'autres cercles, les deux colures, par exemple. Ce sont deux cercles qui se coupent perpendiculairement suivant la ligne des pôles, et dont l'un passe par les points équinoxiaux, l'autre par les points solsticiaux, d'où on leur a donné le nom de colure des solstices, colure des équinoxes : leurs traces sur l'écliptique déterminent les saisons; la propriété qu'ils remplissent de passer par le pôle et par l'équateur en font de véritables méridiens.

Un des cercles les plus intéressants pour nous, après l'équateur, c'est l'écliptique. L'écliptique est la trace du cercle que le Soleil semble décrire en effectuant sa révolution annuelle autour de la Terre, il coupe en deux parties égales une zone céleste particulière qui a reçu le nom de zodiaque.

En considérant les diverses stations d'où un observateur peut contempler le ciel, on distingue trois positions spéciales de la sphère.

Dans le cas où l'observateur se trouve en un point quelconque, placé entre le pôle et l'équateur, le plan de son horizon coupera l'équateur céleste sous un angle oblique; c'est le cas le plus général, celui qu'on observera toujours dans nos contrées françaises, qui sont à peu près aussi éloignées du pôle que de l'équateur.

Mais lorsque l'astronome se trouvera au pôle même de la Terre, la verticale de la station coïncidera avec l'axe de la Terre et du monde, le plan de l'horizon sera celui de l'équateur céleste et le zénith sera le pôle lui-même. Dans ces conditions, tous les parallèles diurnes sont parallèles à l'horizon, toutes les étoiles sont, comme les circompolaires, toujours au-dessus de l'horizon, c'est-à-dire ne se lèvent ni ne se couchent jamais.

Si, au contraire, l'observateur se trouve sur l'équateur terrestre, la verticale est dans le plan de l'équateur, l'horizon et la ligne des pôles coïncident, et les deux pôles célestes se trouvent sur le même horizon. Par suite, les astres qui dans leur mouvement diurne décrivent des parallèles à l'équateur semblent monter et descendre perpendiculairement à l'horizon. Celui-ci coupe les parallèles diurnes des étoiles en deux parties égales. Aussi, comme la durée de rotation diurne est de vingt-quatre heures, il en résulte que toutes les étoiles doivent rester douze heures au-dessus et douze heures au-dessous de l'horizon.

Voyons maintenant, les deux cercles de la sphère céleste dont nous aurons besoin de connaître la position à tout moment : l'équateur et l'écliptique.

En consultant nos cartes on voit que l'équateur passe par les étoiles η γ α ζ de la Vierge, entre le cœur du Serpent et δ d'Ophiuchus, entre γ et η d'Ophiuchus, par η d'Antinoüs, la plus au sud du Trapèze, près de la tête du Verseau (α), au-dessous de α des Poissons, entre δ et γ de la Baleine (au-dessous de α), dans Orion par δ (du baudrier), au-dessous de α du Petit Chien, et par l'étoile ι, au-dessus du cœur de l'Hydre (α).

Comme la latitude de Paris est de 48° 50′ environ, un plan mené à Paris perpendiculairement au méridien et incliné sur l'horizon sud de 41°.10′ environ (complément à 90° de la latitude du lieu), donne dans le ciel la trace de l'équateur.

Ce plan est perpendiculaire à l'axe de la Terre et du monde et le Soleil l'éclaire en dessus depuis l'équinoxe du printemps jusqu'à celui d'automne, et reste en dessous tout le reste du temps, sauf le jour de l'équinoxe, où il décrit sa route dans le plan même et par conséquent n'éclaire pas plus le dessus que le dessous.

La trace de l'écliptique sur la sphère céleste n'est pas plus difficile à trouver. Ce cercle que le Soleil semble décrire en une année traverse la série des constellations zodiacales. On le rencontre à égale distance de α du Bélier et de α de la Baleine, puis entre les Pléiades et Aldébaran; il vient ensuite entre les cornes du Taureau (β et ζ), arrive au pied boréal μ et à δ des Gémeaux, enfin à la brillante étoile Régulus (α du Lion); de là, il passe un peu au-dessus de l'Épi (α de la Vierge) à β du Scorpion, à la tête π du Sagittaire, puis à la queue du Capricorne (δ γ) et enfin à λ du Verseau.

Les nœuds de l'équateur, autrement dit les points d'intersection de l'équateur et de l'écliptique, sont les équinoxes, dont la situation change lentement par suite de l'effet de la précession. Ces points sont intéressants à connaître, car c'est à partir de l'un d'eux, ♈, qu'on compte les heures sidérales.

De la méridienne.

Le méridien est un grand cercle de la sphère qui passe par les deux pôles du monde ainsi que par le zénith et le nadir, et qui la divise en deux hémisphères, l'un nommé oriental, l'autre occidental. Le méridien est donc perpendiculaire à l'horizon, puisqu'il passe par le zénith et le nadir, qui sont les pôles de ce cercle.

On a inventé le méridien pour indiquer le milieu de la course des astres au-dessus de l'horizon : ainsi que son nom l'indique (*meridies*, midi), lorsque le Soleil est parvenu sur ce cercle, il est midi pour tous les lieux qui ont le même méridien ou mieux le même demi-méridien, car ceux qui sont sous le demi-méridien opposé sont au milieu de la nuit.

La trace du méridien sur le plan de l'horizon porte le nom de ligne méridienne ou simplement de méridienne. Il y a donc intérêt pour nous à savoir établir cette ligne. Voici divers moyens pour y parvenir :

I. *Méthode des hauteurs correspondantes.* — Comme le plan méridien partage en deux parties égales l'arc décrit par une étoile entre l'instant de son lever et de son coucher, si on pouvait pointer l'étoile à ces deux instants où la hauteur est nulle, la moyenne des lectures indiquerait le plan du méridien. Cette observation est sinon impossible, du moins très rarement facile à cause des brouillards ou des objets qui empêchent d'apercevoir l'horizon.

On peut arriver au même résultat à l'aide d'une observation au théodolite, que l'on comprendra quand on aura vu le principe de la construction de cet instrument.

On vise l'étoile avec la lunette du théodolite, lorsqu'après son lever elle a atteint une certaine élévation, et on note le degré où s'arrête l'index qui se meut sur la division azimutale de l'instrument ; puis on fixe la lunette dans son inclinaison sur le cercle vertical. On fait alors mouvoir l'axe qui supporte le cercle vertical de l'appareil dans le sens du mouvement diurne, jusqu'à ce que l'on puisse, après un laps de temps suffisant, apercevoir de nouveau l'étoile sur le fil horizontal du réticule de la lunette.

On lit la division azimutale qui correspond à cette position, et comme l'étoile est alors à la même hauteur que dans le premier cas, on conçoit qu'il suffit de tracer la bissectrice de l'angle compris entre les deux lectures azimutales pour obtenir la direction précise de la méridienne.

L'inconvénient de cette méthode est d'exiger une longue attente pendant laquelle l'instrument peut se déplacer, car il faut observer l'étoile assez longtemps avant et après son passage au méridien ou même à une assez grande distance du méridien, avant et après son passage.

II. *Par le Soleil.* — Lorsqu'on fait usage de la méthode des hauteurs correspondantes, on préfère, pour opérer de jour, observer le Soleil; mais comme cet astre est sujet à varier de déclinaison, sauf à l'époque des solstices, où la variation est assez faible pour être négligée, son emploi est moins exact que celui d'une étoile, à moins qu'on ne tienne compte de cette déclinaison dans les déterminations obtenues, ce qui exige un certain calcul. Les déterminations sérieuses se font cependant à l'aide de cette méthode.

De plus, dans cette observation, on a signalé maintes difficultés, car les supports en bois sur lesquels on a coutume de poser les instruments sont sujets, lorsqu'ils sont assez longtemps exposés aux rayons du Soleil, à des déformations et à des torsions qui font souvent varier la ligne de foi dans des limites qui peuvent être considérables.

Ces divers inconvénients réunis rendent la méthode des hauteurs correspondantes assez difficile à pratiquer, car son succès repose entièrement sur la condition de parfaite immobilité de l'instrument pendant la durée de l'observation de l'astre dans son mouvement ascendant et dans sa marche descendante, c'est-à-dire dans un intervalle de plusieurs heures.

Pour obvier à cet inconvénient, on peut obtenir sur le sol, d'une manière assez approchée, la position de la méridienne par la méthode dite des ombres égales.

Ayant préparé un style mince, terminé par une plaque métallique percée d'un trou, on le plante dans la terre, de manière qu'il soit bien perpendiculaire au sol déblayé et rendu parfaitement horizontal. Une grande feuille de papier blanc, par exemple, collée sur des planches et traversée par le style avant qu'il soit fiché en terre, rend l'image plus nette; l'horizontalité du sol est obtenue par plusieurs lectures du niveau d'eau, et la verticale, par la coïncidence avec le fil à plomb.

Si, une heure ou deux avant midi, on marque le point lumineux qui se forme dans l'ombre de la plaque qui surmonte le style et qu'on observe la marche du Soleil, on verra l'ombre diminuer peu à peu, puis, après un certain minimum, on l'apercevra grandissant de plus en plus. On attendra qu'elle ait atteint justement la longueur qu'elle avait lors de la première observation et l'on marquera

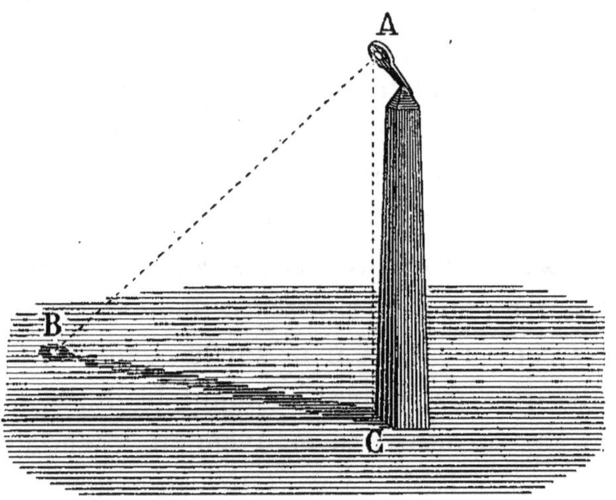

Fig. 46. — Mesure de la longueur d'ombre.

le point où aboutit l'extrémité de l'ombre; les deux points marqués se trouvent fatalement sur une circonférence, puisqu'ils sont également distants du centre : si l'on divise alors l'angle formé par les deux directions observées, la bissectrice de cet angle est la méridienne cherchée.

Pour donner plus de sûreté à cette détermination, on trace de nombreuses circonférences autour du style, que l'on choisit de grandeur suffisante, et on marque sur ces circonférences les diverses longueurs d'ombres; la moyenne de toutes ces lectures donne la méridienne.

Dans le cas où l'on ne dispose d'aucun instrument de précision, on peut établir une méridienne par l'un des procédés suivants, qui, avec de l'attention et en réitérant les opérations, donnent des résultats suffisamment approchés.

Pour tracer une méridienne à l'aide d'un mur vertical, orienté de l'est à l'ouest, on doit préalablement, sur la surface du midi, le recouvrir d'un enduit de chaux bien lisse ou le peindre de couleur bien blanche, puis préparer

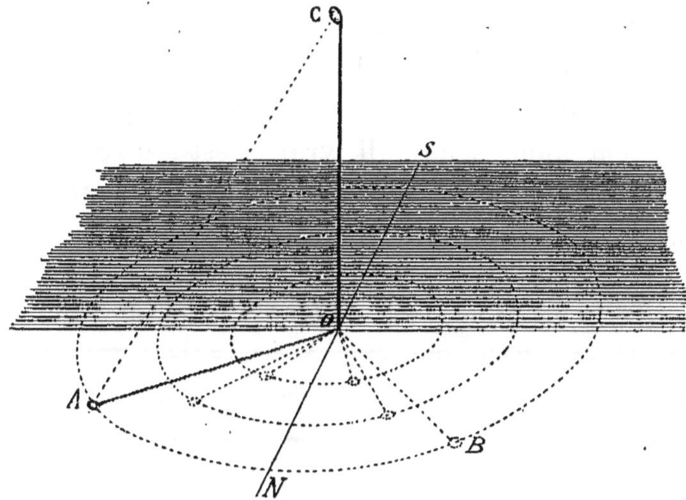

Fig. 47. — Tracé d'une méridienne.

un disque de tôle de 15 centimètres de diamètre et percé au centre d'un trou de 1 centimètre, dont l'ombre servira d'index. Ceci fait, on le soudera à deux tiges de fer, écartées à leur base, destinées à le soutenir dans une position invariable, puis on tracera une verticale provisoire sur le mur, au milieu de la partie enduite.

On commencera par déterminer approximativement la direction du méridien, c'est-à-dire du plan qui passe par cette verticale et par le pôle, de la manière suivante : on possède l'heure approchée à toutes les gares de chemins de fer, si l'on sait que l'horloge de la voie retarde de

5 minutes environ sur le temps moyen de Paris, c'est-à-dire qu'elle indique l'heure de Paris diminuée de 5 minutes.

L'heure une fois connue, on doit ajouter la longitude du lieu *exprimée en temps*, qu'on déterminera ou qu'on trouvera dans les annuaires ou sur une carte. Cette longitude réduite en temps, c'est-à-dire la longitude en arc, s'ajoutera ou se retranchera de l'heure moyenne de Paris donnée par les gares, suivant que le lieu considéré se trouvera à l'est ou à l'ouest du méridien initial. On cherchera alors dans la table ci-dessous le temps moyen à midi vrai; on en conclura l'heure que devra marquer la montre à midi vrai, c'est-à-dire lorsque le Soleil passera au méridien du lieu. A ce moment, l'ombre du disque doit être sur la verticale tracée sur le mur.

TABLE PRÉSENTANT LE TEMPS MOYEN A MIDI VRAI POUR 1890.

MOIS ET JOURS.		TEMPS MOYEN A MIDI VRAI.	MOIS ET JOURS.		TEMPS MOYEN A MIDI VRAI.
Janvier	1	0^h 3^m 54^s	Juillet	10	0^h 5^m 4^s
—	11	0 8 14	—	20	0 6 5
—	21	0 11 37	—	30	0 6 11
—	31	0 13 44	Août	9	0 5 16
Février	10	0 14 28	—	19	0 3 26
—	20	0 13 56	—	29	0 0 46
Mars	2	0 12 19	Septembre	8	11 57 33
—	12	0 9 52	—	18	11 54 4
—	22	0 6 58	—	28	11 50 36
Avril	1	0 3 54	Octobre	8	11 47 32
—	11	0 1 1	—	18	11 45 12
—	21	11 58 38	—	28	11 43 52
Mai	1	11 56 58	Novembre	7	11 43 47
—	11	11 56 11	—	17	11 45 7
—	21	11 56 22	—	27	11 47 48
—	31	11 57 25	Décembre	7	11 51 40
Juin	10	11 59 9	—	17	11 56 22
—	20	0 1 16	—	27	0 1 20
—	30	0 3 22	—	32	0 3 45

Cette table peut servir pour de nombreuses années, car les petites variations disparaissent dans l'estimation des temps, étant donnée la faible approximation que l'on peut avoir en dehors des observatoires.

III. *A l'aide des cartes.* — On obtient ainsi une approximation suffisante dans bien des cas. Lorsqu'on veut s'éviter la peine de faire les opérations ci-dessus, on peut opérer ainsi qu'il suit :

On mesure sur une bonne carte, à la plus grande échelle qu'on pourra se procurer (les cartes du Dépôt de la Guerre au 80.000ᵉ si cela est possible) l'azimut à la station considérée pour un objet reconnaissable, un clocher, un moulin à vent, un accident de terrain caractéristique.

On mène alors sur la carte avec grand soin par le point qu'on occupe, une droite parallèle à la division de longitude la plus proche, c'est sensiblement le méridien du lieu. L'angle que fait alors la ligne qui, du point qu'on occupe va joindre le repère (clocher, etc.) est l'azimut de l'objet par lequel passe cette ligne.

On conçoit que si l'on porte cet angle, à partir de l'objet visé, sur un cercle horizontal, divisé avec soin, on obtient sur ce cercle la direction de la méridienne.

Ce procédé ne donne pas une très grande précision à cause des difficultés inhérentes à toute opération graphique; mais quand il est conduit avec attention et un peu d'habileté, il peut donner la direction méridienne à quelques minutes d'arc près, c'est-à-dire à moins d'une minute de temps près.

IV. *Par la boussole.* — Enfin, on peut encore déterminer la position de la méridienne, si l'on connaît la déclinaison magnétique du lieu où l'on est, c'est-à-dire l'angle que fait cette ligne (la méridienne) avec la direction de l'aiguille aimantée, suspendue sur un pivot et pouvant tourner sans obstacle dans un plan horizontal (boussole de déclinaison). Ce moyen est d'autant plus précieux qu'il ne nécessite aucune observation auxiliaire.

La direction de l'aiguille aimantée n'est pas exactement celle du méridien, mais l'angle qu'elle fait avec ce plan étant connu pour chaque lieu, il est possible d'en déduire la méridienne.

Il sera facile, à l'aide de la table suivante, de construire sur une carte de France les lignes d'égale déclinaison magnétique et de conclure la déclinaison magnétique pour un lieu qui ne figurerait pas dans cette liste.

VALEURS DE LA DÉCLINAISON MAGNÉTIQUE POUR LE 1er JANVIER 1888.

VILLES.	DÉCLINAISON occidentale.	VILLES.	DÉCLINAISON occidentale.
Agen	15° 52′	Cahors	15° 29′
Ajaccio	12 8	Carcassonne	14 53
Albi	15 8	Châlons-sur-Marne	14 59
Alençon	16 50	Chambéry	13 50
Amiens	16 17	Chartres	16 14
Angers	16 54	Châteauroux	15 51
Angoulême	16 20	Chaumont	14 33
Annecy	13 50	Clermont-Ferrand	15 8
Arras	15 54	Colmar	13 28
Auch	15 44	Digne	13 32
Aurillac	15 12	Dijon	14 28
Auxerre	15 12	Draguignan	13 17
Avignon	14 7	Épinal	13 55
Bar-le-Duc	14 35	Évreux	16 33
Beauvais	16 14	Foix	15 8
Belfort	13 42	Gap	13 39
Besançon	13 59	Grenoble	13 54
Blois	16 9	Guéret	15 40
Bordeaux	16 29	Laon	15 31
Bourg	14 14	La Rochelle	16 59
Bourges	15 36	Laval	17 8
Caen	17 13	Le Mans	16 43

VALEURS DE LA DÉCLINAISON MAGNÉTIQUE POUR LE 1er JANVIER 1888.

VILLES.	DÉCLINAISON occidentale.	VILLES.	DÉCLINAISON occidentale.
Le Puy	14° 35′	Mende	14° 37′
Lille	15 48	Metz	14 18
Limoges	15 51	Mézières	15 52
Lons-le-Saulnier	14 10	Montauban	15 28
Lyon	14 21	Mont-de-Marsan	16 14
Mâcon	14 22	Montpellier	14 22
Marseille	13 44	Moulins	15 9
Melun	15 43	Paris	15 57

Les nombres du tableau précédent, établis pour le 1er janvier 1888, ne conviennent qu'à cette époque; or, pour déterminer la déclinaison magnétique, au lieu désigné, on doit opérer de la façon suivante :

Afin d'éviter des corrections de variation diurne on opérera un peu après 10 heures du matin ou vers 6 heures du soir, puis on cherchera les coordonnées les plus exactes possible de la station (si celle-ci ne figure pas sur le tableau) et on évaluera sa déclinaison magnétique pour le 1er janvier 1888, d'après les éléments du tableau ci-dessus.

Pour tenir compte de la variation séculaire, on devra retrancher des valeurs du tableau ci-dessus des déclinaisons 6′,4 par an à partir du 1er janvier 1888, en tenant compte des fractions d'années.

Si les erreurs d'instrument ont pu être éliminées et que le cercle de la boussole permette de lire la 1/2 minute, la méridienne ainsi obtenue sera exacte à une minute près au plus, à moins que les expériences ne correspondent à une période de perturbation magnétique; dans ce cas l'aiguille, obéissant à des impulsions spéciales, ne donne plus que des résultats illusoires pour le but proposé. On pourra, d'ailleurs, se renseigner au préalable auprès de M. Mascart, l'obligeant directeur du Bureau central météorologique de Paris, sur l'état magnétique au moment de l'observation. Il faut tenir compte aussi des conditions locales (terrains volcaniques, etc.), qui peuvent influer sur la détermination de la valeur de la déclinaison

IV. *Par l'étoile polaire.* — Nous terminerons par cette dernière méthode :

Si l'on dispose à 1 mètre de distance environ deux fils à plomb dont l'un est fixe et suspendu à un disque placé dans le méridien, comme nous l'avons vu plus haut, tandis que l'autre peut être déplacé, on déterminera grossièrement le plan du méridien en déplaçant le second fil jusqu'à ce qu'il soit dans l'alignement du premier et de l'étoile polaire.

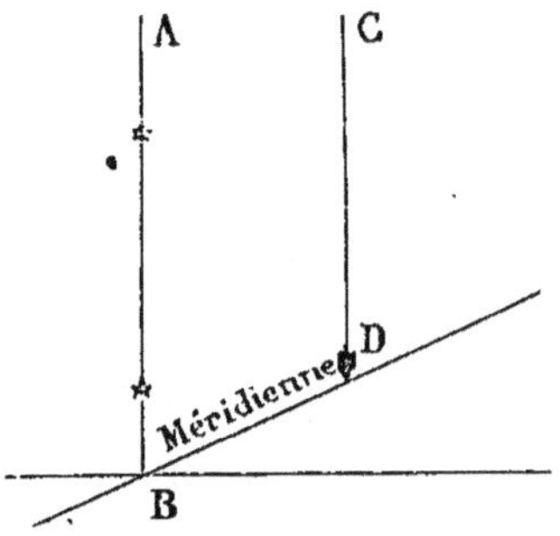

Fig. 48. — Tracé de la méridienne.

On obtient l'heure du midi vrai en observant le moment où l'ombre du premier fil à plomb tombe sur le second ou sur une horizontale joignant le pied des deux fils.

Une difficulté inhérente à ce procédé résulte de l'oscillation et de la torsion des fils ; on y remédie en faisant plonger l'extrémité des fils à plomb dans l'eau ; on peut aussi, pour faciliter l'opération, frotter le second fil de blanc de céruse et, de plus, l'éclairer avec une lumière.

Pour plus de sûreté, le tracé de la méridienne devra être recommencé plusieurs fois, à des époques différentes et avec des méthodes variées, en tenant compte de leur degré d'exactitude. Lorsqu'on s'est assuré, par ce contrôle, de la certitude du résultat, on peut placer à une aussi grande distance qu'on voudra (1 kilomètre ou 2), en choisissant un terrain sans glissement, un repère solide appelé mire, qui permette de retrouver en tout temps la direction de la méridienne.

Fig. 40. — Attributs astronomiques; d'après une gravure du XVIIe siècle.

CHAPITRE VII. — Les Étoiles.

Classification des mondes.

L'étude des astres qui composent l'univers, l'architecture des cieux, suivant l'heureuse expression de Herschel, se présente avec une telle diversité, la profusion des mondes est telle que l'on aurait peine à s'y reconnaître, si M. Faye, l'illustre membre de l'Institut, n'avait proposé un procédé de classification des astres analogue à celui que les naturalistes emploient pour décrire l'infinité des êtres vivants. Ils les ordonnent par règnes, embranchements, classes, ordres, familles, genres, espèces et variétés, de sorte que l'ensemble de la description des animaux ou des végétaux repose sur des bases solides, faciles à fixer dans la mémoire.

« C'est ainsi qu'en histoire naturelle, dit le savant astronome, l'homme se définit embranchement des vertébrés, classe des mammifères, ordre des bimanes, genre *homo*, avec des variétés de race blanche, jaune, rouge et noire. J'ai tâché d'appliquer ces procédés à l'étude du ciel et de classer méthodiquement les mondes qui peuplent l'Univers. »

Établissons, tout d'abord, d'après ces données, le sens précis que l'on doit attribuer aux noms que l'on donne aux astres qui forment les merveilleux spectacles que nous admirons dans l'infini.

L'univers (de *universus*, entier) est l'ensemble de tout ce que nous connaissons ou de ce qui nous semble exister dans le ciel. Il est intimement lié à la puissance optique de nos instruments et s'étend avec ses progrès. Ainsi, la découverte de Neptune a doublé l'étendue du domaine soumis à l'influence du Soleil, et la planète qui est au delà l'augmentera encore.

Les mondes dont se compose l'univers se comptent par millions et doivent être rangés suivant un plan dont l'ordonnance nous a échappé jusqu'à présent.

Un monde est un système de plusieurs corps dépendant les uns des autres et liés entre eux par des forces réciproques. Tel est le système solaire, par exemple, formé d'une étoile centrale qui retient dans sa sphère d'attraction de petits corps obscurs et froids qui ne semblent briller que parce qu'ils reflètent la lumière qu'il leur envoie.

Ce sont ces mondes que nous allons grouper en classes distinctes pour pouvoir les étudier plus facilement.

EMBRANCHEMENTS.	CLASSES.	ORDRES.	MONDES DE L'UNIVERS. GENRES ET VARIÉTÉS.
Formations stellaires.	Étoiles isolées	blanches. jaunes. rouges.	Étoiles avec ou sans planètes.
	Étoiles doubles.		Étoiles variables.
	Amas d'étoiles	irréguliers. spiraloïdes. réguliers.	Étoiles à catastrophes.
Nébuleuses	Amorphes	diffuses. perforées. à tentacules.	Étoiles nébuleuses.
	Régulières	fusiformes. annulaires. planétiformes	

Le point le plus important de cet essai de classification, c'est la division en deux embranchements : basée sur les observations suivantes, les étoiles et les nébuleuses.

Chacun sait que la lumière, loin d'être blanche, ainsi qu'elle nous le paraît tout d'abord, est formée de rayons, réunis en faisceaux, possédant chacun des propriétés et une coloration particulières.

La réflexion d'un pinceau lumineux sur une surface plane

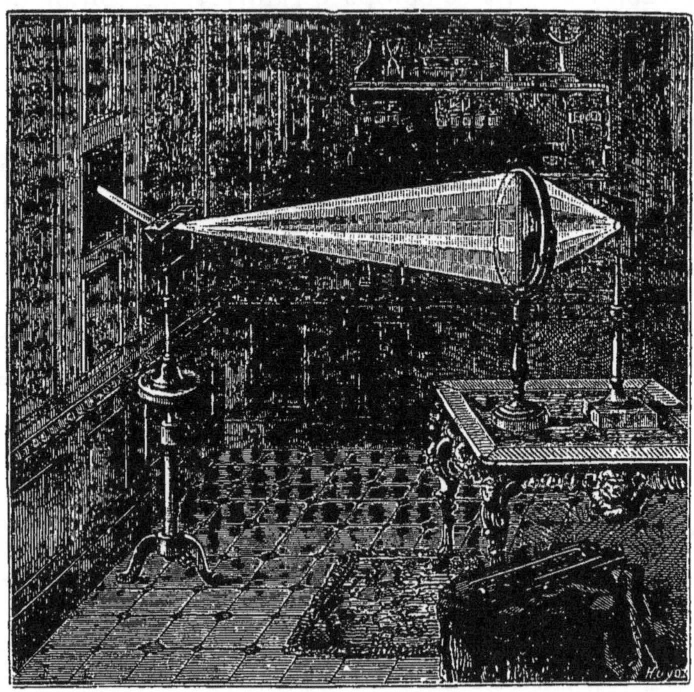

Fig. 50. — Dispersion et recomposition de la lumière.

ne change en aucune façon la nature de la lumière : une partie peut bien être absorbée par la surface réfléchissante, mais, si cette surface est diaphane, la partie de la lumière non absorbée la traversera parallèlement.

La lumière se propage en ligne droite lorsqu'elle traverse un même milieu ; mais si la densité du milieu n'est plus la même, les rayons ne suivent plus la même direction. Par exemple, si le rayon lumineux vient frapper la surface d'un milieu d'une autre densité que celle du milieu qu'il vient de traverser, sa direction est changée au point d'immersion du second milieu et fait avec la première une ligne brisée : c'est le phénomène de la *réfraction*; les rayons qui forment la lumière blanche se trouvent inégalement brisés par la réfraction, et l'on peut alors les isoler les uns des autres.

C'est à Newton qu'appartient l'honneur de cette découverte; il a trouvé le moyen de séparer les rayons dont la lumière blanche est formée, en en faisant passer un pinceau à travers un prisme de cristal.

En recevant sur un écran le faisceau ainsi décomposé, on y voit les nuances les plus variées, qui offrent, dans l'ordre suivant, les couleurs primitives connues :

Violet, indigo, bleu, vert, jaune, orange, rouge.

C'est ce que l'on nomme les couleurs du *spectre.*

On peut faire ensuite la synthèse du spectre. En mettant sur le chemin d'un faisceau lumineux un premier prisme, on décompose la lumière; si l'on reçoit ensuite sur un second prisme, placé en sens contraire, les rayons déviés, on reconstitue la lumière blanche.

Wollaston aperçut le premier des raies sombres dans le spectre; en 1802, il en signala quelques-unes; mais Fraunhofer les découvrit réellement en 1814, il en dessina 576. John Herschel, Fox Talbot et Wollaston firent ensuite progresser l'analyse spectrale. Wollaston démontra que le spectre donné par la vapeur incandescente d'un métal est composé de raies brillantes, et que ces raies, tout en restant les mêmes pour chaque métal, changent d'un métal à l'autre.

Telles sont les bases sur lesquelles les savants ont établi les principes de la spectroscopie.

On se sert, pour observer ces phénomènes, du *spectroscope*, inventé par Kirchhoff en 1859. Voici les principes, établis en grande partie par Kirchhoff, sur lesquels repose l'analyse spectrale. « Les gaz sous une pression considérable, les solides et les liquides portés à l'incandescence, donnent un spectre *continu*, c'est-à-dire une bande de lumière dont toutes les teintes sont fondues par gradations insensibles; ces corps introduits dans l'arc électrique ou dans la flamme pâle et peu éclairante d'un brûleur de Bunsen, donnent des raies dont le nombre, la position et la couleur deviennent les caractéristiques de chaque corps. Au contraire, les gaz qui ne sont pas soumis à une forte pression donnent un spectre discontinu formé de lignes brillantes variables avec les gaz considérés. Un corps qui émet une certaine lumière a la propriété d'absorber cette même lumière émise par un autre corps »

En 1849, Foucault a signalé le premier cette observation, qui est connue sous le nom de *renversement du spectre*, et Kirchhoff l'a définitivement établie en 1859.

La vapeur d'argent donne un spectre caractérisé par deux lignes vertes très éclatantes; le zinc, une raie rouge et un système de trois bandes bleues; le cuivre, des bandes vertes, orangées et rouges. Ce procédé d'analyse, qui permet de retrouver dans la vapeur incandescente d'un alliage les parties constituantes de chaque corps, est d'une extrême utilité pour les recherches des astronomes.

Il y a des mondes dont l'astre central, quoique brillant, est tellement éloigné de nous, que nous ne le voyons que comme un point lumineux sans diamètre apparent : ce point est une étoile; sa radiation est complète, c'est-à-dire que sa lumière, décomposée à l'aide d'un prisme de verre, présente toutes les couleurs du spectre.

Les nébuleuses, au contraire, situées au moins aussi loin que les étoiles, nous apparaissent avec des dimensions énormes par rapport aux étoiles. Ces dimensions tiennent à leur volume absolu qui est gigantesque. Malgré leur grandeur invraisemblable, elles ne sont pas visibles à l'œil nu et ne nous envoient qu'une très faible lumière; de plus, leur radiation, analysée au prisme, se réduit à quelques bandes sombres.

Voici donc une base pleine d'intérêt pour nos recherches. Une étoile donne un spectre complet, c'est-à-dire comprenant toutes les couleurs de l'arc-en-ciel, tandis qu'une nébuleuse ne présente que trois raies faiblement lumineuses, l'une dans le vert, les deux autres bleues : d'après ce que nous avons dit plus haut, il est facile de s'assurer que les raies ainsi constatées signalent dans les nébuleuses une constitution gazeuse, portée à l'incandescence et composée d'hydrogène et d'azote.

Donc, en nous résumant, les étoiles contiennent, outre quelques substances gazeuses, des substances minérales susceptibles de se solidifier, tandis que les nébuleuses ne contiennent que des éléments gazeux.

Position moyenne des étoiles.

Pour classer méthodiquement les étoiles, on suppose la sphère céleste divisée en cercles analogues à ceux qu'on voit sur les sphères terrestres, en cercles P*a* Pôle, P*b* Pôle, etc., qu'on nomme *cercles horaires* ou de *déclinaison*, et en cercles *de*, *fig*, qui prennent le nom de *parallèles*. Les premiers de ces cercles sont égaux et viennent se couper aux pôles (comme les cercles de longitude sur la terre); les seconds sont inégaux et perpendiculaires à l'axe du monde (ils correspondent aux cercles de latitude terrestres). Le plus grand de ces cercles est celui qui passe par le point *o*, centre de la voûte étoilée du où se trouve l'observateur. On le nomme *équateur céleste*, pour exprimer qu'il divise la sphère céleste en deux parties égales, auxquelles on donne le nom d'hémisphère (moitié de sphère) boréal ou austral, suivant qu'il est au-dessus ou au-dessous.

De même que, sur la terre, on a fixé le lieu d'une station en disant sa longitude et sa latitude ; de même on a déterminé la place d'une étoile en indiquant le cercle horaire et le parallèle de cet astre.

Le cercle horaire est déterminé, dans les observations, par le temps qui s'écoule entre le passage au méridien d'un cercle horaire pris pour origine (ou plus simplement pour point de départ) et le passage du cercle horaire qui contient l'étoile (ou plus simplement le passage au méridien de l'étoile qui arrive au méridien du lieu avec son cercle horaire tout entier).

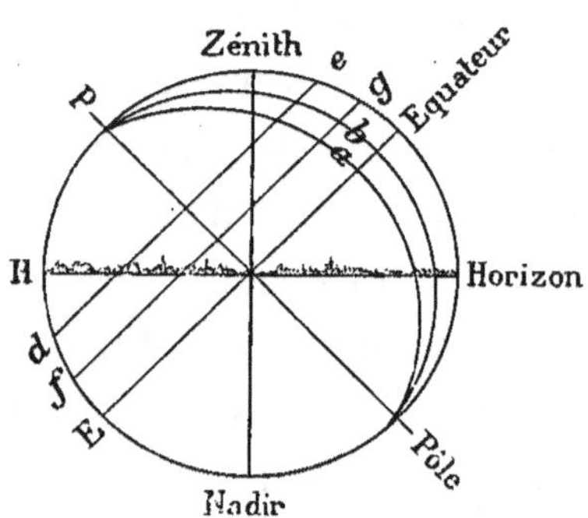

Fig. 51. — Détermination des cercles horaires et des parallèles.

Ce laps de temps écoulé entre les deux passages au méridien des cercles contenant le point d'origine et de celui qui contient l'étoile, donne invariablement l'angle compris entre les deux. Cet intervalle de temps correspond en effet à la mesure en arc par la relation suivante :

Le jour sidéral correspond à un tour entier ou à une circonférence de 360 degrés; or $\frac{360°}{24^h}$ = 15 degrés en 1 heure. Cet intervalle de temps entre les cercles horaires, si le cercle horaire origine est celui du point γ, porte en astronomie le nom d'ascension droite, qui s'écrit AR par la liaison des deux initiales des mots latins *Ascensio Recta*, qui signifient « ascension droite ».

Le parallèle de l'étoile est défini par un arc exprimé en degrés, minutes et secondes, comptés sur un cercle horaire quelconque, qui représente l'espace compris entre ce parallèle et l'équateur. Cette distance angulaire porte le nom de déclinaison et est le plus souvent représentée par la lettre grecque δ, ou par D, initiale du mot. Elle prend les noms de boréale ou d'australe, suivant qu'elle est comptée en dessus ou en dessous de l'équateur. Dans les catalogues, on l'indique par les signes + ou —, suivant qu'elle est boréale ou australe. Ex. : α d'Andromède, δ = + 28° 28′ = 28° 28′ de décl. boréale ; β de la Baleine, δ = — 18° 35′ = 18° 35′ de décl. australe. L'AR et la δ d'une étoile sont les coordonnées de cette étoile.

Ceci étant bien établi, voyons comment nous allons pouvoir déterminer l'AR d'une étoile et sa δ. En consultant nos cartes on sera fixé immédiatement quand on saura que pour connaître les coordonnées de β du Dragon, par exemple, il suffit de mener par cette étoile et le pôle une droite qui ira marquer sur le cadre l'AR en heures, qu'on réduira en degrés, si l'on veut, en multipliant l'heure par 15.

En estimant le plus exactement possible la distance de la ligne qui passe par β du Dragon et par le pôle à la ligne horaire la plus proche, on verra que l'AR cherchée est égale à $17^{h}\ 28^{m}$; pour la déclinaison, nous constatons à première vue qu'elle est comprise entre 50° et 60° ; en la mesurant avec attention, on trouvera sensiblement 52° 23′, qui est la déclinaison demandée. Comme nous sommes au-dessus de l'équateur, cette déclinaison prendra le signe + et nous aurons ainsi les coordonnées de β du Dragon :

$$AR = 17^h\ 28'$$
$$\delta = +52^o\ 23\ .$$

Le complément de la déclinaison ou sa différence à 90° constitue la distance au pôle. Ainsi, la distance polaire de β du Dragon est égale à 90° — 52° 23′ = 37° 37′; on s'en rendra compte en étudiant sur la carte la distance qui sépare l'étoile considérée du pôle.

Ce que nous avons dit est pour les étoiles des pl. I, II, XI et XII; pour toutes les autres, l'estimation est encore bien plus facile. Prenons la planche VI par exemple, et proposons-nous de chercher α de l'Aigle (Altaïr), nous la trouverons par $19^h\ 42^m$ sur la colonne de gauche; l'AR en arc étant de l'autre côté, est égale à 295° 50′. Quant à la déclinaison inscrite en haut et en bas de la planche, on voit que l'étoile étant avant l'équateur, on peut évaluer la distance qui l'en sépare à 8° 24′; elle sera, dans ce cas, boréale ou de signe +.

On aura donc pour les coordonnées de l'étoile α de l'Aigle :

$$AR = 19^h\ 42^m \text{ en temps ou } 295^o\ 50' \text{ en arc.}$$
$$\delta = +\ 8^o\ 24', \text{ distance polaire } 81^o 36'.$$

Une fois qu'on sera familiarisé avec cette opération, on pourra chercher les mêmes coordonnées à l'aide du calcul. La table suivante fait connaître l'AR et la δ d'un grand nombre d'étoiles brillantes pour le 1er janvier 1890. Si l'on emploie cette table dans un certain temps, il faudra lui faire subir les corrections, indiquées sous le nom de Variation annuelle, qui représentent en moyenne la correction de précession.

Prenons un exemple : soit à déterminer l'AR et la δ d'α d'Andromède pour le mois d'octobre 1900 avec les coordonnées suivantes :

$$AR \text{ en } 1890 = 0^h\ 2^m 42^s, \text{ variation annuelle } = +\ 3^s.27$$
$$\delta\quad - \quad = +\ 28^h 28^m 59^s \qquad - \qquad = +\ 19'',9$$

du mois de janvier 1890 au mois d'octobre 1900, il s'est écoulé 10 années, 8; or, $10{,}8 \times 3^s{,}27 = + 35^s{,}3$, et $10{,}8 \times 19''{,}9 = 3'34''9$, d'où on conclut :

AR en octobre 1900 $= 0^h\ 2^m\ 42^s + 3^s{,}27 = 0^h\ 2^m 45^s{,}27$
δ — 1900 $= 28°28'\ 59'' + 3'34''{,}9 = 28°32'\ 33'',\ 9$

Nous avons négligé, à dessein, dans le calcul précédent, les corrections de la nutation, qui dépendent du changement qu'éprouve le point γ, et qui doivent être appliquées lorsqu'on a besoin d'obtenir des valeurs très exactes, ainsi que celle qui est due à l'aberration.

Le tableau qui va suivre demande quelques explications, car il sera pour les amateurs zélés d'un usage constant.

Tout d'abord, il semblerait qu'il dût être établi, comme les catalogues ordinaires, d'après l'ordre croissant des heures d'ascension droite; mais il nous a paru plus simple, étant donné son faible développement, de classer les étoiles sensiblement dans l'ordre que nous avons suivi lors de l'étude des constellations. Nous avons mis en italique les noms spéciaux attribués à certaines d'entre elles avec lesquelles le lecteur est déjà familiarisé; du reste, les étoiles qui portent ces noms appartiennent toujours, sauf Fomalhaut, qui est seule, à la constellation dont le nom précède.

Lorsque les astronomes amateurs voudront s'assurer de la position exacte d'une étoile, ils suivront la nomenclature des constellations et s'arrêteront à celle qui les occupe; ils chercheront alors la lettre grecque qui caractérise l'étoile en question, et liront en regard la valeur de ses coordonnées.

Afin d'éviter toute erreur, ils se reporteront aux cartes et vérifieront si les valeurs qu'ils ont lues correspondent sensiblement aux positions de l'étoile indiquées sur ces cartes.

CATALOGUE D'ÉTOILES POUR LE 1er JANVIER 1890

(*calculé d'après la* Connaissance des temps.)

POSITIONS MOYENNES.

ÉTOILES.		GRANDEUR.	ASCENSIONS DROITES.	VARIATION ANNUELLE.	DÉCLINAISON.	VARIATION ANNUELLE.
Petite Ourse	β	2,2	14h.51m. 2s	— 0s,31	+ 74°.36′.17″	— 14″,7
Polaire	α	2,2	13 .18 .30	+ 14 ,43	+ 88 .43 .19	+ 19 ,4
—	γ	3,2	15 .20 .55	— 0 ,18	+ 72 .13 .33	— 12 ,8
—	ζ	4 ,6	15 .48 . 0	— 2 ,40	+ 78 . 7 .58	— 10 ,6
Grande Ourse	β	2,4	10 .55 .12	+ 3 ,69	+ 56 .58 .18	— 19 ,1
—	α	2,0	10 .56 .56	+ 3 ,83	+ 62 .20 .40	— 19 ,2
—	γ	2,4	11 .48 . 3	+ 3 ,20	+ 54 .18 .23	— 20 ,0
—	ε	1,9	12 .49 .11	+ 2 ,66	+ 56 .33 .24	— 19 ,6
—	ζ	2,5	13 .19 .30	+ 2 ,42	+ 55 .29 .59	— 18 ,9
—	η	1,9	13 .43 .12	+ 2 ,39	+ 49 .51 .45	— 18 ,1
Cassiopée	β	2,4	0 . 3 .18	+ 3 ,06	+ 58 .32 .35	+ 20 ,0
—	α	2,3	0 .34 .16	+ 3 ,32	+ 55 .56 . 2	+ 19 ,9
—	γ	2,3	0 .50 . 4	+ 3 ,51	+ 60 . 7 .16	+ 19 ,6
—	δ	2,8	1 .18 .37	+ 3 ,77	+ 59 .39 .48	+ 19 ,0
Céphée	α	2,6	21 .15 .57	+ 1 ,42	+ 62 . 7 .10	+ 15 ,0
—	β	3,4	21 .27 .14	+ 0 ,83	+ 70 . 4 .39	+ 15 ,7
—	γ	3,5	23 .34 .50	+ 2 ,38	+ 77 . 1 . 6	+ 19 ,9
Dragon	β	3,0	17 .27 .57	+ 1 ,35	+ 52 .22 .59	— 2 ,9
—	γ	2,5	17 .54 . 3	+ 1 ,39	+ 51 .30 . 7	— 0 ,7
—	λ	4,0	11 .54 .22	+ 3 ,71	+ 69 .56 .16	— 19 ,7
—	δ	3,1	19 .12 .32	+ 0 ,03	+ 67 .28 . 5	+ 6 ,2
—	ζ	3,4	17 . 8 .28	+ 0 ,14	+ 65 .51 . 3	— 4 ,5
—	η	2,8	16 .22 .31	+ 0 ,79	+ 61 .45 .49	— 8 ,4
—	α	3,7	14 . 1 .25	+ 1 ,62	+ 64 .54 . 6	— 17 ,4
Cygne	α	1,4	20 .37 .41	+ 2 ,04	+ 44 .53 .15	+ 12 ,6
—	ε	2,6	20 .41 .46	+ 2 ,39	+ 33 .33 .31	+ 12 ,8
—	γ	2,3	20 .18 .17	+ 2 ,15	+ 39 .54 .18	+ 11 ,2
—	δ	2,9	19 .41 .32	+ 1 ,86	+ 44 .51 .45	+ 8 ,4
—	β	3,1	19 .26 .17	+ 2 ,41	+ 27 .43 .45	+ 7 ,1
Lyre	β	3,6	18 .46 . 1	+ 2 ,21	+ 33 .14 . 7	+ 3 ,7
Véga	α	> ,1	18 .33 .13	+ 2 ,03	+ 38 .40 .54	+ 2 ,9
Pégase	ε	2,4	21 .38 .47	+ 2 ,96	+ 9 .22 .16	+ 16 ,2
—	ζ	3,5	22 .35 .58	+ 2 ,98	+ 10 .15 .27	+ 18 ,6
Scheat	β	2,5	22 .58 .26	+ 2 ,97	+ 27 .29 .11	+ 19 ,5
Markab	α	2,5	22 .59 .17	+ 2 ,97	+ 14 .36 .49	+ 19 ,2
Algénib	γ	2,8	0 . 7 .34	+ 3 ,07	+ 14 .34 .19	+ 20 ,0
Andromède	α	2,1	0 . 2 .42	+ 3 ,27	+ 28 .28 .59	+ 19 ,4
—	β	2,2	1 . 3 .34	+ 3 ,33	+ 36 . 2 .15	+ 19 ,3

ÉTOILES.		GRANDEUR.	ASCENSIONS DROITES.	VARIATION ANNUELLE.	DÉCLINAISON.	VARIATION ANNUELLE.
Persée	α	1,9	3h.16m.28s	+ 4s,21	+ 49°.28'. 8"	+ 13",5
—	δ	3,1	3 .35 . 6	+ 4 ,21	+ 47 .26 . 6	+ 12 ,2
Algol	β	2,3	3 . 1 .63	+ 3 ,85	+ 40 .31 .53	+ 14 ,5
Persée	ζ	3,0	3 .47 .13	+ 3 ,77	+ 31 .33 .22	+ 11 ,3
Cocher	β	2,0	5 .51 .27	+ 4 ,40	+ 44 .56 . 7	+ 1 ,2
Chèvre	α	> ,1	5 . 8 .34	+ 4 ,42	+ 45 .53 . 7	+ 4 ,5
Taureau	β	1,8	5 .19 .20	+ 3 ,78	+ 28 .30 .49	+ 3 ,8
Aldébaran	α	1,0	4 .29 .37	+ 3 ,43	+ 16 .17 .15	+ 7 ,8
—	γ	3,8	4 .13 .32	+ 3 ,40	+ 15 .21 .41	+ 9 ,2
Pléiades	η	3,1	3 .40 .57	+ 3 ,54	+ 23 .45 .51	+ 11 ,6
Bélier	β	2,8	1 .48 .34	+ 3 ,29	+ 20 .16 .13	+ 17 ,8
—	α	2,1	2 . 0 .58	+ 3 ,35	+ 22 .56 .31	+ 17 ,3
Orion	γ	1,7	5 .19 .14	+ 3 ,20	+ 6 .14 .58	+ 3 ,9
Rigel	β	> ,1	5 . 9 .15	+ 3 ,45	— 8 .19 .46	— 4 ,7
Orion	α	> ,1	5 .49 .13	+ 3 ,24	+ 7 .23 . 9	+ 1 ,3
—	δ	2,3	5 .26 .23	+ 3 ,05	— 0 .22 .53	— 3 ,3
—	ε	1,8	5 .30 .38	+ 3 ,03	— 1 .16 .23	— 2 ,8
—	ζ	1,9	5 .35 .13	+ 3 ,01	— 2 . 0 . 6	— 2 ,4
—	η		5 .30 .38	+ 3 ,02	— 1 .16 .23	— 3 ,9
Colombe	α	2,7	5 .35 .40	+ 2 ,15	— 34 . 7 .59	— 2 ,2
Navire	β	2,0	9 .11 .60	+ 0 .75	— 69 .15 .51	+ 14 ,8
Canopus	α	> ,1	6 .21 .31	+ 1 ,34	— 52 .38 . 9	+ 1 ,7
Gémeaux	η	3,5	6 . 8 .14	+ 3 ,62	+ 22 .32 .17	— 0 ,4
—	γ	2,0	6 .31 .21	+ 3 ,47	+ 16 .29 .33	— 2 ,5
—	ζ	4,0	6 .57 .35	+ 3 ,57	+ 20 .43 .52	— 4 ,7
—	δ	3,5	7 .13 .33	+ 3 ,59	+ 22 .11 . 3	— 6 ,0
Castor	α	1,9	7 .27 .35	+ 3 ,85	+ 32 . 7 .45	— 7 ,2
Pollux	β	1,2	7 .38 .35	+ 3 ,69	+ 28 .17 .28	— 8 ,0
Petit Chien	β	3,1	7 .21 .11	+ 3 .26	+ 8 .30 .38	— 6 ,6
Procyon	α	> ,1	7 .33 .33	+ 3 ,14	+ 5 .30 .22	— 8 ,6
Grand Chien	β	2,0	6 .17 .51	+ 2 ,30	— 17 .54 . 7	+ 1 ,3
Sirius	α	> ,1	6 .40 .18	+ 2 ,65	— 16 .33 .57	+ 4 ,4
—	γ	4,1	6 .58 .47	+ 2 ,71	— 15 .28 .17	+ 4 ,9
Hydre	α	2,1	9 .22 .11	+ 2 ,95	— 8 .10 .56	+ 15 ,3
Corbeau	β	2,8	12 .28 .36	+ 3 ,13	— 22 .47 .19	+ 19 ,9
Lion	μ	4,0	9 .46 .30	+ 3 ,43	+ 26 .31 .28	— 16 ,6
Régulus	α	1,3	10 . 2 .31	+ 3 ,21	+ 12 .30 .16	— 17 ,3
Lion	γ	2,5	10 .13 .54	+ 3 ,33	+ 20 .23 .52	— 18 ,0
—	δ	2,7	11 . 8 .16	+ 3 ,21	+ 21 . 7 .34	— 19 ,6
—	β	2,2	11 .43 .22	+ 3 ,07	+ 15 .11 .13	— 20 ,1
Vierge	β	3,7	11 .44 .58	+ 3 ,13	+ 2 .23 . 4	— 20 ,3
Épi	α	1,1	13 .19 .24	+ 3 ,15	— 10 .35 .13	+ 19 ,0
Centaure	θ	1,9	14 . 0 .13	+ 3 ,49	— 35 .49 .46	+ 17 ,9
—	α	> ,1	14 .32 . 9	+ 4 ,41	— 60 .22 .57	+ 16 ,3
Croix du Sud	α	> ,1	12 .20 .28	+ 3 ,22	— 62 .29 .17	+ 20 ,0
Bouvier	η	2,8	13 .49 .27	+ 2 ,85	+ 18 .56 .58	— 18 ,4

ÉTOILES.		GRANDEUR.	ASCENSIONS DROITES.	VARIATION ANNUELLE.	DÉCLINAISON.	VARIATION ANNUELLE.
Arcturus	α	> ,1	14h.10m.39s	+ 2s,73	+ 19°.45'.20"	— 19",0
Bouvier	ζ	3,8	14 .35 .54	+ 2 ,85	+ 14 .12 . 3	— 15 ,7
—	β	3,7	14 .57 .48	+ 2 ,25	+ 40 .49 .29	— 14 ,5
Balance	α²	2,9	14 .44 .47	+ 3 ,30	— 15 .33 . 3	+ 15 ,4
—	β	2,9	15 .11 . 5	+ 3 ,20	— 8 .58 .36	+ 13 ,8
Couronne	α	2,3	15 .30 . 2	+ 2 55	+ 27 . 5 . 7	— 12 ,5
Hercule	β	2,8	16 .25 .29	+ 2 ,57	+ 21 .43 .48	— 8 ,3
—	α	3,1	17 . 9 .38	+ 2 ,70	+ 14 .30 .59	— 4 ,5
—	δ	3,3	17 .10 .31	+ 2 ,45	+ 24 .58 .10	— 4 ,7
Ophiuchus	α	2,2	17 .29 .50	+ 2 ,77	+ 12 .38 .27	— 3 ,1
—	δ	2,8	16 . 8 .35	+ 3 ,13	— 3 .24 .37	+ 9 ,7
—	η	2,5	17 . 4 . 4	+ 3 ,43	— 15 .35 .16	+ 5 ,1
Serpent	α	2,7	15 .38 .51	+ 2 ,95	+ 6 .46 .20	— 11 ,8
Scorpion	β	2,9	15 .59 . 2	+ 3 ,48	— 19 .30 .13	+ 10 ,5
Antarès	α	1,2	16 .22 .40	+ 3 ,66	— 26 .11 .14	+ 8 ,7
—	ε	2,4	16 .43 . 2	+ 3 ,87	— 34 . 5 .37	+ 7 ,2
Sagittaire	δ	2,8	18 .13 .57	+ 3 85	— 29 .52 .28	— 0 ,6
—	σ	2,3	18 .48 .27	+ 3 ,73	— 26 .25 .58	— 3 ,7
Aigle (*Altaïr*)	α	> ,1	19 .45 .25	+ 2 ,93	+ 8 .34 .42	+ 9 ,0
—	κ	5,0	19 .30 .58	+ 3 ,24	— 7 .16 .17	— 7 ,4
Capricorne	α²	3,7	20 .11 .57	+ 3 ,33	— 12 .53 . 7	— 10 ,5
—	β	3,3	20 .14 .50	+ 3 ,37	— 15 . 7 .41	— 10 ,8
—	γ	3,8	21 .33 .60	+ 3 ,33	— 17 . 9 .32	— 15 ,8
Verseau	β	2,9	21 .25 .46	+ 3 ,16	— 6 . 3 .17	— 15 ,3
—	α	3,0	22 . 0 . 8	+ 3 ,08	— 0 .51 .14	— 17 ,2
—	γ	4,0	22 .15 .59	+ 3 ,08	— 1 .56 .29	— 17 ,8
Fomalhaut (Poiss. austr.)	α	1,3	22 .51 .34	+ 3 ,33	— 30 .12 .19	— 18 ,8
Dauphin	α	3,9	20 .34 .32	+ 2 ,77	+ 15 .31 .29	+ 12 ,4
Baleine	β	2,2	0 .38 . 4	+ 3 ,01	— 18 .35 .26	— 19 ,9
—	θ	3,6	1 .18 .32	+ 2 ,99	— 8 .45 . 4	— 18 ,8
—	α	2,6	2 .56 .32	+ 3 ,11	+ 3 .39 .28	+ 14 ,5
Eridan	γ	3,0	3 .52 .54	+ 2 ,80	— 13 .49 .19	— 10 ,7
—	δ	3,6	3 .37 .59	+ 2 ,85	— 10 . 8 .10	— 12 ,5
Achernar	α	> ,1	1 .33 .37	+ 2 ,25	— 57 .47 .43	— 18 ,6

Passage au méridien des étoiles.

Nous connaissons, par la lecture des cartes I à XII, l'AR des étoiles. En considérant deux quelconques de ces astres, la différence de leurs ascensions droites, exprimée en temps, est la durée qui s'écoule entre leur passage au méridien. Par exemple : β du Dragon a $17^h 27^m 57^s$ d'AR ; c'est l'heure sidérale à laquelle cette étoile sera au méridien, autrement dit, c'est le temps qui s'est écoulé entre le moment du passage du cercle horaire qui contient le point γ et celui de l'étoile.

Si nous considérons maintenant α du Cygne, son AR est égale à $20^h 37^m 41^s$, et que nous la comparions à l'AR de β du Dragon, nous verrons que, pour tous les lieux de la terre où les deux étoiles peuvent être aperçues, β du Dragon est passée au méridien $3^h 9^m 44^s$ avant α du Cygne.

Rendons au Soleil son véritable rôle dans le ciel et considérons-le comme une étoile. Si nous comparons son ascension droite, qui nous est connue (voir plus loin), à celle d'une étoile quelconque, la différence des AR en temps sera donc la quantité de temps sidéral écoulé depuis le passage au méridien du premier jusqu'au passage second. Or, comme nous savons que le Soleil passe au méridien à midi, la différence en temps des AR donnera l'heure du passage de l'étoile au méridien.

Ceci serait vrai si le Soleil n'avait pas un mouvement rapide, mais on peut en tenir compte facilement par la considération suivante. Le Soleil avance chaque jour vers l'orient d'1° environ (exactement 59',13883) ; il faut donc retrancher de l'heure obtenue autant de fois 10^s qu'il y a d'heures de différence entre les deux ascensions droites.

Un exemple fera mieux comprendre cette opération : Quelle est l'heure du passage au méridien de α de la Lyre (Véga) le 3 juin 1890?

L'AR de l'étoile est de $18^h 33^m 10^s$, celle du Soleil est, ce même jour à midi, de $4^h 42^m$, différence $= 13^h 51^m$, c'est l'heure approchée ; mais pendant ce temps le Soleil a marché vers l'ouest de 140^s à peu près; ainsi, il reste pour l'heure cherchée $13^h 48^m,7$ environ.

Voici un procédé bien plus simple, basé sur le même principe, mais réduit en table qu'on peut employer facilement.

Le temps sidéral, on le sait, est le temps écoulé depuis l'instant du passage du cercle horaire qui contient le point vernal γ au méridien, instant où l'on compte 0^h; ce temps est exprimé en parties du jour sidéral. L'AR d'une étoile à son passage au méridien marquera donc le temps sidéral à ce moment, et, si nous supposons que ce soit le Soleil moyen qui passe alors au méridien, nous aurons le temps sidéral à midi moyen.

En retranchant le temps sidéral à midi moyen que nous prenons dans la *Connaissance des temps* de l'AR de l'étoile, on a le laps de temps sidéral écoulé depuis midi moyen jusqu'au passage au méridien de l'étoile, et cet intervalle, multiplié par 0,99727, donne l'heure moyenne de ce passage.

D'une façon générale, on peut dire que l'AR moyenne des étoiles diffère très peu de la valeur de leur AR à leur passage au méridien et reste dans la limite des erreurs des observations d'amateurs; on peut donc avoir une heure très approchée de celle du passage de l'étoile au méridien en faisant usage des AR moyennes de la table qui précède. Un exemple doit accompagner cette démonstration.

Trouver l'heure moyenne du passage au méridien de *Régulus*, le 11 décembre 1890. On trouve (table suivante) pour valeur du temps sidéral, le 7 décembre : $17^h 5^m 45^s,74$. Pendant les 4 jours qui se sont écoulés, du 7 au 11 décembre, il a augmenté de $15^m 46^s,2$; et, par suite, le temps sidéral, le 11 décembre, est devenu égal à $17^h 21^m 32^s$. L'AR de Régulus étant $10^h 2^m 31^s$, comme on ne pourrait pas faire la soustraction, on ajoute 24 heures à l'AR de l'étoile si cela est nécessaire et on a :

AR de Régulus + 24^h....................	$= 34^h . 2^m .31^s$
Temps sidéral à midi moyen le 11 décembre 1890..............................	$= 17 .21 .32$
Différence......	$= 16^h .40^m .59^s$

Ce nombre, multiplié par 0,99727, devient ($16^h\ 40^m\ 59^s \times 0,99727$) $= 16^h\ 38^m\ 12^s$, ce qui exprime que Régulus passera le 12 décembre au méridien à $4^h\ 38^m\ 12^s$.

Il peut se faire que l'étoile considérée passe deux fois au méridien dans la même journée; le passage inférieur a lieu dans ces conditions, $11^h\ 58^m\ 2^s$, temps moyen, avant ou après le passage supérieur.

TABLE DU TEMPS SIDÉRAL A MIDI MOYEN A PARIS PENDANT L'ANNÉE 1890.

MOIS ET JOURS.		TEMPS MOYEN A MIDI VRAI.	MOIS ET JOURS.		TEMPS MOYEN A MIDI VRAI.
		h. m. s.			h. m. s.
Janvier....	1	18.45.17,06	Juillet.....	10	7.14.22,53
—	11	19.24.42,62	—	20	7.53.48,10
—	21	20. 4. 8,20	—	30	8.33.13,67
—	31	20.43.33,77	Août.......	9	9.12.39,23
Février....	10	21.22.59,30	—	19	9.52. 4,76
—	20	22. 2.24,84	—	29	10.31.30,29
Mars......	2	22.41.50,39	Septembre.	8	11.10.55,85
—	12	23.21.15,92	— .	18	11.50.21,37
—	22	20. 0.41,42	— .	28	12.29.46,87
Avril......	1	0.40. 6,95	Octobre....	8	13. 9.12,42
—	11	1.19.32,49	— ...	18	13.48.37,96
—	21	1.58.58,03	—	28	14.28. 3,49
Mai........	1	2.38.23,55	Novembre.	7	15. 7.29,03
—	11	3.17.49,11	— .	17	15.46.54,60
—	21	3.57.14,69	— .	27	16.26.20,18
—	31	4.36.40,24	Décembre.	7	17. 5.45,74
Juin.......	10	5.16. 5,80	— .	17	17.45.11,31
—	20	5.55.31,40	— .	27	18.24.36,92
—	30	6.34.56,98	— .	31	18.40.23,13

Pour faire usage de cette table, il suffit de voir qu'elle varie de $39^m\ 25^s,6$, en dix jours, par conséquent de $3^m\ 56^s,6$ environ en 1 jour. Pour obtenir le temps sidéral au jour demandé, il suffit de multiplier ces $3^m\ 56^s,6$ par le nombre de jours écoulés depuis la dernière date qui s'en rapproche le plus. Ex. :

On demande le temps sidéral le 11 décembre : or, le 7, nous avons table précédente.........	=	$17^h.\ 5^m.45^s,74$
Du 7 au 11 il y a 4 jours, qui, multipliés par $3^m,56^s,6$, valeur pour 1 jour.........................	=	$15\ .46\ ,4$
		$17^h.21^m.32^s,14$

valeur que nous avons adoptée plus haut. Le temps sidéral que nous donnons ici est calculé pour la longitude de Paris; pour corriger cette valeur de la différence de longitude au lieu d'observation, on ajoute ou on retranche, suivant que le lieu est à l'ouest ou à l'est, le produit de la différence de longitude du lieu et de Paris, exprimée en minutes de temps, par $0^s,164$. Ex. : à Brest, où la diff. de long. = 27^m 0, elle est égale à + $4^s,4$.

Recherche des étoiles.

On peut avoir besoin d'observer une étoile à un autre moment qu'à son passage au méridien, ou bien on peut vouloir connaître sa hauteur : il peut se faire en outre qu'on désire prévoir les constellations visibles au zénith ou à l'horizon : ce sont ces questions que nous allons étudier.

Nous connaissons, pour chaque jour, la position du Soleil; son AR indique le lieu où il passe au méridien. Cette position étant portée sur les cartes, si l'on avance de 15° en marchant vers la gauche, on trouvera le cercle horaire qui passe à 1 h.; de 15° encore plus loin que ce point, on aura le cercle horaire qui passe à 2 h., et ainsi de suite. En comptant à raison de 15° par heure on arrivera sur la 7ᵉ, la 8ᵉ, la 9ᵉ heure, et par conséquent sur l'heure choisie pour l'observation. L'horizontale correspondante indiquera toutes les étoiles qui passent au méridien au même temps.

Les constellations qui entourent ces étoiles seront, par suite, visibles; celles qui sont en haut seront vues à l'ouest ou à droite de l'observateur tourné vers le sud. Elles sont déjà passées au méridien, celles qui sont au bas vont y

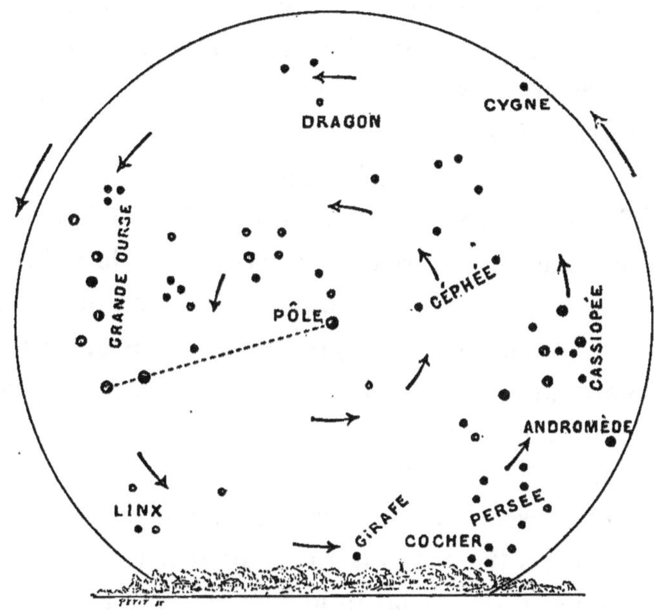

Fig. 52. — Carte des principales étoiles du ciel boréal, montrant les constellations qui ne se couchent jamais sur l'horizon de Paris.

passer. On peut, à raison de 15° par heure, savoir le temps qu'elles mettront pour atteindre ce point. Chaque étoile passe au méridien deux fois en 24 heures, mais le premier passage supérieur est seul visible, sauf pour les circompolaires; encore, dans certains cas, la lumière du jour ne permet-elle parfois d'en apercevoir aucun.

Un peu d'habitude permettra de se reconnaître facilement et quelques étoiles brillantes, scintillant au ciel, permettront de déterminer rapidement la situation des constellations dans le ciel au moment de l'observation.

Si nous indiquons ici un procédé pour découvrir les étoiles, c'est que parfois les brumes ou les nuages ne permettent pas de faire les alignements que nous avons indiqués plus haut.

La hauteur d'une étoile se compose, comme la hauteur méridienne du Soleil, de deux parties : 1° de la hauteur de l'équateur; 2° de la δ de l'astre. La hauteur de l'équateur est une quantité constante égale au complément de la latitude ; à Paris, où notre latitude est de 48° 51′, la hauteur de l'équateur est de 41° 9′, valeur à laquelle on ajoute ou dont on retranche la δ de l'étoile, suivant qu'elle est boréale ou australe.

Si, avec une ouverture de compas égale à la valeur de la latitude de Paris, nous traçons un cercle, en prenant pour centre le pôle boréal, il comprend toutes les étoiles qui ne se couchent jamais pour nous, c'est-à-dire celles dont la déclinaison dépasse 41° 9′.

La position du zénith est facile à déterminer; il se trouve à l'intersection du méridien par le cercle décrit du pôle comme centre avec un rayon égal à la colatitude ou au complément de la latitude (41° 9′ pour Paris).

La simple lecture du tableau suivant permettra de reconnaître à première vue les principales constellations.

Ce tableau comprend les aspects du ciel sous la latitude de Paris à 9 heures du soir. Comme, chaque mois, les étoiles avancent de 2 h. ou 30 degrés vers le couchant, si l'on veut avoir cet aspect pour une heure quelconque, il suffit de prendre un autre mois : par exemple, si l'on veut observer le premier août à 9 heures du soir, l'hémisphère céleste est le même que le 1er septembre à 7 heures, ou que le 1er juillet à 11 heures.

DISPOSITION DES CONSTELLATIONS A PARIS POUR LE 1er JOUR DE CHAQUE MOIS, A 9 HEURES DU SOIR.

MOIS.	AU ZÉNITH.	AU MÉRIDIEN.	A L'ÉST.	AU NORD.	A L'OUEST.
Janvier.	Persée (*Algol*).	Persée. Pléiades. Éridan. Taureau.	Cocher, Chèvre. Orion, les deux Chiens. Gémeaux (Cast. et Poll.), Lion (Régulus).	Grande Ourse. Petite Ourse, Dragon. Cassiopée, Céphée. Cygne.	Baleine, Bélier. Poissons, Pégase. Andromède.
Février.	β du Cocher, Chèvre.	β du Cocher. Orion.	Les deux Chiens, Hydre. Gémeaux, Lion, Cancer.		Éridan, Taureau. Pléiades, Bélier, Baleine. Persée, Andromède.
Mars.	Lynx.	Procyon. Gémeaux. Sirius.	Hydre, Cancer, Lion. Vierge, Coupe.	Grande Ourse. Dragon, Céphée. α du Cygne, Cassiopée. Persée.	Sirius, Orion. Taureau, Cocher. Pléiades, Bélier.
Avril.	Grande Ourse.	Hydre. Lion.	Vierge, Cancer. Corbeau, Coupe. Bouvier.		Procyon, Gémeaux. Orion, Taureau, Pléiades. Cocher, Syrius.
Mai.	Grande Ourse.	β du Lion. β de la Vierge.	Vierge, Balance. Bouvier, Couronne. Serpent.	Dragon, Petite Ourse. α du Cygne, Lyre. Cassiopée, Persée. Chèvre.	Hydre, Lion, Cancer. Procyon, Gémeaux. Cocher.
Juin.	η de la Grande Ourse.	α de la Vierge. Arcturus.	Balance, Antarès. Serpent, Ophiuchus. Couronne, Hercule, Lyre.		Vierge, Coupe. Lion, Corbeau. Hydre, Gémeaux.
Juillet.	Hercule.	Balance. Ophiuchus. α du Serpent.	Ophiuchus, Aigle. Cygne, Lyre, Hercule. Antarès.	Dragon, petite Ourse. Céphée, Cassiopée. Persée, α du Cocher. Grande Ourse.	Balance, Vierge. Bouvier, Lion. Cancer.
Août.	α de la Lyre.	Ophiuchus. La Lyre.	Aigle, Lyre. Cygne, Capricorne. Verseau, Pégase, Sagittaire.		Scorpion, Balance. Serpent. Bouvier, Couronne.
Septembre.	α du Cygne. Lyre.	Aigle. Sagittaire.	Verseau, Pégase. Dauphin, Bélier. Poissons, Capricorne.	Céphée, Cassiopée. Andromède. Les deux Ourses.	Bouvier, Lyre. Serpent, Ophiuchus. Hercule, Couronne.
Octobre.	α du Cygne.	Pégase. Verseau. Capricorne.	Poissons, Bélier. Baleine, Pégase. Andromède, Fomalhaut.	Céphée, Cassiopée. Cocher, Persée. Grande Ourse. Petite Ourse, Dragon.	Capricorne, Dauphin. Aigle. Hercule, Lyre.
Novembre.	Andromède. Persée, Cassiopée.	α d'Andromède. Fomalhaut.	Andromède, Bélier. Taureau. Baleine.		Verseau. Capricorne, Dauphin. Aigle, Cygne.
Décembre.	Andromède. Persée.	Bélier. β. de la Baleine. Poissons.	Éridan, Taureau, Chèvre. Pléiades, Orion. Gémeaux, Persée.	Cassiopée. Petite Ourse. Céphée, Dragon.	Pégase, Andromède. Verseau, Cygne, Dauphin, Poissons.

Parallaxe des Étoiles.

L'esprit se représente difficilement la distance qui nous sépare des étoiles. Afin de faciliter la compréhension de ces énormes grandeurs, supposons avec M. Radau que l'orbite de Neptune soit figurée par l'enceinte de Paris, l'orbite de la Terre occupera un espace sensiblement égal à celui de la place de la Concorde, et, pour atteindre α du Centaure, il nous faudra aller bien plus loin que la Chine (plus de 30.000 kilomètres).

Or l'étoile que nous avons choisie est la plus proche de nous; la suivante dans l'ordre des distances, la 61e du Cygne, est deux fois plus loin, et les étoiles dont on a pu déterminer la distance sont énormément plus éloignées encore.

Si nous pouvons fixer facilement les mouvements des étoiles, par rapport à notre système, nous ignorons généralement à quelle distance ils se produisent; or la détermination de la position d'un astre par rapport à un point fixe dépend de la direction de son mouvement et de sa distance.

La mesure de cette distance est donnée par la parallaxe de l'astre considéré; elle s'obtient par une méthode analogue à celle employée pour déterminer le lieu d'un point inaccessible.

Ce procédé consiste à prendre aux extrémités d'une ligne de longueur déterminée (base) deux visées sur le point considéré, de façon à former un triangle dans lequel on connaisse un côté et deux angles adjacents, au moyen desquels on peut facilement calculer les autres éléments, entre autres, la hauteur, qui donne l'éloignement du point dont il s'agit.

Reprenons notre exemple dans lequel α du Centaure serait éloignée de Paris de plus de 30.000 kilomètres : pour déterminer la parallaxe de cette étoile, il faudrait prendre les visées des deux côtés opposés de la place de la Concorde sur un phare situé en Chine; tel est le problème de la parallaxe des étoiles.

Quelque étonnant qu'il puisse paraître, c'est cependant ce procédé que les astronomes ont mis en pratique pour déterminer les parallaxes contenues dans le tableau ci-dessous. C'est par l'observation d'une même étoile à deux époques distantes de six mois, quand la Terre est aux points extrêmes de son orbite, que l'on est arrivé à assigner à α du Centaure, par exemple, une parallaxe de 0″,9.

On conçoit que la détermination dont il s'agit présente des évaluations parfois fort différentes en songeant que la distance, dans les cas les plus favorables, dépasse des centaines de mille fois la longueur de la base, et que les mesures d'où on a conclu cette parallaxe sont de l'ordre des erreurs instrumentales.

Pour s'en rendre un compte exact, il suffit de savoir qu'un globe d'un volume égal à celui de la Terre, vu à la distance moyenne des étoiles, n'aurait à nos yeux que la dimension d'un grain de sable vu à la distance de 1.200 lieues.

On ne s'étonnera pas que des parallaxes d'étoiles aient été fixées à 616″ par Mangin, à 60″ par Scheiner et à 6″ par Képler, étant donnée la différence des instruments et des méthodes dont ils faisaient usage.

Déjà Schrœter, en suivant les déplacements relatifs de deux étoiles en apparence très voisines, déterminait pour ζ d'Orion une parallaxe de $\frac{1}{4}$ de seconde et d'$\frac{1}{2}$ seconde pour γ du Bélier, tandis que Piazzi trouvait la parallaxe de Sirius d'environ 3″ et celle de Procyon égale à 4″.

Struve fut le premier à déterminer la parallaxe de Véga (α de la Lyre), que Callandrelli avait fixée à 4″. Bientôt après, Bessel découvrit celle de la 61e du Cygne; les résultats qu'ils obtinrent furent des parallaxes de $\frac{1}{3}$ de seconde pour la première étoile, et de $\frac{1}{2}$ seconde pour la deuxième.

Le diamètre de l'orbite terrestre (300 millions de kilomètres), que nous avons pris comme base, est complètement insuffisant pour nous permettre d'apprécier la distance des étoiles, même les plus proches; nous sommes contraints de chercher une unité de mesure plus grande encore, et nous la trouvons dans le trajet parcouru pendant une année par un rayon lumineux. Or, comme la vitesse de propagation de la lumière est environ de 75.000 lieues par seconde, on peut calculer la distance d'une étoile qui serait éloignée de nous d'un an de lumière, en d'autres termes d'une étoile dont la lumière nous parviendrait en un an. Une telle étoile n'existe pas, la plus proche de nous est à plus de 3 ans.

Prenons un point de repère : le Soleil est à huit minutes de lumière, c'est-à-dire qu'il met huit minutes treize secondes à nous envoyer ses rayons.

Disons, en passant, qu'il n'est jamais au point où nous l'observons, mais, en réalité, toujours en avance sur l'endroit où nous l'apercevons. Il est donc à l'occident du lieu où il paraît être d'une distance égale à 4 fois sa largeur.

Comme il parcourt sensiblement la circonférence entière ou 360° en 24 heures, il accomplit 15° en 1 heure et 2° en 8 minutes; son diamètre étant de 1/2 degré environ, il est de 4 fois ce diamètre en avance du point qu'il semble occuper.

A ce sujet, rappelons que l'évaluation du demi-diamètre angulaire du Soleil, correspondant à la distance moyenne, a varié considérablement :

En 270 avant J.-C., Aristarque de Samos l'estimait égal à.. 900″
En 138 après J.-C., Ptolémée l'estimait égal à.............. 940″

puis après avoir été affecté de valeurs considérables atteignant jusqu'à 1.041″ (P. Lansberg), et 1.040″ (Rheita),

En 1843, Le Verrier lui attribuait............... 960″,01
En 1858, — .... 961 ,71

valeur moyenne autour de laquelle oscillent toutes les autres déterminations.

D'après ce qui précède, on peut déduire qu'une parallaxe d'1″ correspond à 206.000 fois la distance du Soleil à la Terre et représente 3 années 3 mois de lumière ; de même, une parallaxe de 0″,25 correspond à une distance de 800.000 fois la distance qui nous sépare du Soleil; une parallaxe de 0″,5, à une distance de 410.000 fois environ le 1/2 diamètre de l'orbite terrestre.

La valeur de la parallaxe de la 61e du Cygne, trouvée par Bessel, était de 0″,37. Ces mesures, confirmées par celles de Peters et de Johnson, ont été attaquées par O. Struve, qui a assigné à l'étoile qui nous occupe une parallaxe de 0″,5. La 61e du Cygne serait donc distante de nous de 400.000 rayons de l'orbite terrestre et sa lumière mettrait 6 ans 1/2 à parcourir cette distance. Quant à α du Centaure, sa parallaxe, d'après Maclear et Henderson, étant de 1″, cet astre nous envoie ses rayons en 3 ans 3 mois.

D'après le tableau suivant, en acceptant respectivement les parallaxes : 0″,15, 0″,20, 0″,9, Véga nous enverrait ses rayons en 21 ans, Sirius en 16 ans et la Polaire en 36 ans : mais les déterminations ainsi obtenues sont fort variables suivant les observateurs, c'est pourquoi nous donnons plusieurs valeurs pour certaines étoiles.

Les divergences que nous avons constatées chez les anciens, au sujet des observations de parallaxes, se rencontrent encore dans les déterminations plus récentes. C'est ainsi que :

L'étoile polaire donne une	parallaxe de	0″,144 à	Lindeneau.
—	—	0 ,075	W. Struve.
—	—	0 ,172	Struve et Preuss.
—	—	0 ,147	Lundahl.
—	—	0 ,067	Peters.
—	—	0 ,025	Lindhagen.
Sirius	—	0 ,34	Henderson.
—	—	0 ,16	Maclear.
—	—	0 ,23	Henderson et Maclear.
—	—	0 ,193	H. Gyldén.
—	—	0 ,274	Abbe.

Une étoile fort intéressante à étudier (la 1830e du catalogue de Groombridge) a présenté des résultats aussi peu certains : tandis que certains auteurs lui attribuent une parallaxe de 0″,02, d'autres l'évaluent à 0″,23, certains même vont jusqu'à 1″. Il en est de même de α^2 du Centaure, dont quelques astronomes ont fixé la parallaxe à 0″,48, tandis que d'autres n'ont pas craint de la porter jusqu'à 1″,21.

Du reste, le tableau des parallaxes qui va suivre permettra de relever des différences aussi considérables sans que, pour cela, l'habileté des astronomes puisse être mise en doute, étant données les difficultés inhérentes à ce genre d'observations.

Pour terminer, disons que M. Peters a supposé que les étoiles diminuent d'éclat à mesure que leur distance augmente. D'après cette hypothèse, qui n'est pas justifiée, il avait trouvé qu'en moyenne les étoiles de 1re grandeur correspondaient à une distance représentée par 16 ans; la 2e, 28 ans, etc. Suivant cette estimation, la lumière des étoiles de 7e, que l'on peut presque apercevoir à l'œil nu, mettrait 170 ans pour nous parvenir, mais ce n'est qu'une évaluation tout hypothétique.

Ainsi que nous l'avons vu pour le Soleil, la position apparente des étoiles n'est pas celle qu'elles occupent, mais plutôt celle qu'elles occupaient : α du Centaure, 3 ans 3 mois avant l'observation; la 61e du Cygne, 6 ans et demi avant l'observation, etc. Quant aux étoiles de 16e grandeur, qui semblent devoir mettre 10.000 ans au moins à nous envoyer leur lumière, rien ne nous prouve que ces astres existent encore et que leur lumière une fois émise n'a pas continué son chemin tandis que ces astres disparaissaient.

Avant de donner la table des parallaxes, que nous avons empruntée à M. Houzeau (*Vade-mecum de l'Astronome*) et que nous avons complétée d'après des documents importants, nous croyons devoir indiquer les valeurs en distance qui correspondent aux parallaxes mesurées.

0″,0	=	incommensurable.	
0″,1	=	2.062.050	demi-diamètres de la Terre.
0″,2	=	1.031.320	—
0″,3	=	687.500	—
0″,4	=	515.660	—
0″,5	=	412.530	—
0″,6	=	343.750	—
0″,7	=	294.664	—
0″,8	=	257.830	—
0″,9	=	229.183	—
1″,0	=	206.265	—
2″,0	=	103.132	—
5″,0	=	41.253	—
10″,0	=	20.626	—

Si on accepte la parallaxe du Soleil d'après les dernières mesures égale à 8[s],86, on aura sa distance en fonctions du demi-diamètre terrestre soit, en rayons terrestres, 23.204,81 (147.837.844.510 mètres environ). Cette valeur ayant varié suivant divers auteurs de 8[s],76 à 8[s],96, la différence a atteint 1.031 rayons terrestres, dont la valeur moyenne est 6.371 kil. La différence des résultats de parallaxe, exprimée en kilomètres, devient alors 6.568.501 kilomètres, qui représentent la valeur de l'erreur d'observation.

TABLEAU DES VALEURS ATTRIBUÉES AUX PARALLAXES DE DIVERSES ÉTOILES.

NOM DE L'ÉTOILE.	GRANDEUR.	ASCENSION DROITE 1850.0.	DÉCLINAISON 1850.0.	PARALLAXE.	ERREUR PROBABLE.	ASTRONOMES.	DATE de la DÉTERMINATION.
34 *Groombridge*.............	8	0h. 9m.50s	+ 43°.16m.3	0'',292	+ 0'',036	Auwers............	1867
η de Cassiopée..............	4	0 .40 . 3	+ 57 . 1 .1	0 ,154	»	O. Struve..........	1856
μ —	5 1/2	0 .58 .19	+ 54 .10 .9	0 ,342	»	O. Struve..........	1856
α de la Petite Ourse..........	2	1 . 5 . 1	+ 58 .30 .6	0 ,078	»	C. A. F. Peters.....	1845
—	»	»	»	0 ,067	»	—	1847
—	»	»	»	0 ,144	»	Lindenau...........	1816
—	»	»	»	0 ,075	»	O. Struve...........	1821
—	»	»	»	0 ,172	»	Struve et Preuss....	1838
—	»	»	»	0 ,147	+ 0 ,030	Lundahl............	1844
—	»	»	»	0 ,025	+ 0 ,018	Lindhagen.........	»
P. III, 422......................	7.8	3 .57 .35	+ 37 .40 .6	0 ,045	»	R. S. Ball..........	1881
α du Cocher	1	5 . 5 .37	+ 45 .50 .4	0 ,046	+ 0 ,020	C. A. F. Peters.....	1846
—	»	»	»	0 ,315	+ 0 ,043	O. Struve..........	1856
—	»	»	»	0 ,034	»	Henderson.........	1833
—	»	»	»	0 ,016	»	Maclear............	1837
α du Grand Chien............	1	6 .38 .32	— 16 .30 .8	0 ,193	+ 0 ,087	Gylden.............	1864
—	»	»	»	0 ,273	+ 0 ,102	Abbe......"........	1868
α des Gémeaux............	1 1/2	7 .25 . 1	+ 38 .12 .7	0 ,210	+ 0 ,062	M. J. Johnson......	1856
α du Petit Chien............	1	7 .31 .27	+ 5 .36 .3	0 ,123	»	Auwers.............	1873
ι de la Grande Ourse.........	3 1/2	8 .48 .55	+ 48 .37 .6	0 ,133	+ 0 ,106	C. A. Peters........	1846
1618 *Groombridge*............	6 1/2	10 . 2 .15	+ 50 .13 .0	0 ,334	»	R. S. Ball..........	1881
β de la Grande Ourse........	2	10 .52 .45	+ 57 .11 .1	0 ,010	»	Klinkerfues........	1873
21 185 *Lalande*..............	7	10 .53 .10	+ 36 .57 .9	0 ,501	+ 0 ,011	Winnecke..........	1872
21 258 —	8 1/2	10 .58 . 8	+ 44 .17 .7	0 ,271	+ 0 ,011	Auwers..........	1863
—	»	»	»	0 ,260	+ 0 ,020	Kruger...........	1864
ζ de la Grande Ourse.........	4	11 .10 .10	+ 32 .22 .4	0 ,043	»	Klinkerfues........	1873
11 677 *Oeltzen*...............	9 1/2	11 .12 . 0	+ 66 .39 .6	0 ,265	»	Geelmuyden.......	1880
1830 *Groombridge* *..........	6 1/2	11 .44 .19	+ 38 .47 .7	0 ,180	+ 0 ,018	Wichmann.........	1848
—	»	»	»	0 ,085	+ 0 ,018	—	1851
—	»	»	»	0 ,089	+ 0 ,023	—	1851
—	»	»	»	0 ,034	+ 0 ,029	O. Struve..........	1850
—	»	»	»	0 ,033	+ 0 ,028	Johnson............	1856
—	»	»	»	0 ,226	+ 0 ,141	C. A. Peters........	1854
—	»	»	»	0 ,093	+ 0 ,001	Brünnow...........	1873
—	»	»	»	0 ,023	+ 0 ,033	Auwers............	1874

* La détermination de 1'',08 faite par M. Faye semble trop forte, sans qu'il soit possible d'infirmer le résultat, qui est peut-être très exact, étant donné le rapide mouvement propre de l'étoile en question.

TABLEAU DES VALEURS ATTRIBUÉES AUX PARALLAXES DE DIVERSES ÉTOILES (*Suite*).

NOM DE L'ÉTOILE.	GRANDEUR.	ASCENSION DROITE 1850.0.	DÉCLINAISON 1850.0.	PARALLAXE.	ERREUR PROBABLE.	ASTRONOMES.	DATE de la DÉTERMINATION.
γ de la Grande Ourse.........	2	11h.45m.55s	+ 54°.31m.7	0".016	»	Klinkerfues	1873
δ —	3	12 . 7 .59	+ 57 .52 .0	0 .024	»	—	1873
ε —	2 1/2	12 .47 .25	+ 56 .46 .5	0 .030	»	—	1873
β du Centaure..............	1	13 .53 .17	+ 50 .38 .7	0 .470	»	Maclear......	1852
—	»	»	»	0 .213	+ 0 .069	Moesta............	1868
α du Bouvier................	1	14 . 8 .49	+ 19 .57 .9	0 .127	+ 0 .073	C. A. F. Peters.....	1846
—	»	»	»	0 .138	+ 0 .052	M. J. Johnson......	1856
—	»	»	»	»	»	Henderson.........	1833
—	»	»	»	1 .016	+ 0 .011	moyenne des observat. d'α¹ et α² du Centaure.	»
α du Centaure...............	1	14 .29 .28	— 60 .12 .6	0 .919	+ 0 .034	Maclear............	1851
—	»	»	»	0 .976	+ 0 .064	C. A. F. Peters.....	1852
—	»	»	»	0 .880	+ 0 .068	Moesta............	1868
—	»	»	»	0 .512	»	Elkin..............	1880
α d'Hercule....	3 1/2	17 . 7 .49	+ 14 .33 .9	0 .061	»	Jacob.............	1858
17415 *Oeltzen*...............	9	17 .37 .18	+ 68 .28 .6	0 .243	»	Krueger...........	1863
γ du Dragon.................	2	17 .53 . 8	+ 51 .30 .5	0 .127	»	Gyldén............	1877
72 p. Ophiuchus............	4 1/2	17 .57 .52	+ 2 .32 .4	0 .169	+ 0 .010	Krueger...........	1863
—	»	»	»	0 .162	+ 0 .007	Krueger...........	1862
α de la Lyre................	1	18 .31 .51	+ 38 .39 .8	0 .262	»	F. Struve..........	1840
—	»	»	»	0 .103	+ 0 .053	Peters.............	1842
—	»	»	»	0 .147	+ 0 .009	Johnson...........	1855
—	»	»	»	0 .154	+ 0 .046	Main..............	1865
—	»	»	»	0 .188	+ 0. 033	Brünnow	1873
δ du Dragon......	5	19 .32 .28	+ 60 .24 .3	0 .246	»	Brünnow	1873
α de l'Aigle................	1	19 .43 .28	+ 8 .28 .5	0 .978	»	T. G. Taylor	1834
α du Cygne..................	1	20 .36 .49	+ 44 .44 .8	0 .082	+ 0 .043	C. A. F. Peters.....	1846
—	»	»	»	0 .314	»	Bessel.............	1838
61 du Cygne.................	5 1/2	21 . 0 .11	+ 30 . 0 .9	0 .348	»	Bessel.............	1840
—	»	»	»	0 .349	+ 0 .080	C. A. F. Peters.....	1846
—	»	»	»	0 .392	»	Johnson...........	1853
—	»	»	»	0 .384	»	Pogson............	1853
—	»	»	»	0 .392	»	M. J. Johnson......	1854
—	»	»	»	0 .523	»	Woldstedt.........	1854
—	»	»	»	0 .564	+ 0 .016	Auvers............	1863
—	»	»	»	0 .468	»	R. S. Ball	1878
3077 *Bradley*...............	6	23 . 6 . 5	+ 56 .20 .5	0 .069	»	Brünnow...........	1873
85 de Pégase...............	6	23 .54 .21	+ 26 .17 .3	0 .054	»	Brünnow...........	1873

Mouvements propres.

Lorsqu'on peut comparer une suite d'observations exactes d'étoiles fixes faites à des intervalles de temps considérables, on s'aperçoit que ces astres se déplacent dans le ciel d'une quantité que nous estimons en moyenne égale à une dizaine de secondes pour un siècle, c'est-à-dire à un dixième de seconde à peine par an. Ce déplacement, qui ne dépend pas d'un mouvement de la Terre et n'est pas, par suite, un mouvement apparent, a reçu le nom de mouvement propre des étoiles.

On conçoit que des effets aussi faibles restent noyés dans les erreurs d'observation, et nous en aurions à peine parlé si leur étude devait se borner à satisfaire une vaine curiosité et n'avait pas un but plus intéressant.

Les mouvements propres qui ont été constatés par la comparaison des observations accusent une marche régulière et un accroissement proportionnel au temps.

Halley, en 1718, crut reconnaître que Sirius, Aldébaran, Arcturus, n'occupaient pas dans le ciel les places indiquées jadis par les astronomes de l'école d'Alexandrie, mais les observations de cette date ne présentaient pas un degré d'exactitude suffisant pour pouvoir en conclure des mouvements propres.

Ce fut seulement à partir de 1738 que Jacques Cassini, et de 1756 que Tobie Mayer, par la comparaison de leurs observations avec celles de Richer, à Cayenne, en 1672, et celles de Rœmer à Copenhague, prouvèrent, le premier, pour Arcturus et α de l'Aigle, le second, pour 80 étoiles, le déplacement de ces astres.

Depuis, les recherches se sont multipliées et le nombre

des étoiles qui se déplacent paraît augmenter avec la puissance de nos instruments d'étude; il semble assez rationnel de penser qu'aucune étoile n'est absolument fixe dans le ciel, et que leur mouvement, qui peut nous être dissimulé à cause de sa petitesse, n'en existe pas moins.

Dans le B. A. C. (British Association Catalogue), l'Association britannique pour l'avancement des sciences a donné plus de 8.000 étoiles dont les mouvements propres étaient calculés.

Ces mouvements propres sont très faibles, ils atteignent à peine, avons-nous dit, quelques dixièmes de secondes par an. Tel est, par exemple, celui de la 61e du Cygne, qui égale 5 secondes 3 dixièmes (5″,3) et dont la grandeur conduisit MM. Mathieu et Arago, puis Bessel et Peters, à penser qu'une étoile animée d'un mouvement aussi rapide devait être une des plus voisines de notre planète.

La parallaxe obtenue pour cette étoile est venue justifier cette hypothèse.

Bravais pense que les $\frac{7}{10}$ des étoiles à mouvement propre sont réparties uniformément sur la sphère, tandis que $\frac{3}{10}$ sont concentrées vers un grand cercle dont le pôle est par AR $= 7^h\ 4^m$ et $\delta = +\ 51°$.

Powalski croit que, pour toutes les étoiles du ciel, il existe une zone dans laquelle les mouvements propres sont minimum; le pôle de cette zone serait, d'après lui, par AR $= 13^h\ 27^m$ et $\delta = +\ 21°$.

Les brillantes étoiles α de la Lyre (Véga), α du Cocher, Capella (la Chèvre), Aldébaran (α du Taureau), ne présentent que des mouvements propres peu considérables et tous trois inférieurs à une demi-seconde; on se serait attendu cependant à ce que ces belles étoiles eussent été plus proches de nous et eussent, par conséquent, présenté un mouvement propre beaucoup plus rapide.

Ce fait s'explique simplement par une considération tirée du point suivant lequel nous considérons le phénomène.

Les déplacements observés ne sont en réalité que la projection des mouvements vrais, ou, plus simplement, nous ne voyons les mouvements des astres qu'en perspective. Ainsi, si nous sommes placés au point A, nous aurons pu apprécier le chemin B C parcouru en 10 ans, par exemple, tandis que la véritable valeur sera peut-être B D, B E ou B F.

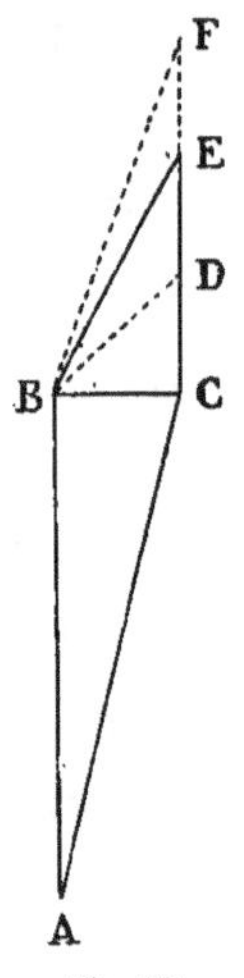

Fig. 53. Mesure des parallaxes.

Les valeurs apparentes B C peuvent donc différer énormément des valeurs vraies B D, B E, que l'immense distance qui nous sépare de ces corps ne nous permet pas de déterminer. La valeur à laquelle nous arriverons pour B C de certaines étoiles ne nous présentera qu'un mouvement relatif, et il n'y aura rien d'étonnant à ce que des étoiles de première grandeur aient un mouvement propre fort petit tandis que des étoiles de 5e à 6e, supposées beaucoup plus loin, présenteront des mouvements propres très rapides.

Pour bien comprendre ce fait, on n'a qu'à se reporter à la figure 48 : en conservant constante la distance B C et faisant varier l'angle en B, on verra tout de suite que plus l'angle sera obtus, plus l'étoile aura un mouvement rapide, car sa projection B C sera la même, bien que les chemins parcourus, B D, B E, soient fort différents.

Avec les distances que nous avons trouvées pour quelques étoiles, il nous sera facile de savoir combien de fois le côté B C (mouvement propre apparent) sera contenu de fois dans le côté AB (distance de l'étoile mesurée par sa parallaxe) pour les divers angles, correspondant aux mouvements propres observés. Il nous sera par suite facile d'estimer en telle unité que nous voudrons, en lieues par exemple, les longueurs BC.

Les valeurs suivantes ont été déduites de cette façon des parallaxes et des mouvements propres des étoiles ci-dessous :

61° du Cygne....................	608.000.000	de lieues.
α du Centaure..................	150.000.000	—
α du Bouvier (Arcturus).........	673.000.000	—
α du grand Chien (Sirius).......	312.000.000	—
α de la Lyre (Véga).............	58.000.000	—
α du Cocher (la Chèvre).........	380.000.000	—
α de la Petite Ourse............	13.000.000	—

On reste confondu devant de tels résultats, et cependant nous avons vu que ces corps, qui représentaient aux yeux des anciens l'immobilité complète, doivent se déplacer avec des vitesses supérieures à celles que nous indiquons dans le tableau ci-dessus, car nous ne pouvons signaler autre chose que les valeurs des projections de vitesse, mais il nous est impossible d'apprécier ces vitesses elles-mêmes, qui, suivant l'angle qu'elles font avec le rayon visuel, peuvent être, dix, vingt, cent fois plus considérables.

N'est-ce pas un sujet digne de réflexion que celui-ci et ne devons-nous pas méditer profondément cette loi absolue qui semble gouverner le monde tout entier : la loi du mouvement ?

Nous avons déjà eu occasion de constater, à plusieurs reprises, que le Soleil était une étoile semblable à toutes celles qui brillent au ciel; il était donc rationnel de penser qu'il possédait un mouvement propre, semblable à celui qu'on avait découvert pour les autres astres de sa nature.

TABLEAU PRÉSENTANT LES COORDONNÉES ATTRIBUÉES AU POINT DU CIEL VERS LEQUEL SE DIRIGE LE SOLEIL D'APRÈS HOUZEAU (*Vade-mecum de l'Astronome*).

	ASCENSION DROITE.	DÉCLINAISON.	Mouvement annuel du Soleil vu de la distance d'une étoile de 1re grandeur.	OBSERVATIONS.
1781 Prévost......	230°. 0',0'	+ 25°. 0'	»	D'après le catalogue de T. Mayer.
1785 W. Herschel	260 .34 ,5	+ 26 .17	»	Par le mouvement propre de 37 étoiles.
1786 Klügel	260	+ 22	»	— 10 étoiles brillantes.
1802 Prévost et F. Maurice.........	258	+ 27	»	— 39 —
1805 Herschel......	245 .52 ,5	+ 40 .22	0",15	— des étoiles de Ire grandeur.
1821 Olbers........	269 .23	+ 68 .40	»	— de 82 étoiles.
1839 Argelander...	259 .47 ,6	+ 32 .29 ,5	»	— 392 —
1840 Lundahl......	252 .24 ,4	+ 14 .26 ,1	»	— 147 —
1840 Argelander...	257 .49 ,7	+ 28 .49 ,7	»	— plus de 500 —
1844 O. Struve....	261 .23 ,1	+ 37 .35 ,7	0",339	— 392 —
1847 Galloway......	260 . 0 ,6	+ 34 .23 ,4	»	— 78 étoiles australes.
1852 Plana........	260 .10 ,9	+ 36 .53 ,7	»	— 81 —
1856 Mädler.......	261 .38 ,8	+ 39 .53 ,9	»	— 2.163 étoiles.
1860 Airy..........	261 .29	+ 24 .44	1",912	— 113 —
1864 Dunkin.......	263 .43 ,9	+ 25 . 0 ,5	0",410,3	— 1.167 —
1877 L. de Ball....	269 .33	+ 23 .11	»	— 80 étoiles australes. d'un mouvement propre d'au moins 0",1.

On l'avait déjà affecté de deux mouvements : 1° le mouvement diurne, qui l'emporte tous les jours de l'Orient vers l'Occident avec la voûte étoilée tout entière ; 2° le mouvement annuel, qui le fait passer, chaque année, dans les mêmes points du ciel. Il possédait donc un troisième mouvement, un *mouvement propre*, dans lequel il entraînait son cortège de planètes y compris la Terre et ses minuscules habitants, qui devaient un jour, par la simple observation d'un fait, lentement accompli, constater un déplacement qu'ils ne peuvent ressentir.

Après la découverte du mouvement propre d'Arcturus et de α de l'Aigle (Altaïr), Fontenelle, Bradley, Mayer, Lambert, présentèrent l'hypothèse du déplacement du Soleil dans l'espace, déplacement auquel participait la Terre et les autres planètes. Mais, comme tous ces corps sont emportés dans un même tourbillon, ils ne peuvent servir à constater ce déplacement.

Le mouvement dont les étoiles étaient animées devait sembler un obstacle insurmontable à la découverte du mouvement propre du système solaire. Il n'en fut rien.

Grâce à une sagacité remarquable, W. Herschel sut triompher des difficultés du problème et démêler parmi les mouvements propres des étoiles qui nous entourent une certaine marche provenant des excès constatés d'un côté, tandis que des affaiblissements étaient signalés du côté opposé.

Il sut en conclure la preuve que le Soleil s'avançait avec nous vers les étoiles dont les écartements mutuels augmentaient avec le temps, tandis qu'il s'éloignait de celles qui semblaient se rapprocher l'une de l'autre.

Nous avons vu, lorsque nous avons décrit la constellation d'Hercule, les diverses hypothèses qui ont été proposées

TABLE DES MOUVEMENTS PROPRES

D'APRÈS LE CATALOGUE DE L'ASSOCIATION BRITANNIQUE.

Nos B. A. C.	NOM DE L'ÉTOILE.	MOUVEMENT PROPRE EN AR	MOUVEMENT PROPRE EN δ
64	ζ du Toucan	+ 0s,246	+ 1'',11
88	β de l'Hydre	+ 0 ,717	+ 0 ,26
160	Baleine	+ 0 ,103	— 0 ,10
218	24 η Cassiopée	+ 0 ,135	— 0 ,48
221	Poissons	+ 0 ,039	— 1 ,18
240	Petite Ourse	+ 0 ,116	— 0 ,02
273	Petite Ourse	— 0 ,171	+ 0 ,02
314	30 μ de Cassiopée	+ 0 ,388	— 1 ,55
360	1 α de la Petite Ourse	+ 0 ,090	+ 0 ,02
536	52 τ de la Baleine	— 0 ,117	+ 0 ,87
725	Persée	+ 0 ,126	»
793	Baleine	+ 0 ,118	+ 1 ,31
962	ι Persée	+ 0 ,129	0 ,00
1.044	e Éridan	+ 0 ,249	+ 0 ,75
1.309	40 o² de l'Éridan	— 0 ,144	— 3 ,45
1.879	Petite Ourse	+ 0 ,289	— 0 ,10
2.213	9 α du Grand Chien	— 0 ,034	— 1 ,14
2.320	Petite Ourse	— 0 ,323	+ 0 ,01
2.521	Girafe	— 0 ,225	+ 0 ,06
2.522	10 α du Petit Chien	— 0 ,407	— 0 ,98
3.242	25 θ de la Grande Ourse	— 0 ,120	— 0 ,60
3.495	Petite Ourse	— 0 ,114	— 0 ,07
3.528	Dragon	— 0 ,106	— 0 ,07
4.010	Grande Ourse	+ 0 ,344	— 5 ,70
4.150	Petite Ourse	+ 0 ,325	— 0 ,08
4.165	Petite Ourse	— 0 ,173	+ 0 ,06
4.449	61 de la Vierge	— 0 ,069	— 1 ,03
4.729	16 α du Bouvier	— 0 ,078	— 1 ,96
4.831	α¹ du Centaure	— 0 ,470	+ 0 ,83
4.832	α² du Centaure	— 0 ,470	+ 0 ,83
4.923	Balance	+ 0 ,068	— 1 ,68
5.284	41 γ du Serpent	+ 0 ,025	— 1 ,24
5.808	36 A d'Ophiuchus	— 0 ,025	— 1 ,14
5.813	Ophiuchus	— 0 ,036	— 1 ,15
5.863	72 w Hercule	+ 0 ,011	— 1 ,00
6.123	70 p d'Ophiuchus	+ 0 ,017	— 1 ,09
6.302	44 χ du Dragon	+ 0 ,017	— 0 ,35
6.735	61 σ du Dragon	+ 0 ,094	— 1 ,83
6.873	δ du Paon	+ 0 ,189	— 1 ,07
6.922	Sagittaire	+ 0 ,044	— 1 ,68
7.336	61 du Cygne	+ 0 ,359	+ 3 ,30
7.337	Cygne	+ 0 ,352	+ 3 ,03
7.510	Céphée	+ 0 ,119	+ 0 ,10
7.656	ε Indien	+ 0 ,457	— 2 ,40
8.083	Cassiopée	+ 0 ,201	+ 0 ,28

pour rendre compte des mouvements propres de certaines étoiles.

Mädler plaçait le point d'attraction de notre système près de l'étoile η du Taureau; puis, par une discussion plus approfondie, au lieu de chercher un astre central, il proposa l'hypothèse suivante : il pensait que les étoiles, au lieu de tourner autour d'un astre, décrivaient leurs orbites autour d'un point qui serait leur centre de gravité commun. Il trouvait, dans les Pléiades, un groupe immobile au milieu du mouvement général, et l'étoile Alcyon marquait pour lui le centre d'attraction.

Maxwell Hall croyait que le Soleil et un certain nombre d'étoiles décrivent des orbites à peu près circulaires autour d'un centre qu'il plaçait, par les mouvements propres de α du Centaure et 61 du Cygne, sous AR $= 9^{\circ} 15'$, $\delta = + 26^{\circ} 32'$; la vitesse angulaire annuelle du Soleil autour de ce point serait 0",06612, et par suite, la durée de révolution de vingt millions d'années.

On voit, par ce qui précède, combien ces déterminations sont encore douteuses.

Voici de plus quelques déterminations spéciales du mouvement propre de la Polaire qui varient considérablement avec les observateurs :

Polaire :	Hévélius	+ 6",82
	Flamsteed	+ 9 ,03
	La Caillé	+ 3 ,96
	Bradley	+ 1 ,62

CHAPITRE VIII. — Les Étoiles. (*Suite.*)

Éclat relatif des Étoiles.

Nous avons vu le nombre invraisemblable d'étoiles qui peuvent peupler le ciel, surtout si on les compte toutes, jusqu'à celles qui nous paraissent de 17ᵉ, 5 grandeur. Or on croit connaître parfaitement quelques-uns de ces mondes et on ne les a jamais vus tels qu'ils sont; le rayonnement qu'on représente sur les gravures par diverses pointes divergentes qui les entourent n'a rien de réel, il ne tient qu'à des humeurs de notre œil.

Lorsqu'on observe ces astres avec une bonne lunette, le rayonnement diminue et ils apparaissent sous forme d'une petite masse ronde et lumineuse, entourée de cercles alternativement brillants et obscurs, qui sont dus à l'imperfection des instruments.

On peut dire, en résumé, que les étoiles sont des points très brillants dont le diamètre ne dépasse pas un millième, et n'atteint pas dans certains cas un dix-millième de seconde de diamètre.

Nous nous ferions difficilement une idée de ces astres si nous n'avions, tout près de nous, un type remarquable de ces points brillants dont nous connaissons à peine la distance et la marche, et dont nous ne pouvons nous rendre compte que par comparaison avec notre Soleil.

On a cependant obtenu des mesures fort intéressantes concernant certaines étoiles au sujet de leur éclat, de leur masse et du diamètre angulaire qu'elles présentent.

Voyons d'abord le premier de ces éléments.

On a tenté de déterminer l'éclat relatif des étoiles par rapport au Soleil; Huyghens a, le premier, indiqué la valeur suivante : Sirius $= \frac{1}{756.000.000} \times$ Soleil, en faisant passer la lumière du Soleil à travers un trou assez petit.

Michel, par le même procédé, donne :

$$\text{Sirius} = \frac{1}{9.216.000.000} \times \text{Soleil.}$$

Wollaston, en prenant pour intermédiaire la flamme d'une bougie, réfléchie sur une sphère de verre, trouvait :

$$\text{Sirius} = \frac{1}{20.000.000} \times \text{Soleil.}$$

Von Steinheil, en passant par l'intermédiaire de la Lune, a trouvé : Sirius $= \frac{1}{3.840.000.000} \times$ Soleil;

$$\text{Arcturus} = \frac{1}{6.008.000.000} \times \text{Soleil,}$$

G. P. Bond a donné :

$$\alpha \text{ du Centaure} = \frac{1}{19.490.000\,000} \times \text{Soleil.}$$

Maintenant que nous avons vu les valeurs approchées que l'on a trouvées pour l'éclat des étoiles les plus brillantes de notre ciel, examinons rapidement les estimations qui ont été faites au sujet de leur diamètre angulaire.

La difficulté de déterminer le diamètre angulaire des étoiles, dépouillé de tout agrandissement factice, n'a pas encore été surmontée.

Les astronomes qui étaient réduits à la simple vue ont tout d'abord adopté des valeurs beaucoup trop considérables. C'est ainsi que Tycho attribuait aux étoiles de 1re grandeur 120″ de diamètre, à celles de 2e, 90″, etc.; la découverte du télescope réduisit cette valeur. Hévélius n'estimait plus qu'à 6'',37 le diamètre apparent des plus brillantes étoiles (Sirius), tandis qu'Herschel, possédant de meilleurs instruments, fixait ces diamètres à 0'',36 pour α de la Lyre et à 1'',05 pour α du Taureau : d'après Struve, ces diamètres seraient respectivement : 0'',261 et 3'' environ pour les mêmes étoiles.

Pikering, en supposant aux étoiles l'éclat spécifique du Soleil, donne pour le diamètre apparent des étoiles :

1re grandeur....	= 0'',009,64	4e grandeur....	= 0'',002,42
2e grandeur....	= 0 ,006,08	5e grandeur....	= 0 ,001,53
3e grandeur....	= 0 ,003,84	6e grandeur....	= 0 ,000,96

Constitution des étoiles.

Si l'on compare les spectres des étoiles et celui du Soleil, on est frappé de leur analogie; cela n'a rien de surprenant si on se rappelle que les étoiles sont les soleils des mondes lointains.

Il est de toute évidence que les étoiles sont, ainsi que notre Soleil, enveloppées d'atmosphères composées de gaz qui contiennent une grande quantité des éléments que nous retrouvons sur la terre.

Le P. Secchi rapporte à quatre types principaux les spectres des étoiles (1).

1° Le premier type est celui des étoiles blanches, telles que Véga (α de la Lyre) et Sirius, la plus étincelante de toutes. On y trouve de grosses raies sombres qui démontrent la présence de l'hydrogène à une température très élevée. En étudiant au spectroscope la lumière de Sirius,

(1) La gravure que nous donnons ci-après est celle du *Stargazing* de J. N. Lockyer; Londres, Macmillan, 1878.

on y rencontre de larges raies noires : on remarque ensuite la finesse des raies des métaux, qui donne à penser qu'ils y sont moins condensés que sur le Soleil et que la température de l'hydrogène qui l'enveloppe est plus élevée que celle de cet astre.

2° Le second type se compose des étoiles jaunes, telles que la Chèvre et Arcturus (α du Bouvier); c'est le type qui ressemble le plus à notre Soleil, dont il reproduit au spectroscope les raies fines et multipliées.

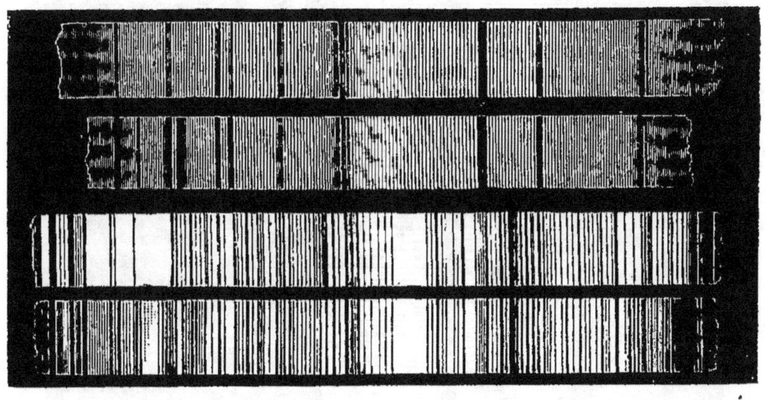

Fig. 54. — Comparaison du spectre du Soleil et de Sirius au méridien et à l'horizon.

3° Le troisième type est peu fréquent. Les étoiles qui le forment sont orangées ou rougeâtres et leurs spectres donnent de larges raies brillantes, séparées par des zones obscures qui laissent supposer une atmosphère gazeuse à basse température. α d'Orion, α d'Hercule, 19 des Poissons, etc., appartiennent à cette catégorie.

4° Le quatrième type n'offre que peu de différence avec le troisième, on y découvre en plus les raies brillantes des gaz incandescents qui se remarquent dans quelques étoiles rouges et dans γ de Cassiopée.

Nous avons déjà constaté que la Lune est une sorte de

Fig. 55. — Types de spectres stellaires, d'après le P. Secchi.

monde éteint, sans apparence d'air ni d'eau, M. Huggins

a découvert des étoiles qui offrent le même aspect, telles sont α d'Orion et μ de Pégase. La preuve en est fournie, dans leurs spectres, par l'absence des deux lignes caractéristiques de l'hydrogène qui correspondent aux raies C et F de Fraunhofer.

Pourtant les mondes célestes paraissent formés des mêmes éléments que nos mondes terrestres; on y trouve l'hydrogène, le fer, le magnésium, le sodium, et l'on suppose que la plupart de leurs atmosphères sont saturées de vapeurs d'eau.

Les étoiles présentent cependant des colorations variées; or nous savons, par le spectroscope, que ces diverses nuances viennent des enveloppes gazeuses dont les astres sont entourés. Une partie des rayons se trouvent absorbés par les vapeurs en suspension dans ces atmosphères; ceux qui nous parviennent nous donnent des impressions de bleu, de jaune ou de rouge, par le même phénomène que la lumière blanche qui passe à travers un verre coloré en rouge ou en jaune prend ces diverses teintes.

Les étoiles blanches, d'après M. Huggins, seraient les étoiles en pleine combustion et dont les atmosphères présentent la température la plus élevée.

D'après cette hypothèse, Sirius, qui était rouge du temps d'Homère et qui est maintenant d'un blanc éclatant, serait arrivé de nos jours à la température excessive; cela est si peu probable qu'il faut attendre la consécration du fait par les procédés d'investigation les plus sérieux de la chimie avant d'adopter ces conclusions.

Les Étoiles doubles.

Si l'on possède une bonne lunette, on pourra voir au ciel, dans certains cas, deux étoiles, si proches l'une de l'autre, qu'il sera à peine possible de les séparer. Il se peut cependant qu'elles soient à des distances très différentes telles que B et A et qu'elles ne nous paraissent voisines que par un effet de perspective: elles forment alors un système optique; mais si elles se trouvent toutes deux à la même distance de la Terre B A', leur rapprochement est réel et elles sont presque toujours dépendantes l'une de l'autre.

Savary a démontré que ces couples obéissent aux lois de la gravitation (couples physiques) comme la Terre, la Lune, etc.; et, en effet, les deux astres circulent l'un autour de l'autre, dans une ellipse dont la plus grande étoile (la plus brillante) occupera un des foyers. Or ces mouvements sont mesurés avec soin depuis les travaux d'Herschel.

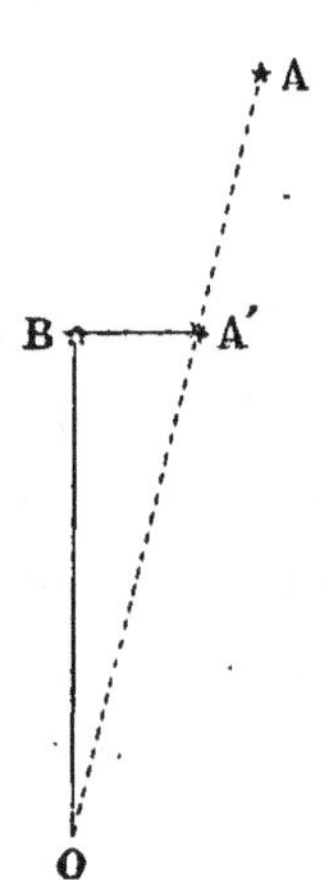

Fig. 56. — Disposition des étoiles formant un système physique ou un couple optique.

Presque tous les couples physiques sont colorés, et ce fait provient, presque toujours, de ce que la plus petite étoile (la moins brillante) a dû se refroidir plus vite que la grande, car elle présente généralement un spectre d'un ordre inférieur à l'étoile principale. Peut-être ces soleils ont-ils des planètes, mais le peu de clarté qu'elles réfléchissent n'a pas permis de les observer jusqu'ici.

Herschel, en essayant de déterminer les parallaxes relatives sur des couples d'étoiles très voisines et d'éclat très différent, fut conduit à admettre une dépendance mutuelle des deux astres.

Déjà, bien avant, on avait reconnu la nature des étoiles doubles, et Ptolémée appliquait à ν du Sagittaire l'épithète de double.

Après l'invention du télescope, Hooke, en suivant la comète de 1664, voyait γ du Bélier double et considérait cette particularité comme un fait extraordinaire.

J.-D. Cassini ajouta à cette liste β du Scorpion et α des Gémeaux; Bianchi, ζ de la Lyre; La Condamine, pendant son voyage au Pérou, signala α et ζ de la Croix; Messier, γ de la Vierge. Mais c'est seulement C. Mayer qui, en 1778, donna la première étude sérieuse des étoiles doubles.

Les variations nombreuses qui s'observent sur les étoiles doubles en font une étude pleine d'intérêt et de profit.

Le premier point à recommander, c'est d'observer avec grand soin la position des deux astres l'un par rapport à l'autre, et de recommencer souvent cette étude pour voir si aucun mouvement apparent ne se manifeste dans le système considéré.

Quand les deux étoiles sont de même éclat, il faut prendre garde de ne pas confondre l'une avec l'autre, et l'on doit apporter dans l'appréciation des mouvements une attention soutenue.

Dans le cas, le plus général, où les deux étoiles sont d'éclat différent, il n'y a plus de confusion possible : on rapporte toutes les observations de mouvement de la plus faible étoile à la plus brillante. Si on l'a notée comme étant juste au-dessous de la principale, par rapport à une autre étoile très brillante prise comme point de repère général, et qu'on constate qu'elle s'est déplacée, on est en présence d'un système binaire. Si on suit ce mouvement pendant un laps de temps suffisamment long, on ne tarde pas à pouvoir déterminer la courbe à laquelle appartient le système, même lorsque l'on n'a observé qu'une légère portion du chemin parcouru.

Étant donnée une ligne dirigée de l'étoile principale α (centre de la figure) vers le Nord, le point N, ou le Nord, est l'origine de la graduation de la marche de l'astre secondaire β qui passe par toutes les valeurs correspondant à 90° à l'est, 180° au sud et 270° à l'ouest.

Pour mesurer l'angle de position que fait l'étoile secondaire avec la principale et la ligne S N, on se sert d'un micromètre (cadran circulaire de métal, traversé par des fils très fins), qui se place, au foyer de l'objectif, dans l'oculaire de la lunette.

Des fils qui traversent ce cadre, les uns sont fixes et les

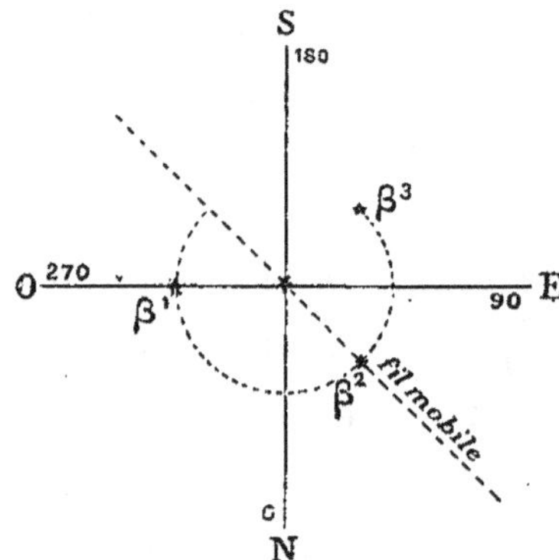

Fig. 57. — Mouvement de l'étoile satellite autour de l'étoile principale.

autres mobiles. Dans ces conditions, on amène l'étoile principale à être juste derrière le fil fixe placé dans la direction N S, puis on fait tourner le fil mobile jusqu'à ce qu'il rencontre l'étoile β.

Le cadre circulaire du micromètre est gradué et les divisions sont visibles à l'extérieur de l'oculaire, ce qui permet de lire extérieurement de combien de degrés, de minutes, le fil mobile a marché pour aller de α N à α β^2, ce qui est l'angle demandé. — A l'aide d'une autre disposition, on mesure la distance qui sépare les deux étoiles et on possède les éléments du système considéré. On reporte alors avec soin autour de deux lignes de construction S N, E O, les mesures recueillies, et la forme de l'orbite ne tarde pas à se manifester.

Les composantes d'un système physique peuvent être séparées entre elles par des angles très variables ; aussi Herschel les avait-il groupées en 4 catégories. La première renfermait les systèmes caractérisés par des écartements angulaires qui ne dépassaient pas 4″ d'éloignement entre eux ;

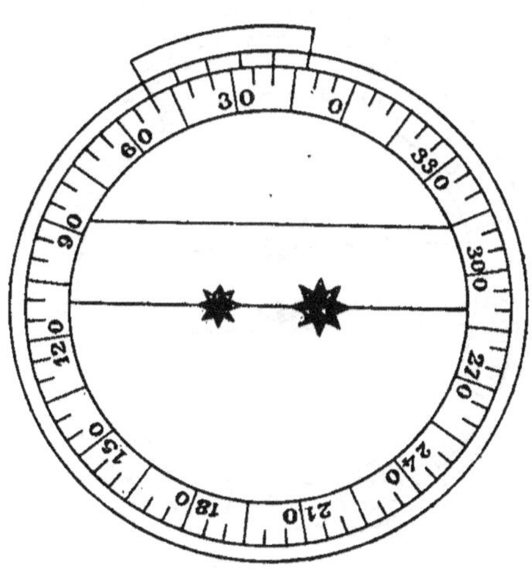

Fig. 58. — Micromètre, mesure d'étoile double.

la 2e répondait à ceux qui vont de 4″ à 8″; la 3e renfermait ceux qui se trouvaient compris de 8″ à 19″, et la 4e ceux qui atteignaient jusqu'à 32″. Les catalogues d'Herschel contenaient 97 étoiles de la 1re classe, 102 de la 2e, 114 de la 3e, 132 de la dernière, soit 445 étoiles : on en connaît aujourd'hui plus de 6.000.

Bien des étoiles atteignent des durées de révolution énormes ; γ du Lion dépasse un siècle, et la 61e du Cygne, 500 ans.

La particularité que présentent certaines étoiles de posséder un compagnon en a fait un moyen très heureux pour l'essai des instruments ; les distances angulaires moyennes 0″,9 ; 1″,0 ; 1″,1, qui séparent les composantes de quelques étoiles doubles, sont, comme nous l'avons vu, des quantités si petites, qu'il faut d'excellentes lunettes pour les dédoubler.

Il y a deux branches de recherches à poursuivre dans l'étude qui nous occupe. La première consiste à découvrir

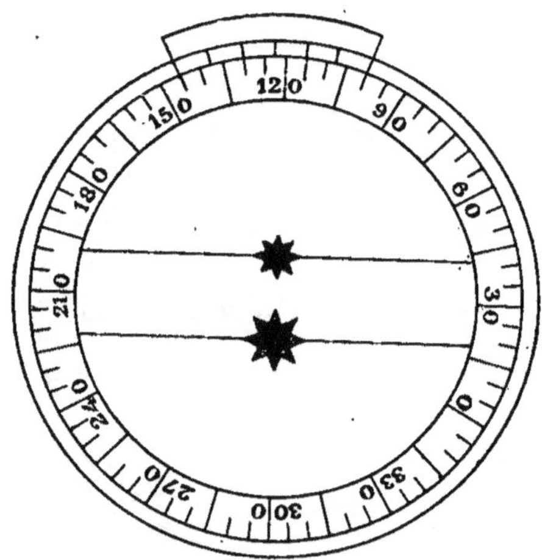

Fig. 59. — Micromètre, mesure d'étoile double.

de nouvelles étoiles doubles, la seconde à faire des mesures micrométriques d'étoiles déjà cataloguées.

Pendant le cours des observations, l'astronome doit s'appliquer à observer les grandeurs, la couleur, la variabilité des astres qu'il étudie ; mais de semblables études n'ont pas grande valeur si elles ne sont faites avec un soin minutieux par un observateur habile.

Quant à la découverte d'étoiles nouvelles, un instrument de 16 centimètres d'ouverture est au moins nécessaire, sans cela certains astres sont difficiles à dédoubler et ne se montrent pas assez nettement. Cependant, pour diverses observations simples, un appareil plus rudimentaire peut suffire. Mais il doit en tous cas être complété par une *bonne* horloge, que peu d'astronomes amateurs pourront se procurer.

Dans de bonnes conditions, avec un bon instrument de six pouces (0^m,162) et un grossissement de 200, on peut encore espérer trouver de nouvelles doubles. Les étoiles que l'on peut dédoubler très facilement, ne forment la plupart du temps, que des systèmes optiques.

L'extrême limite de distance des composantes s'est de plus en plus resserrée. On trouve dans les catalogues d'Herschel bien des paires à 1′ de distance; Struve rejette impitoyablement celles qui sont au-dessus de 32″, tandis qu'Otto Struve s'arrête seulement à la limite de 16″. Stone, qui est connu pour ses recherches de doubles, rejette toutes les paires ayant plus de 32″ avec une étoile principale s'élevant au-dessus de la 8e grandeur, et les étoiles ayant une distance supérieure à 16″ quand l'éclat du compagnon dépasse la 9e grandeur.

On voit que les doubles ne doivent, le plus souvent, être pour nous que des sujets de curiosité. Il peut arriver, cependant, qu'en explorant le ciel, un observateur découvre un système physique que nous ne lui aurons pas signalé. Il doit, dans ce cas, en faire parvenir l'indication à l'observatoire le plus proche en priant le directeur de voir s'il peut l'identifier à un système déjà connu.

Lorsque la parallaxe des systèmes est déterminée avec certitude, on peut déduire la masse des étoiles doubles des éléments de l'orbite relative. On trouve ainsi, en prenant la masse du Soleil pour unité :

η de Cassiopée	4,6
70 p d'Ophiuchus	3,1
α du Centaure	2,2

Pour α du Grand Chien (Sirius), dont les positions absolues ont été déterminées avec précision, on a l'orbite rapportée au centre de gravité commun des deux éléments, et, par suite, les masses individuelles de ces éléments eux-mêmes. Avec la parallaxe de H. Gylden, celles-ci seraient respectivement 13,8 et 6,7, la masse du Soleil étant 1.

Nous donnons ci-dessous le tableau des éléments calculés pour les orbites des étoiles doubles les plus remarquables, que nous empruntons au *Vade-mecum de l'Astronome*, l'excellent ouvrage de M. Houzeau, aussi qu'aux travaux de Burnham et de Newcomb.

Nous avons choisi, pour chaque système, les éléments qui reposent sur le plus grand arc parcouru.

Le signe + placé devant la durée de la révolution signifie que les angles de position vont en augmentant et que, par suite, le mouvement apparent est direct, tandis que le signe — désigne un mouvement rétrograde et des angles de position qui décroissent.

On pourra peut-être bientôt ajouter à notre liste α du Petit Chien. Mais nous devons nous abstenir jusqu'à ce que le satellite soit découvert. C'est une étude qui serait de nature à tenter un amateur si elle ne nécessitait un excellent télescope.

Auwers a trouvé que les mouvements de ce compagnon pouvaient être représentés par un cercle de 0″,9805 de rayon, qui serait parcouru dans le sens direct, en 39ans,866. Le point le plus septentrional de ce cercle aurait été atteint en 1845.

Le groupe ζ de l'Écrevisse est triple. Le tableau donne les éléments du compagnon le plus proche. O. Struve signale, dans les mouvements du compagnon le plus éloigné, des rebroussements, que Seeliger explique par une circulation de ce compagnon autour d'un astre obscur.

1. ÉLÉMENTS ATTRIBUÉS AUX ORBITES DE DIFFÉRENTES ÉTOILES DOUBLES VISIBLES DANS L'HÉMISPHÈRE BORÉAL.

NOM DE L'ÉTOILE.	GRANDEUR DES COMPOSANTES.	ASCENSION DROITE 1850.0.	DÉCLINAISON 1850.0.	INCLINAISON.	LONGITUDE DU NOEUD ASCENDANT.	DEMI-GRAND AXE.	DURÉE DE LA RÉVOLUTION EN ANNÉES.	CALCULATEUR ET DATE DU CALCUL.	
		h m s	° '	° '	° '	"			
η de Cassiopée	4e,7e,5	0.40.03	+ 57.01.1	48.18	33.20	8,64	+ 195,2	Gruber	1877
36 d'Andromède	6.7	0.46.57	+ 22.48.9	41.39	57.54	1,54	+ 349,1	Doberck	1875
α du Grand Chien	1.12,5	6.38.32	— 16.30.8	58.37	45.27	8,53	— 44,0	Pritchard	1882
1037 *Struve*	7.7	7.03.28	+ 27.28.5	68.17	156.58	0,18	— 45,0	Mädler	1847
α des Gémeaux	2,5.3,5	7.25.01	+ 32.12.7	42.05	31.58	7,51	— 996,9	Thiele	1860
ζ de l'Écrevisse	5.5,5	8.03.36	+ 18.05.8	15.32	81.33	0,85	— 60,3	Seeliger	1881
3121 *Struve*	7,5.8	9.08.58	+ 29.12.6	74.12	16.30	?	+ 37,0	Doberck	1877
ω du Lion	6.7	9.20.25	+ 9.42.1	64.05	148.46	0,89	+ 110,8	—	1877
φ de la Grande Ourse	5.?	9.41.53	+ 54.45.7	57.57	105.18	0,54	+ 115,4	Casey	1882
γ du Lion	2.3,5	10.11.42	+ 20.35.9	43.06	111.34	1,98	+ 407,4	Doberck	1879
ξ de la Grande Ourse	4.5	11.10.10	+ 32.22.4	56.40	100.13	2,58	— 60,8	Pritchard	1878
γ de la Vierge	3.3	12.34.04	— 0.37.6	35.06	33.35	3,97	— 185,0	Thiele	1881
42 de la Chevelure de Bérénice	6.6	13.02.41	+ 18.19.5	90.00	10.30	0,66	+ 25,7	O. Struve et Dubjago.	1875
1737 *Struve*	8.9	13.26.38	+ 0.27.5	57.57	105.18	0,54	+ 115,4	Casey	1882
25 des Chiens de chasse	5,5.7,5	13.29.54	+ 37.03.6	51.30	82.00	?	— 124,5	Doberck	1877
1819 *Struve*	8.8	14.08.00	+ 3.50.2	37.31	156.25	1,46	— 340,1	Casey	1882
ξ du Bouvier	4,5.6,5	14.44.28	+ 19.43.5	36.55	26.22	4,86	— 127,4	Doberck	1877
44 ι du Bouvier	5.6	14.58.31	+ 48.14.4	70.05	65.29	3,09	+ 261,1	—	1875
η de la Couronne boréale	5.5,5	15.17.01	+ 30.50.0	57.59	26.42	0,83	+ 41,6	Dunér	1871
44 du Bouvier	7.8	15.18.51	+ 37.52.5	35.12	165.07	1,06	— 266,0	Pritchard	1878
298 *Otto Struve*	7.8	15.30.37	+ 40.19.0	56.10	14.38	0,89	+ 68,8	Doberck	1879
γ de la Couronne boréale	4.7	15.36.27	+ 26.46.5	85.12	110.24	0,70	— 95,5	—	1877
51 (ξ) de la Balance	5.5	15.56.08	— 10.57.3	63.42	12.15	1,26	+ 95,9	—	1877
σ de la Couronne boréale	5.6	16.09.04	+ 34.14.5	31.56	16 27	5,89	+ 845,9	—	1876
λ d'Ophiuchus	4.6	16.23.21	+ 2.19.0	21.27	88.40	1,19	+ 240,9	—	1876
ζ d'Hercule	5.5,5	16.35.38	+ 31.52.7	43.14	41.44	1,28	— 34,4	—	1881
μ^2 d'Hercule	9,5.10,5	17.40.34	+ 27.48.3	60.43	57.57	1,46	+ 54,2	—	1880
τ d'Ophiuchus	5.5,5	17.54.55	— 8.10.5	46.08	67.01	1,19	+ 217,9	—	1875
70 *p* d'Ophiuchus	4.6	17.57.52	+ 2.32.4	58.05	127.23	4,79	— 94,4	Pritchard	1878
γ de la Couronne boréale	5,5.5,5	18.56.17	— 37.16.4	68.38	49.09	2,40	— 55,6	Schiaparelli	1876
δ du Cygne	3.8	19.40.17	+ 44.46.0	37.46	91.08	2,31	— 415,1	Behrmann	1866
4 du Verseau	6.7	20.43.28	— 6.10.9	56.37	340.14	0,72	— 129,8	Doberck	1880
ζ du Verseau	4.4	22.21.06	— 0.47.1	44.42	140.51	7,64	— 1578,8	—	1875
3062 *Struve*	7.8	23.58.25	+ 57.36.0	32.11	38.35	1,27	+ 104,4	—	1877

II. LISTE DES ÉTOILES DOUBLES LES PLUS REMARQUABLES, D'APRÈS BURNAAM ET NEWCOMB.

NOMS.	AR 1880.	δ 1880.	ANGLE DE POSITION.	DISTANCE.	GRANDEUR.		OBSERVATIONS.
	h. m. s.	° ′	° ′	″			
35 des Poissons.......	0. 8.47	+ 8. 9	149,8	11,53	6.2	7.8	Blanche : violette suivant Smyth.
38 —	11.13	+ 8.12	237.6	4,59	7.0	8.0	
42 —	16.18	+ 12.49	338.0	29,73	6.8	10.7	Jaune et bleu-verdâtre suivant Herschel.
51 —	26.12	+ 6.18	82.3	27,42	5.0	9.0	Blanche : grise.
55 —	33.36	+ 20.47	192.7	6,37	5.0	8.2	Jaune : rouge suivant Dembowski.
φ —	1. 7.14	+ 23.57	227.5	7,98	4.7	10.1	Blanche : bleue. —
42 de la Baleine......	13.41	— 1. 8	351.4	1,25	6.2	7.2	
Polaire..............	13.45	+ 88.40	210.1	18,27	2.0	9.0	
ε du Sculpteur........	40. 1	— 25.39	69.6	5,53	6.0	10.0	Blanche : rouge sombre.
α des Poissons........	55.50	+ 2.11	322.2	3,12	2.8	3.9	
γ d'Andromède........	56.32	+ 41.45	62.4	10,33	3.0	5.0	Jaune : bleue avec une autre double de 0″,5.
ι du Triangle.........	2. 5.25	+ 29.45	80.5	3,68	5.0	6.4	Jaune : bleue.
ι de Cassiopée........	19.10	+ 66.52	265.1	2,01	4.2	7.1	A et B.
—	»	»	107.3	7,62	8.1		A et C.
84 de la Baleine......	35. 4	— 1.12	324.7	4,63	6.0	9.2	Jaune : grise.
γ —	37. 5	+ 2.44	289.2	2,67	3.0	6.8	Jaune : bleue.
ε du Bélier...........	52.21	+ 20.52	201.9	1,26	5.7	6.0	Binaire.
ζ de Persée...........	3.46.35	+ 31.32	207.6	12,47	2.7	9.3	Verte : grise avec d'autres petites étoiles dans le champ.
ε —	49.48	+ 39.40	9.2	8,81	3.1	8.3	Blanc-pâle : lilas.
39 de l'Éridan........	4. 8.41	— 10.33	158.7	6,26	6.0	9.1	Jaune : bleue.
φ du Taureau.........	12.58	+ 27. 4	245.5	53,78	5.0	8.0	Rouge : bleuâtre.
ρ d'Orion.............	5. 7. 1	+ 2.43	63.4	7,05	4.7	8.5	Jaune : bleue.
β —	8.46	— 8.20	198.8	9,14	1.0	8.0	
23 —	16.32	+ 3.26	28.1	31,71	5.0	7.0	
η —	18.27	— 2.30	83.8	1,11	4.0	5.0	
λ —	28.32	+ 9.51	40.3	4,23	4.0	6.0	Jaune : pourpre.
θ[1] —	29.23	— 5.28	»	»	»		Sextuple dans la grande nébuleuse d'Orion.
σ —	32.43	— 2.40	236.5	11,00	4.1	10.3	A et B.
—	»	»	84.5	12,86	7.5		A et C.
ζ d'Orion............	34.42	— 2. 0	151.3	2,55	2.0	5.7	Jaune : pourpre.
11 de la Licorne......	6.23. 0	— 6.57	130.0	7,25	5.0	5.5	A et B.
—	»	»	101.7	2,46	6.0		B et C.
12 du Lynx..........	35.38	+ 59.34	153.7	1,53	5.2	6.1	A et B.
—	»	»	304.2	8,67	7.4		A et C.
56 du Cocher.........	38. 5	+ 43.42	17.1	55,38	6.0	9.0	Blanche : bleue.

II. LISTE DES ÉTOILES DOUBLES LES PLUS REMARQUABLES, D'APRÈS BURNHAM ET NEWCOMB.

NOMS.	AR 1880.	δ 1880.	ANGLE DE POSITION	DISTANCE.	GRANDEUR.		OBSERVATIONS.
	h. m. s.	° ′	° ′	″			
μ du Grand Chien.....	50.36	— 13.53	343.5	3,22	4.7	8.0	
δ des Gémeaux.......	7.12.57	+ 22.12	196.9	7,14	3.2	8.2	
5 du Navire..........	42.19	— 11.54	17.5	3,32	5.3	7.4	
38 du Lynx..........	9.11.23	+ 37.19	240.2	2,69	4.0	6.7	
35 du Sextant........	37.7	+ 5.23	240.5	6,72	6.1	7.2	Jaune : bleue.
65 de la Grande Ourse.	48.51	+ 47.9	36.4	3,71	6.0	8.3	—
σ de la Chevelure.....	58.8	+ 22.8	240.6	3,73	6.0	7.5	—
24 —	12.29.6	+ 19.2	271.9	20,42	4.7	6.2	—
35 —	47.23	+ 21.54	25.3	1,43	5.0	7.8	A et B.
—	»	»	124.7	28,60	9.0		A et C.
84 de la Vierge.......	13.37.2	+ 4.9	235.3	3,39	5.8	8.2	Jaune : bleue.
ζ du Bouvier..........	14.35.25	+ 14.15	303.2	1,02	3.5	3.9	
ε —	39.45	+ 27.35	320.6	2,63	3.0	6.3	Jaune : bleue ou verte.
δ du Serpent.........	29.5	+ 10.56	196.9	2,56	3.0	4.0	Binaire.
α du Scorpion........	16.22.2	— 26.10	268.7	3,46	1.0	7.0	Rouge : verte.
36 d'Ophiuchus.......	17. 7.59	— 26.25	227.3	5,55	6.0	6.0	
α d'Hercule..........	9.10	+ 14.32	118.5	4,65	3.0	6.1	Jaune : émeraude.
ρ —	19.33	+ 37.15	307.2	3,60	4.0	5.1	
ε[1] de la Lyre.........	18.40.22	+ 39.33	26.0	3,03	4.6	6.3	
ε[2] —	40.24	+ 39.29	155.2	2,57	4.9	5.2	
β du Cygne..........	19.25.53	+ 27.42	55.7	34,29	3.0	5.3	Jaune d'or : bleue.
ζ de la Flèche........	43.39	+ 18.51	312.8	8,49	5.7	8.8	Verte : bleue.
ε du Dragon..........	48.34	+ 69.58	354.5	2,79	4.0	7.6	Jaune : bleue.
θ de la Flèche........	20. 4.39	+ 20.33	326.7	11,40	6.0	8.3	
49 du Cygne.........	36.11	+ 31.53	49.4	2,74	6.0	8.1	—
ε du Petit Cheval.....	53.5	+ 3.50	283.9	0,06	5.2	6.2	B et B.
—	»	»	76.2	10,83	7.1		A, B et C.
12 du Verseau........	57.44	— 6.18	189.6	2,66	5.6	7.7	Jaunâtre : bleue.
61 du Cygne..........	21. 1.14	+ 38.8	115.6	19,55	5.3	5.9	
β de Céphée..........	27.6	+ 70.2	250.0	13,57	3.0	8.0	Verte : bleue.
41 du Verseau........	22. 7.40	— 21.40	119.4	4,08	6.0	8.5	Jaune : bleue.
53 —	20.3	— 17.21	304.5	8,20	6.0	6.3	Blanche : jaune.
ζ —	22.39	— 0.38	334.5	4,40	4.0	4.1	Binaire.
ψ —	23. 9.35	— 9.44	312.2	49,63	4.5	8.5	Jaune : bleue.
σ de Cassiopée........	52.56	+ 55.5	323.4	3, 1	5.4	7.5	Blanche : bleue.

Nous croyons pouvoir nous dispenser de donner un catalogue d'étoiles doubles plus développé que celui-ci, qui nous paraît suffisant pour des astronomes amateurs, dont les moyens d'action sont restreints. Nous avons, du reste, signalé les astres les plus intéressants à étudier.

Les amateurs qui voudraient se vouer consciencieusement à ces recherches doivent tout d'abord se procurer une excellente lunette, munie d'un bon micromètre, ainsi qu'une bonne horloge.

Ils trouveront alors dans les ouvrages spéciaux, tels que le catalogue d'étoiles doubles et multiples de M. C. Flammarion, les éléments d'une étude attrayante et profitable.

Pour ceux qui, plus modestes, se contentent de satisfaire une curiosité louable, les deux tableaux précédents seront utiles à consulter. Ils se complètent l'un l'autre et contiennent à peu près toutes les étoiles doubles qu'il importe de connaître.

CHAPITRE IX.

Les Étoiles. (*Fin.*)

Étoiles variables.

La notation adoptée par Bayer permit de comparer quelques étoiles qu'il avait cataloguées, α, β, γ, etc., et d'observer leur éclat relatif; on s'aperçut alors que plusieurs étoiles ont dû éprouver des changements de lumière très notables, puisque, du temps d'Herschel même, certains α de Bayer étaient devenus des β, des γ, des δ, dans les constellations d'Hercule, de Cassiopée, de la Baleine, du Dragon, du Sagittaire, etc.

On voit donc que le repos n'existe nulle part dans la nature, où la vie se manifeste par le mouvement. Les mondes éloignés tourbillonnent comme les petits astres du système solaire. Il ne semble pas, après une étude attentive des corps célestes, qu'aucun soit fixe : notre Soleil même, vu des autres mondes, doit donner des alternatives d'éclat et d'affaiblissement. Ce que nous connaissons des étoiles variables nous a permis de les diviser ainsi qu'il suit :

I. Les étoiles qui subissent de légers changements d'éclat, suivant des lois inconnues.

II. Les variables à courte période, dont la lumière subit des variations continuelles, se reproduisant périodiquement avec les mêmes valeurs durant une période de quelques jours.

III. Les variables à longue période, qui subissent de

grandes variations de lumière, se reproduisant continuellement avec la même intensité pendant un cycle de plusieurs mois.

IV. Enfin, un certain nombre d'étoiles, qui paraissent constantes pendant un petit nombre de jours, mais qui subissent périodiquement une diminution graduelle de lumière suivie d'un retour à leur éclat primitif. L'étoile Algol, (β de Persée) est le type de ces variables singulières; l'étoile δ de la Balance appartient également à ce groupe; elle conserve son éclat maximum, voisin de la 5e grandeur, pendant 1^j 20^h, puis elle met 5^{h}30^m à diminuer jusqu'à la 6e grandeur, pour reprendre ensuite son maximum au bout de 6^{h}30^m. La période de cette étoile est donc approximativement de 2^j 8^h; mais il est curieux de noter que, d'après Schmidt, cette période semblerait soumise à certaines inégalités repassant par des valeurs égales après un cycle de neuf années.

Parmi les astres qui brillent au ciel, il en est dont la variabilité est des plus singulières. Nous avons déjà cité η d'Argo et Mira Ceti; nous ne reviendrons pas sur leur histoire. β de la Lyre fut observée en 1784 par Goodrick, qui en fixa la période à 6^j 9^h,5; β de Persée fut remarqué par Montain, en 1672; les étoiles du même type sont S de l'Écrevisse, λ du Taureau, δ de la Balance, υ de la Couronne, etc. On rencontre aussi des étoiles variables parmi les doubles : χ du Cygne, α d'Hercule, β de la Lyre sont dans ce cas.

Certaines étoiles, telles que T de Cassiopée, varient de 5 grandeurs environ, ainsi que R d'Andromède, R du Lynx, R du Petit-Lion, T du Verseau, R de Cassiopée, etc.

On signale également des variations remarquables dans les couleurs : μ de l'Aigle est jaune, ο de la Baleine (remarquée en 1596 par Fabricius), rouge, etc.

Lorsqu'il se produit des cas d'exagération accidentelle dans la lumière d'une étoile, on lui donne le nom de temporaire; telles sont les suivantes :

DATE DE L'APPARITION.			CONSTELLATION.	POSITION.
	2240	av. J.-C.	»	»
Juillet......	134	av. J.-C.	Scorpion.........	Entre β et ρ du Scorpion.
Décembre...	123	ap. J.-C.	Ophiuchus.......	— α Hercule et α Ophiuchus.
10 décembre	173	—	Centaure........	— α et β du Centaure.
et juillet..	174	—		
Mars.......	369	—	»	»
Avril.......	386	—	Sagittaire........	— λ et φ du Sagittaire.
—	389	—	Aigle...........	Près de λ de l'Aigle.
—	393	—	Scorpion.........	Dans la queue.
—	827	—	Scorpion.........	»
—	945	—	Cassiopée........	Près de Céphée.
Mai........	1012	—	Bélier...........	»
—	1101	—	Sagittaire........	»
Juillet......	1202	—	Scorpion.........	Dans la queue.
Décembre...	1230	—	Ophiuchus.......	Près du Serpent.
Juillet......	1264	—	Cassiopée........	Près de Céphée.
11 novembre	1572	—	Cassiopée........	AR $= 0^h\ 18^m$ $\delta = + 63° 28$.
Février.....	1578	—	»	»
1er juillet...	1584	—	Scorpion........	Près de π du Scorpion.
18 août.....	1600	—	Cygne...........	Col près de la poitrine.
10 octobre..	1604	—	Serpentaire......	AR $= 17^h\ 23^m$ $\delta = - 21° 23$.
au 8 octobre	1605	—		
—	1609	—	»	»
20 juin.....	1670	—	Renard..........	Près β du Cygne. AR $= 19^h\ 43^m$ $\delta = + 27° 1$.
28 septembre	1690	—	Sagittaire........	π du Scorpion.
28 avril....	1848	—	Serpentaire......	AR $= 16^h\ 53^m$ $\delta = - 12° 43$.
—	1850	—	Orion...........	
12 mai......	1866	—	Couronne........	AR $= 15^h\ 53^m$ $\delta = + 26° 20$.
24 novembre	1876	—	Cygne...........	AR $= 21^h\ 37^m$ $\delta = + 42° 18$.
13 décembre	1885	—	Orion...........	Près de χ d'Orion.
Mai........	1886	—	Couronne boréale	AR $= 15^h\ 54^m$ $\delta = + 26° 16$.

Parmi les étoiles nouvelles que nous venons de signaler, il en est deux particulièrement intéressantes par ce fait qu'elles ont été observées par deux grands astronomes, Tycho-Brahé et Képler. Celle de Tycho-Brahé, apparue soudainement dans la constellation de Cassiopée, au commencement de novembre 1572, disparut complètement en mars 1574, après avoir brillé d'un vif éclat et avoir présenté des variations considérables. D'après Tycho-Brahé, son éclat avait égalé celui de Vénus.

L'astrologue bohémien Cyprianus Léovitius, qui vivait vers cette époque, chercha si un phénomène semblable ne s'était pas déjà produit; il prétendit avoir découvert dans une chronique manuscrite, qu'il ne semble pas avoir désignée autrement, le témoignage de l'apparition d'une étoile temporaire dans la constellation de Cassiopée, en 945, et d'une autre à peu près vers le même point en 1264. L'égalité sensiblement parfaite de l'intervalle du temps qui sépare ces trois apparitions suggéra l'idée de la périodicité du retour de l'étoile en question. Si bien que le professeur Reisacherus crut pouvoir en prédire le retour pour l'année 1885. Jusqu'à présent elle a manqué au rendez-vous.

La première étoile temporaire dont on retrouve trace dans les historiens de la Chine doit être reportée, d'après le P. Gaubil, à l'an 2240 av. J.-C.

En 1850, la constellation d'Orion fut signalée par une étoile rouge; qui ne resta que fort peu de temps visible et s'affaiblit graduellement jusqu'à ce qu'il fût devenu impossible de l'apercevoir. Une observation de même nature a été faite près de χ d'Orion, le 15 décembre 1885.

Mais la plus singulière apparition fut certainement celle du 12 mai 1866; elle fut observée avec beaucoup de soin à l'aide des instruments les plus parfaits de la physique moderne. Cette étoile nouvelle fut signalée dans la constellation de la Couronne boréale. Trois jours plus tard, M. Huggins braquait la fente de son spectroscope sur cet astre et était amené à conclure qu'il était en présence de deux spectres superposés : le premier, continu et caractérisé par des raies sombres et fines, répondait bien au spectre de toutes les étoiles, mais le second était formé de quatre raies brillantes dont deux appartenaient à l'hydrogène.

L'astre s'affaiblit peu à peu, et, le 24 mai, n'atteignait plus que la 8e grandeur. Il été également observé au Canada; on put, du reste, se rendre compte, par sa position, qu'il était déjà connu et catalogué comme une étoile de 10e grandeur.

La curieuse observation dont il s'agit a donné lieu à une hypothèse bien hasardée semble-t-il : l'étoile en question, comme celle de 1876, ne seraient, suivant certains auteurs, autre chose que des étoiles qui auraient été subitement enveloppées de flammes d'hydrogène en combustion.

En dehors de ces étoiles temporaires, il y a les variables proprement dites, dont les périodes de variations méritent d'être étudiées avec soin.

Tandis que les étoiles doubles nécessitent des instruments puissants, les variables, au contraire, sont généralement non télescopiques, et pour leur observation les plus petits instruments semblent les meilleurs.

Newcomb a, du reste, donné un tableau, que nous reproduisons ici, dans lequel il indique les grandeurs d'étoiles perceptibles dans un réfracteur donné. D'après l'inspection de ces chiffres, il semblerait qu'un diamètre double correspondît à une diminution de 1re,5 grandeur (les ouvertures sont données en pouces de $2^{cm},7$ environ).

Ouverture.	Grandeur minimum visible.	Ouverture.	Grandeur minimum visible.
1.0	9.0	4.0	12.0
1.5	9.9	4.5	12.3
2.0	10.5	5.0	12.5
2.5	11.0	5.5	12.7
3.0	11.4	6.0	12.9
3.5	11.7	6.5	13.1

Ouverture.	Grandeur minimum visible.	Ouverture.	Grandeur minimum visible.
7.0	13.3	12.0	14.4
8.0	13.5	15.0	14.9
9.0	13.8	18.0	15.3
10.0	14.0	26.0	16.1
11.0	14.0	34.0	16.6

La meilleure méthode à employer pour déterminer les époques des maxima et des minima est celle d'Argelander; elle consiste à estimer à l'œil nu ou à la lorgnette, le télescope étant rarement utile, la différence entre la variable supposée et une étoile voisine différant peu de grandeur : on peut, avec une bonne jumelle, pousser ses recherches jusqu'à la 7e,5 ou 8e grandeur.

La divergence entre deux observateurs est généralement fixe et dépend de leur équation personnelle. On estime que les différences de 0,4 à 0,5 grandeur rentrent dans la limite des erreurs d'observation.

Autant que possible, lorsqu'on veut estimer l'éclat d'une étoile de 4e grandeur, par exemple, on doit tâcher de la comparer à une étoile type de 3e,8 et à une de 4e,2 grandeur, de façon à pouvoir apprécier en plus ou en moins la différence d'éclat. On peut faire cette étude concurremment avec celle des étoiles colorées, car il faut se rappeler que certaines étoiles colorées paraissent plus brillantes que ne semblerait l'indiquer leur grandeur.

Comme ces observations peuvent être entreprises par tous les observateurs d'astronomie, nous ne craignons pas de donner un catalogue, aussi complet que possible, des études qui peuvent être tentées dans cette voie. L'*Annuaire du Bureau des longitudes* publie une liste très complète, que nous lui empruntons, après lui avoir fait subir quelques transformations et l'avoir complétée d'après les meilleures sources.

I. — POSITIONS MOYENNES DES ÉTOILES VARIABLES POUR LESQUELLES LA PÉRIODE EST CONNUE.

NOM DE L'ÉTOILE.	ASCENS. DROITE.	DÉCLINAISON.	GRANDEUR		PÉRIODE MOYENNE EN JOURS.
			maxima.	minima.	
	h. m. s.	° '			
T de la Baleine*	0.16. 9	— 20.40,4	5,2	6,7	
T de Cassiopée	0.17.14	+ 55.10,6	7,5	11,1	436,0
R d'Andromède	0.18.10	+ 37.57,8	7,1	< 12,8	404,7
S de la Baleine	0.18.25	— 9.56,6	7,5	< 12,5	333,0
U de Cassiopée*	0.40. 9	+ 47.39,0	8,0	12,5	
U de Céphée	0.52.28	+ 81.16,6	7,1	9,2	2,5
S de Cassiopée	1.11.30	+ 72. 1,6	7,6	< 13,5	615,0
S des Poissons	1.11.46	+ 8.20,8	8,7	< 13,0	406,0
U des Poissons*	1.17. 6	+ 12.17,1	10,0	< 13,5	
R du Sculpteur*	1.21.52	— 33. 7,1	5,8	7,7	207,0 (?)
R des Poissons	1.24.55	+ 2.18,5	7,9	< 12,5	344,0
S du Bélier	1.58.40	+ 11.59,6	9,4	< 13,0	288,0
R du Bélier	2. 9.48	+ 24.32,4	8,3	12,4	187,0
o de la Baleine	2.13.44	— 3.28,9	3,3	8,8	331,3
S. de Persée	2.14.54	+ 58. 4,7	8,5	12,5	358,0
R de la Baleine	2.20.21	— 0.40,8	8,1	13,5	166,
U de la Baleine*	2.28.23	— 13.38,1	7,0	< 10,5	
T du Bélier	2.42. 8	+ 17. 2,8	8,2	9,5	323,0
ρ de Persée*	2.58. 4	+ 38.24,6	3,4	4,2	32,5
β de Persée (Algol)	3. 0.57	+ 40.31,7	2,3	3,5	2,8607
R de Persée	3.22.59	+ 35.17.5	8,5	13,5	209,0
λ du Taureau	3.54.32	+ 12.10,6	3,4	4,2	3,952
W du Taureau*	4.21.42	+ 15.51,2	9,0	< 12,5	
R du Taureau	4.22.13	+ 9.54,8	8,2	13,5	325,0
S du Taureau	4.23. 7	+ 9.42,0	9,7	< 13,5	378,0
R du Réticule*	4.32.23	— 63.15,6	7,0	< 12,0	
V du Taureau	4.45.36	+ 17.21,0	8,6	< 13,5	170,0
R d'Orion	4.52.59	+ 7.57,7	8,9	< 13,0	380,0
R du Lièvre	4.54.33	— 14.58,4	6,5	8,5	438,0
R du Cocher*	5. 8.20	+ 53.27,6	7,1	12,6	465,0 (?)
S du Cocher*	5.19.47	+ 34. 3,1	10,2	< 13,5	
S d'Orion	5.23.32	— 4.46,9	8,9	13,0	410,0
α d'Orion*	5.49.10	+ 7.23,1	4,0	1,4	196,0 (?)
U d'Orion*	5.49.14	+ 20. 9,2	6,9	< 12,0	360,0 (?)
η des Gémeaux	6. 8.11	+ 22.32,3	3,2	4,0	230,40
V de la Licorne*	6.17. 8	— 2. 8,5	6,9	< 19,7	
T de la Licorne	6.19.14	+ 7. 8,8	6,1	7,8	26,76
S (15) de la Licorne*	6.34.52	+ 9.59,7	4,9	5,4	3,450
R du Lynx	6.52. 9	+ 55.29,1	7,9	< 13,0	365,0
ζ des Gémeaux	6.57.32	+ 20.43,9	3,7	4,5	10,025

* La période n'est pas encore déterminée avec une précision suffisante.

I. POSITIONS MOYENNES DES ÉTOILES VARIABLES POUR LESQUELLES LA PÉRIODE EST CONNUE.

NOM DE L'ÉTOILE.	ASCENS. DROITE.	DÉCLINAISON.	GRANDEUR maxima.	GRANDEUR minima.	PÉRIODE MOYENNE EN JOURS.
	h. m. s.	° ′			
R des Gémeaux	7. 0.40	+ 22.52,5	7,2	< 13,5	371,0
R du Petit Chien	7. 2.36	+ 10.11,9	7,5	9,8	337,0
L de la Poupe * (Nav.)	7.10. 9	— 44.27,7	3,5	6,3	136,0
R du Grand Chien *	7.14.27	— 16.11,2	5,9	6,7	
V des Gémeaux *	7.16.56	+ 13.18,2	8,6	13,0	
U de la Licorne	7.25.30	— 9.32,7	6,6	7,3	31,3
S du Petit Chien	7.26.42	+ 8.33,3	7,6	< 11,0	324,0
T du Petit Chien	7.27.50	+ 11.58,9	9,3	< 13,5	332,0
U du Petit Chien *	7.35.19	+ 8.38,3	8,7	12,9	
S des Gémeaux	7.36.23	+ 23.42,7	8,4	< 13,5	295,0
T des Gémeaux	7.42.38	+ 24. 0,6	8,4	< 13,5	288,0
U des Gémeaux *	7.48.31	+ 22.17,6	9,3	13,1	70 à 150
U de la Poupe *	7.55.39	— 12.33,5	8,7	< 13,5	
R de l'Écrevisse	8.10.27	+ 12. 4,0	7,1	< 11,7	354,4
V de l'Écrevisse	8.15.23	+ 17.38,2	7,2	< 12,0	272,0
U de l'Écrevisse	8.29.25	+ 19.16,7	9,5	< 13,0	306,0
S de l'Écrevisse	8.37.36	+ 19.26,0	8,2	9,8	9,48
S de l'Hydre	8.47.47	+ 3.29,2	8,1	< 12,2	256,0
T de l'Hydre	8.50.16	— 8.43.1	7,5	< 13,0	289,0
T de l'Écrevisse	8.50.20	+ 20.16,4	8,2	9,9	455,0
N des Voiles * (Nav.)	9.27.51	— 56.32,7	3,4	4,4	4,25
R de la Carène * (Nav.)	9.29.27	— 62.17,9	5,0	9,7	313,0
R du Petit Lion	9.38.56	+ 35. 1,4	6,9	< 12,5	374,7
R du Lion	9.41.36	+ 11.56,6	5,9	9,7	312,6
l de la Carène *	9.42.12	— 61.59,8	3,7	5,2	31,25
V du Lion *	9.53.54	+ 21.47,5	8,6	< 13,5	
U de l'Hydre *	10.32. 4	— 12.48,5	4,5	6,2	195,0
R de la Grande Ourse	10.36.47	+ 69.21,5	7,1	13,2	302,22
V de l'Hydre *	10.46.14	— 20.39,6	6,7	< 9,1	
W du Lion *	10.47.46	+ 14.18,4	9,0	< 13,5	
R de la Coupe *	10.55. 6	— 17.43,7	8,0	< 9,0	
S du Lion	11. 5. 6	+ 6. 3,8	9,5	< 13,0	192,0
R de la Chevel. de Bérénice	11.58.34	+ 19.24,2	7,7	< 13,5	363,0
T de la Vierge	12. 8.55	— 5.25,1	8,4	< 13,0	337,0
R du Corbeau	12.13.53	— 18.38,3	7,2	< 11,5	318,6
Y de la Vierge *	12.28. 9	— 3.48,6	8,7	13,5	
T de la Grande Ourse	12.31.20	+ 60. 5,9	7,6	12,4	257,0
R de la Vierge	12.32.52	+ 7.35,9	7,2	10,4	145,7
R de la Mouche australe *	12.35.19	— 68.47,9	6,6	7,4	0,89
S de la Grande Ourse	12.39. 5	+ 61.42,1	7,6	10,9	226,0

* La période n'est pas encore déterminée avec une précision suffisante.

I. — POSITIONS MOYENNES DES ÉTOILES VARIABLES POUR LESQUELLES LA PÉRIODE EST CONNUE.

NOM DE L'ÉTOILE.	ASCENS. DROITE.	DÉCLINAISON.	GRANDEUR maxima.	GRANDEUR minima.	PÉRIODE MOYENNE EN JOURS.
	h. m. s.	° ′			
U de la Vierge	12.45.28	+ 6. 9,5	7,9	12,5	212,0
W de la Vierge	13.20.18	— 2.48,1	8,9	10,1	17,25
V de la Vierge	13.22. 4	— 2.35,8	8,5	< 13,0	252,0
R de l'Hydre	13.23.39	— 22.42,4	4,5	9,7	436,0
S de la Vierge	13.27.12	— 6.37,4	6,7	12,5	374,0
R² de la Vierge *	13.59. 0	— 8.39,9	11.0	< 13,5	
Z de la Vierge *	14. 4.22	— 12.46,7	10,2	< 13,5	
X du Bouvier *	14.18.56	+ 16.49,5	9 2	10,2	
S du Bouvier	14.19.10	+ 54.19,0	8,1	12,9	272,0
V du Bouvier *	14.25.18	+ 39.21,2	7,2	9,4	260,5
R de la Girafe	14.26. 0	+ 84.20,1	8,2	12,8	
R du Bouvier	14.32.18	+ 27.13,1	6,8	11,8	223,0
V de la Balance *	14.34.11	— 17.10,7	9,3	12,2	
W (34) du Bouvier *	14.38.33	+ 29. 0,0	5,2	6,1	361,0
U du Bouvier	14.49.12	+ 18. 8,9	9,2	12,8	
δ de la Balance	14.55. 3	— 8. 4,7	5,0	6,2	2,333
T (43) Triangle austral *	14.59.25	— 68.17,5	7,0	7,4	1,000 (?)
T de la Balance *	15. 4.24	— 19.35,7	10,2	< 13,5	
R du Triangle austral *	15. 9.51	— 66. 5,4	6,6	8,0	3,10
U de la Couronne	15.13.40	+ 32. 3,2	7,5	8,9	3,45
S de la Balance	15.15. 1	— 19.59,2	8,1	< 13,0	192,0
S du Serpent	15.16.28	+ 14.42,8	8,1	12,5	360,0
S de la Couronne	15.16.52	+ 31.46,0	6,9	12,2	360,4
V de la Couronne *	15.45.34	+ 39.54,3	7,4	11,2	
R du Serpent	15.45.35	+ 15.28,3	6,6	13,0	357,6
R de la Balance	15.47.19	— 15.54,3	9,6	< 13,0	725,0
R d'Hercule	16. 1.14	+ 18.40,3	8,6	< 13,0	320,0
V du Scorpion *	16. 5.17	— 19.50,8	10,6	14,0	
R du Scorpion	16.11. 2	— 22.40,2	9,9	< 13,0	648,0
S du Scorpion	16.11. 3	— 22.37,1	9,8	< 13,0	342,0
W d'Ophiuchus *	16.15.25	— 7.26,0	9,2	< 13,5	
V d'Ophiuchus *	16.20.34	— 12. 9,9	7,0	10,1	
U d'Hercule	16.20.54	+ 19. 8,5	7,2	12,1	408,3
T d'Ophiuchus	16.27.23	— 15.53,7	10,0	< 12,5	189,0
S d'Ophiuchus¹	16.27.52	— 16.55,6	8,6	< 13,0	230,0
W d'Hercule *	16.31.17	+ 37.34,0	8,2	12.8	
R de la Petite Ourse *	16.31.28	+ 72.30,1	8,8	10,5	
R du Dragon *	16.32.22	+ 66.59,4	7,6	13,0	
S d'Hercule	16.46.50	+ 15. 7,7	6,7	12,3	303,0
V d'Hercule *	16.54.36	+ 35.14,0	9,5	11,7	

* La période n'est pas encore déterminée avec une précision suffisante.

I. — POSITIONS MOYENNES DES ÉTOILES VARIABLES POUR LESQUELLES LA PÉRIODE EST CONNUE.

NOM DE L'ÉTOILE.	ASCENS. DROITE.	DÉCLINAISON.	GRANDEUR		PÉRIODE MOYENNE EN JOURS.
			maxima.	minima.	
	h. m. s.	° '			
R d'Ophiuchus............	17. 1.23	— 15.56,6	7,5	< 12,0	305,0
U d'Ophiuchus............	17.10.54	+ 1.20,1	6,0	6,7	20,32
X du Sagittaire............	17.40.34	— 27.47,2	4,0	6,0	7,012
W du Sagittaire............	17.57.56	— 29.35,1	5,0	6,5	7,593
T d'Hercule...............	18. 4.54	+ 31. 0,1	7,7	11,3	165,1
Sagittaire *................	18.10.15	— 34. 8,7	6,2	7,4	
Y (57) du Sagittaire *.......	18.14.51	— 18.54,5	5,8	6,6	5,75
T du Serpent..	18.23.24	+ 6.13,5	9,8	< 13,5	343,0
U du Sagittaire............	18.25.21	— 19.12,3	7,0	8,3	6,745
X d'Ophiuchus *...........	18.33. 4	+ 8.43,9	6,8	9,0	
R de l'Écu................	18.41.34	— 5.49,5	5,2	7,5	168,0
ϰ du Paon *..............	18.35.30	— 67.22,3	4,0	5,5	9,10
β de la Lyre..............	18.45.59	+ 33.14,0	3,4	4,5	12.908
R (13) de la Lyre...........	18.51.57	+ 43.48,0	4,0	4,7	46,0
S de la Couronne australe*	19.53.39	— 37. 6,6	9,8	13,0	6,25
R de la Couronne australe*	18.54.24	— 37. 6,5	10,6	13,2	54,0
R de l'Aigle...............	19. 1. 1	+ 8. 3,8	6,9	11,2	345,1
T du Sagittaire...........	19. 9.50	— 17. 9,9	7,8	< 11,0	381,0
R du Sagittaire...........	19.10.11	— 19.30,2	7,1	< 12,0	281,0
S du Sagittaire............	19.12.56	— 19.13,5	10,0	< 13,0	233,0
U de l'Aigle *..............	19.23.23	— 7.16,3	6,3	7,3	7,0
R du Cygne................	19.33.50	+ 49.57,1	6,9	< 13,0	425,3
S du Petit Renard.........	19.43.51	+ 27. 0,6	8,6	9,5	67,0
χ du Cygne...............	19.46.18	+ 32.38,0	5,2	13,5	406,5
η de l'Aigle...............	19.46.49	+ 0.43,3	3,5	4,7	7,175
S de la Flèche............	19.50.58	+ 16.20,3	5,6	6.4	8,382
S du Cygne...............	20. 3.10	+ 57.40,0	10,0	< 13,0	322,0
R du Capricorne..........	20. 5. 5	— 14.35,9	9,2	< 13,0	357,0
S de l'Aigle...............	20. 6.31	+ 15.17,5	9,2	11,3	146,0
W du Capricorne *........	20. 7.57	— 22.18,8	10,5	< 13,0	
R de la Flèche............	20. 9. 0	+ 16.23,4	8,6	10,1	70,42
R du Dauphin.............	20. 9.34	+ 8.45,2	8,3	12.0	284,0
U du Cygne...............	20.16.10	+ 47.32,6	7,5	10,5	465,0
V du Cygne *..............	20.37.43	+ 47.44,7	8,1	13,5	
S du Dauphin.............	20.37.58	+ 16.41,4	8,7	11,2	276,0
X du Cygne *..............	20.39. 3	+ 35.11,2	6,4	7,5	14,04
T du Dauphin.............	20.40.13	+ 15.59,7	9,2	< 13,0	330,0
Dauphin *................	20.40.23	+ 17.41,3	6,8	8,0	
U du Capricorne..........	20.41.58	— 15.11,5	10,5	< 13.0	450,0
T du Verseau.............	20.44. 5	— 5.33,5	7,2	12,7	203,2

* La période n'est pas encore déterminée avec une précision suffisante.

I. — POSITIONS MOYENNES DES ÉTOILES VARIABLES POUR LESQUELLES LA PÉRIODE EST CONNUE.

NOM DE L'ÉTOILE.	ASCENS. DROITE.	DÉCLINAISON.	GRANDEUR maxima.	GRANDEUR minima.	PÉRIODE MOYENNE EN JOURS.
	h. m. s.	° ′			
T du Petit Renard *........	20.46.46	+ 27.49,8	5,5	6,5	4,437
Y du Cygne *..............	20.47.38	+ 34.14,4	7,1	7,9	3,00
R du Petit Renard *........	20.59.27	+ 23.22,9	8,0	13,1	
V du Capricorne *.........	21. 1. 9	— 24.21,9	9,3	< 13,5	
X du Capricorne *.........	21. 2.12	— 21.47,7	11,0	< 13,5	
T de Céphée..............	21. 8. 4	+ 68. 2,3	6,2	9,7	392,0
T du Capricorne...........	21.15.53	— 15.37,7	9,3	< 13,0	269,0
W du Cygne *.............	21.31.51	+ 44.52,7	6,2	6,7	118,0 à 130,0
S de Céphée..............	21.36.35	+ 78. 7,5	7,9	11,5	
T de Pégase..............	22. 3.28	+ 11.59,8	8,9	< 13,0	374,0
δ de Céphée..............	22.25. 3	+ 57.50,8	3,7	4,9	5,366
R du Lézard *.............	22.38.21	+ 41.47,4	8,9	< 13,5	
S du Verseau..............	22.51. 9	— 20.56,1	8,4	< 12,5	280,0
R de Pégase..............	23. 1. 5	+ 9.56,7	7,4	< 13,0	382,0
S de Pégase..............	23.14.56	+ 8.18,7	7,6	< 13,0	318,0
R du Verseau..............	23.38. 5	— 15.54,0	7,1	11,0	387,4
19 des Poissons............	23.40.43	+ 2.52,3	4,8	6,2	165,0
V de la Baleine *..........	23.52.13	— 9.34,7	9,7	< 13,5	
R de Cassiopée............	23.52.46	+ 50.46,2	5,9	10,9	433,41

* La période n'est pas encore déterminée avec une précision suffisante.

Nous avons, dans le tableau qui précède, donné pour un grand nombre d'étoiles les positions moyennes approchées se rapportant au commencement de l'année 1889, afin qu'on puisse les retrouver aisément dans le ciel, ainsi que leur grandeur.

En ce qui concerne la valeur de cette quantité, on sait que les variables, dans le développement de leur variation, n'atteignent pas toujours un même éclat, c'est pourquoi nous indiquons, dans les colonnes réservées à cette donnée, la moyenne des grandeurs extrêmes observées pour chaque phase.

Il est inutile de rappeler que le signe < accompagnant un chiffre signifie que l'étoile n'atteint pas ce chiffre et que le signe > indique que l'astre est plus grand que la quantité qui suit ce signe : ainsi, T de Pégase < 13 veut dire qu'à l'époque de son minimum cette étoile descend au-dessous de la 13e grandeur, c'est-à-dire à une si faible intensité lumineuse qu'il est presque impossible d'effectuer une observation précise à l'aide des lunettes dont on dispose généralement.

II. — VARIABLES DE PÉRIODE IRRÉGULIÈRE OU INCONNUE.

NOM DE L'ÉTOILE.	ASCENS. DROITE.	DÉCLINAISON.	GRANDEUR maxima.	GRANDEUR minima.
	h. m. s.	° ′		
Poissons	0.16.32	+ 10. 3,9	7,5	11,0
Étoile de 1572 (1)	0.18.38	+ 63.31,8	> 1,0	?
T des Poissons (2)	0.26.15	+ 13.59,3	9,8	10,8
α de Cassiopée	0.34.13	+ 55.55,7	2,2	2,8
Étoile de 1885	0.36.39	+ 40.39,7	7,0	< 12,5
Poissons	1.15.44	+ 9. 6,1	9,5	< 13,0
Baleine	1.34.42	— 7.11,2	8,4	9,2
T de Persée	2.11.25	+ 58.26,3	8,2	9,3
Pléiades	3.38.49	+ 23.47,7	11,0	13,0
Taureau	3.47.15	+ 7.25,7	6,8	7,9
Taureau	3.58.36	+ 23.40,8	9,5	11,5
Taureau	4.15.18	+ 19.33,0	9,2	10,5
T du Taureau (2)	4.15.31	+ 19.16,3	10,3	13,2
R de la Dorade	4.35.28	— 62.17,8	5,6	6,8
R de l'Éridan	4.50.20	— 16.35,9	5,4	6,0
ε du Cocher (2)	4.54. 0	+ 43.39,5	3,0	4,5
S de l'Éridan	4.54.46	— 12.42,1	4,8	5,7
Orion	5. 0.13	+ 3.57,0	9,2	11,5
δ d'Orion	5.26.20	— 0.22,9	2,2	2,7
T d'Orion	5.30.24	— 5.33,0	9,7	13,0
R de la Licorne (2)	6.33. 6	+ 8.50,0	9,5	13,0
Poupe (Nav.)	7.16.16	— 47. 0,9	6,5	8,5
R de la Poupe (Nav.)	7.36.34	— 31.24,2	6,5	7,5
S de la Poupe (Nav.)	7.43.31	— 47.50,3	7,2	9,0
T de la Poupe (Nav.)	7.44.21	— 40.22,5	6,5	7,2
Écrevisse	8. 3.15	+ 19.45,8	9,7	< 13,0
R de la Boussole	8.43.18	— 36. 7,6	6,7	7,4
Lion	9.40.19	+ 7.12,9	5,8	8,5
R des Voiles (Nav.)	10. 1.58	— 51.38,9	6,5	7,5
R de la Machine pneumatique	10. 4.58	— 37.11,2	6,5	< 8,0
S de la Carène	10. 5.50	— 61. 0,4	6,2	9,0
U du Lion	10.18. 6	+ 14.33,9	9,5	< 13,5
Voiles (Nav.)	10.26.10	— 56.30,5	6,5	8,0
η du Navire (2)	10.40.45	— 59. 6,0	> 1,0	8,0
T de la Carène (Nav.)	10.50.51	— 59.55,7	6,2	6,8
T du Lion	11.32.45	+ 3.59,2	10,0	< 13,5
X de la Vierge	11.56.10	+ 9.44,4	7,8	12,0
Chevelure	12.33.25	+ 17. 6,7	8,8	10,0
Chiens de chasse	12.39.55	+ 46. 2,9	5,5	6,5
Vierge	13. 8.14	— 15.57,9	7,0	10,5

(1) Une seule apparition connue.

(2) La période du changement d'éclat est irrégulière.

II. — VARIABLES DE PÉRIODE IRRÉGULIÈRE OU INCONNUE.

NOM DE L'ÉTOILE.	ASCENS. DROITE.	DÉCLINAISON.	GRANDEUR maxima.	GRANDEUR minima.
	h. m. s.	° ′		
Vierge	13.28.46	— 12.38,7	5,5	6,5
R des Chiens de chasse	13.44.11	+ 40. 5,4	7,5	< 11,0
Vierge	13.56.31	— 20.20,8	9,0	11,0
Vierge	13.57. 8	— 1.50,4	7,5	9,0
Bouvier	14. 5.35	+ 10.20,3	8,7	12,0
R du Centaure	14. 8.35	— 59.23,7	6,4	9,3
Étoile de 1860 (1)	14. 8.54	+ 19.35,1	9,7	< 13,0
Y de la Balance	15. 5.49	— 5.35,5	8,5	12,0
R de l'Équerre	15.27.58	— 49. 8,1	7,0	9,5
X de la Balance	15.29.48	— 20.47,7	11,0	< 13,5
W de la Balance	15.31.35	— 15.48,4	11,0	< 13,5
U de la Balance	15.35.35	— 20.49,3	9,0	< 13,5
Balance	15.37. 9	— 10.34,1	7,0	8,8
Balance	15.40. 3	— 20.47,0	11,0	< 13,0
R de la Couronne (2)	15.44. 1	+ 28.29,8	5,8	13,0
R du Loup	15.46.16	— 35.57,9	9,0	< 11,0
Étoile de 1866 (1)	15.54.52	+ 26.14,1	2,0	9,5
X du Scorpion	16. 2. 1	— 21.13,6	11,0	< 13,0
Étoile de 1860 (1)	16.10.26	— 22.41,9	7,0	< 12,0
Étoile de 1863 (1)	16.16. 4	— 17 37,4	9,0	< 12,0
V du Scorpion	16.23.14	— 19.16,1	11,5	< 13,0
g d'Hercule (2)	16.25. 0	+ 42. 7,7	5,2	5,7
Étoile de 1848 (1)	16.53.17	— 12.43,3	5,5	12,5
α d'Hercule (2)	17. 9.35	+ 14.31,0	3,1	3,9
u d'Hercule	17.13.14	+ 33.13,2	4,6	5,4
Étoile de 1604 (1)	17.23.59	— 21.23,3	> 1,0	?
Ophiuchus	17.48.35	+ 1.47,3	8,0	< 11,0
V du Sagittaire (2)	18.24.55	— 18.20,3	7,6	8,8
Lyre	18.28.30	+ 36.54,5	7,5	8,8
T de l'Aigle (2)	18.40.25	+ 8.37,7	8,8	10,0
Aigle	18.43.47	— 8. 2,0	7,5	9,5
T de la Cour. austr	18.54.29	— 37. 7,3	10,5	13,0
Sagittaire	19.11.53	— 19.16,0	9,4	10,1
Aigle	19.16.45	+ 17.26,6	8,3	9,5
Aigle	19.27.46	+ 17.30,2	6,0	< 13,0
Étoile de 1670 (1)	19.43. 0	+ 27. 2,4	3,0	?
Z du Cygne	19.58.19	+ 49.44,0	7,0	13,5
Cygne	20. 6. 5	+ 47.30,4	7,7	9,3
R du Céphée	20. 8.21	+ 88.47,6	5,0	10,0
Cygne	20. 9.21	+ 38.22,4	6,6	8,0

(1) Une seule apparition est connue.
(2) La période du changement d'éclat est irrégulière.

II. — VARIABLES DE PÉRIODE IRRÉGULIÈRE OU INCONNUE.

NOM DE L'ÉTOILE.	ASCENS. DROITE.	DÉCLINAISON.	GRANDEUR maxima.	GRANDEUR minima.
	h. m. s.			
Étoile de 1600	20.13.42	+ 37.41,3	4,0	< 6,0
Cygne	20.16.16	+ 47.33,8	8,0	8,7
Capricorne	20.24.20	— 12.36,1	6,8	8,5
R² du Cygne	20.42.14	+ 44.27,8	8,0	9,5
T du Cygne	20.42.45	+ 33.58,0	5,5	6,0
Capricorne	21. 0.22	— 15.20,1	9,5	< 13,0
Capricorne	21. 1. 0	— 16.13,1	7,0	9,0
Capricorne	21. 2. 3	— 14.52,0	12,0	< 13,0
Capricorne	21. 4.20	— 16.38,0	9,5	12,5
Capricorne	21. 9.56	— 20.39,0	9,0	11,5
Capricorne	21.10.48	— 20.18,0	9,5	< 12,5
Capricorne	21.22. 0	— 12.43,0	10,5	< 13,0
Capricorne	21.22.50	— 15.37,0	10,5	< 13,0
Étoile de 1876	21.37.21	+ 42.20,2	3,2	13,5
μ de Céphée	21.40. 6	+ 58.16,3	4,0	5,0
U du Verseau	21.57.16	— 17. 9,7	10,0	13,5
R Poissons austr	22.11.41	— 30. 9,5	7,5	< 11,0
R Indien	22.28. 5	— 67.51,6	8,5	11,0
Verseau	22.30. 4	— 8.10,8	9,5	< 12,5
β de Pégase	22.58.23	+ 27.28,9	2,2	2,7
R du Phénix	23.50.42	— 50.24,3	8,5	< 11,0
Poissons	23.52.13	+ 7.31,5	9,7	12,6

Le tableau II, ci-dessus, renferme les coordonnées moyennes d'un assez grand nombre de variables de période irrégulière ou non encore déterminée avec une exactitude suffisante.

C'est donc un de ceux qui présentent le plus d'intérêt aux yeux d'un astronome amateur.

Il contient en outre, distinguées par la date de l'année d'apparition, les positions moyennes approchées des astres qui ont subitement brillé au ciel d'un éclat exceptionnel et qui, depuis l'époque de leur maximum, n'ont conservé qu'un éclat beaucoup plus faible ou sont devenus tout à fait invisibles pour des instruments même assez puissants; car il faut déjà une lunette de 15 centimètres au moins d'ouverture pour pouvoir observer des étoiles de 13e grandeur et il y a des variables qui descendent beaucoup au-dessous de cette grandeur.

On sait combien on doit être réservé dans l'appréciation des grandeurs et quel soin doit présider à cette sorte d'observation; c'est pourquoi nous engagerons les amateurs à s'initier à ces sortes de travaux à l'aide d'étoiles beaucoup plus brillantes.

III. — ÉTOILES SUPPOSÉES VARIABLES.

NOM DE L'ÉTOILE.	ASCENS. DROITE.	DÉCLINAISON.	GRANDEUR	
			maxima.	minima.
	h. m. s.	° ′		
Poissons	0.15.23	+ 8.47,7	9,5	< 13,0
Poissons	0.16.16	+ 6.22,3	7,0	9,0
Baleine	0.18. 9	— 10. 4,6	6,5	10,0
Sculpteur	0.28.17	— 35.35,9	7,5	9,0
Poissons	0.38.34	+ 6.41,5	9,0	12,0
Céphée	0.41. 8	+ 81.22,0	7,4	8,0
Baleine	1.20.13	— 4.32,5	6,5	7,8
Poissons	1.24.36	+ 20.19,1	9,7	< 12,5
100 des Poissons	1.28.52	+ 11.59,2	7,0	9,0
η de l'Hydre mâle	1.49.46	— 68.29,5	6,6	7,4
Bélier	2.37.47	+ 15.23,9	9,5	< 12,5
Bélier	2.42.19	+ 16.53,8	9,5	< 12,0
Baleine	3. 6.44	+ 7.41,9	9,5	< 12,5
Éridan	3.26.16	— 41.44,6	4,0	6,5
Taureau	3.27.45	+ 9.35,6	9,5	< 12,0
Taureau	3.38.23	+ 9. 3,0	9,5	< 12,5
Persée	3.43.20	+ 35.23,1	9,0	< 12,0
Taureau	4. 2.13	+ 15.56,0	9,5	< 12,5
Taureau	4. 5.22	+ 21.30,9	9,5	12,0
48 du Taureau	4. 9.28	+ 15. 7,3	6,3	7,0
Taureau	4.16. 1	+ 28.18,1	9,5	< 12,5
Taureau	4.33.15	+ 13.30,2	9,5	< 12,5
Taureau	4.44.34	+ 28.20,1	7,5	9,0
d d'Orion	4.47.35	+ 2.19,4	5,6	6,6
Cocher	5. 3.50	+ 42. 5,2	9,5	< 13,0
Cocher	5. 9.37	+ 46. 0,1	6,0	8,0
Lièvre	5.15.43	— 21.21,2	4,0	5;8
Orion	5.23.29	— 4.47,2	9,7	< 11,0
31 d'Orion	5.24. 6	— 1.10,8	4,7	6,0
Taureau	5.28.13	+ 21.52,2	8,5	11,5
Orion	5.29. 5	+ 10.10,3	5,7	6,7
Orion	5.29.35	— 6. 5,0	6,0	7,5
Orion	5.49. 5	+ 20. 3,7	10,5	11,9
Licorne	6.11.56	— 1.31,8	8,0	9,5
Licorne	6.24.53	— 2.56,8	6,0	8,0
Grand Chien	6.28.32	— 27.51,6	5,8	9,0
Gémeaux	6.51.26	+ 11.21,5	10,0	11,0
Gémeaux	7. 0.13	+ 23. 4,7	9,2	11,5
27 du Grand Chien	7. 9.44	— 26. 9,7	4,5	6,5
Poupe (Nav.)	7.22.39	— 11.49,9	6,1	6,8
Gémeaux	7.39.47	+ 28. 9,7	9,5	< 13,0
Gémeaux	7.42.26	+ 28.46,7	9,4	< 13,0
Gémeaux	7.43.39	+ 28.51,9	9,5	< 13,0
Poupe (Nav.)	7.45.21	— 33. 0,6	5,0	6,3
Gémeaux	7.46. 8	+ 32.35,8	9,5	< 13,0

III. — ÉTOILES SUPPOSÉES VARIABLES.

NOM DE L'ÉTOILE.	ASCENS. DROITE.	DÉCLINAISON.	GRANDEUR maxima.	GRANDEUR minima.
	h. m. s.	° '		
Lynx	7.52.36	+ 38.56,0	8,0	9,2
Écrevisse	8. 0.35	+ 23. 6,3	9,5	< 12,5
Écrevisse	8. 2.11	+ 28.50,9	9,5	< 13,0
Boussole	8.24.47	— 26.57,7	6,5	7,7
Hydre	8.25.41	+ 0.13,1	9,0	11,0
60 de l'Écrevisse	8.49.52	+ 12. 3,0	5,0	8,0
Écrevisse	9. 1.58	+ 15.10,0	7,0	9,0
Boussole	9.13.52	— 23.59,4	6,0	8,5
Écrevisse	9.45.28	+ 14.48,0	9,0	12,0
Lion	9.45.21	+ 30.37,8	9,0	< 12,0
Lion	9.51.24	+ 20.14,1	9,5	< 12,5
Lion	10. 6. 1	+ 13. 8,8	9,0	< 13,0
Voiles (Navire)	10.10.25	— 43.55,0	6,5	7,5
Lion	10.12.18	+ 13.15,8	6,0	< 10,0
q de la Carène (Nav.)	10.13.23	— 60.46,7	3,3	4,5
Lion	10.13.40	+ 7.45,7	9,5	< 12,5
Carène (Navire)	10.37. 3	— 59. 5,8	6,0	7,2
Lion	10.56.21	+ 10.45,7	9,7	< 11,0
Lion	11. 0.18	+ 0.44,0	9,7	< 11,5
Lion	11. 7. 7	+ 7.17,4	9,5	< 11,0
Vierge	12. 8.12	+ 0,13,5	8,0	9,0
Vierge	12.19.35	+ 1.23,9	6,5	8,5
Chiens de chasse	12.30.32	+ 36.37,5	9,5	< 12,5
Vierge	12.32.33	+ 2.35,4	7,0	9,0
Vierge	12.32.43	+ 2.28.0	4,5	6,7
Chevelure	12.33.36	+ 17. 5,3	7,6	8,4
Corbeau	12.37.46	— 13.14,9	5,0	8,0
Centaure	13. 0.15	— 58.12,6	6,2	7,7
Vierge	13.20.52	— 12. 7,7	5,5	8,0
Grande Ourse	13.36.32	+ 55.14,6	4,0	6,0
θ de l'Oiseau indien	13.54.33	— 76.15,6	5,6	6,6
Compas	14.41. 0	— 56.12,0	6,0	7,0
Bouvier	14.46.28	+ 37.50,2	7,0	< 9,0
Balance	15.20.44	— 19.35,9	12,0	< 13,0
Loup	15.39.39	— 34.20,0	5,5	6,5
Couronne	15.43.58	+ 28.37,3	11,0	12,0
Serpent	15.57.27	+ 6.54,9	9,5	< 12,5
Dragon	15.58.53	+ 55.49,8	6,5	8,5
Ophiuchus	16.31.28	+ 7.20,3	7,0	8,0
Ophiuchus	16.45.30	— 5.59,2	8,5	10,5
Scorpion	16.49.32	— 32.58,5	6,5	8,5
Scorpion	16.55.27	— 20.22,2	8,5	10,0
b d'Ophiuchus	17.19.36	— 24. 4,4	4,0	6,0
Ophiuchus	17.19.43	— 22.14,2	10,5	12,5
Autel	17.31. 1	— 45.24,8	5,0	11,0

III. — ÉTOILES SUPPOSÉES VARIABLES.

NOM DE L'ÉTOILE.	ASCENS. DROITE.	DÉCLINAISON.	GRANDEUR maxima.	GRANDEUR minima.
	h. m. s.	° ′		
Sagittaire	17.38.25	— 18.35,4	7,5	9,5
Sagittaire	18.14.41	— 24.57,9	6,0	7,5
Sagittaire	18.15.19	— 22.58,3	6,5	8,5
Aigle	18.38.28	— 1.39,1	7,5	8,5
Petit Renard	19. 4. 0	+ 24. 0,2	6,0	8,0
Sagittaire	19.19.52	— 21.27,9	6,5	9,0
h^1 du Sagittaire	19.29.17	— 24.57,7	5,3	6,7
Aigle	19.35.58	+ 12.54,8	6,5	9,5
Cygne	19.38.28	+ 35.57,1	8,5	10,5
Petit Renard	19.47.22	+ 24.42,5	5,0	6,8
Cygne	20. 6.12	+ 35.36,9	8,5	9,5
Capricorne	20.10.37	— 21.38,5	6,5	8,5
Dauphin	20.20.24	+ 9.41,8	6,5	8,0
Capricorne	20.21.45	— 17.39,2	11,5	< 13,0
Cygne	20.24.48	+ 39.36,6	7,9	9,2
Dauphin	20.52. 1	+ 15.49,6	6,5	8,0
Céphée	20.59.51	+ 66.16,4	7,0	8,8
Céphée	21. 0.16	+ 67.44,0	6,8	8,2
Capricorne	21. 3.50	— 12.39,0	12,0	< 13,0
Capricorne	21. 9. 0	— 14.55,0	11,0	< 13,0
Céphée	21.12.30	+ 66. 9,4	8,0	9,0
Indien	21.13.40	— 50.24,1	6,1	7,3
Capricorne	21.21.58	— 17.29,0	11,0	12,0
Capricorne	21.22.40	— 13.22,0	11,0	< 13,0
Capricorne	21.22.43	— 12.43,0	11,0	< 13,0
Capricorne	21.22.55	— 17.58,0	11,0	13,0
ζ du Poisson austral	22.24.43	— 26.38,4	5,3	6,7
Pégase	22.30.32	+ 8.23,9	9,5	< 12,0
Céphée	22.32.14	+ 57.51,2	7,0	8,0
Pégase	23. 2.50	+ 9. 3,2	9,5	< 11,5
Pégase	23.14.42	+ 22.29,1	5,5	8,0
Verseau	23.26.40	— 11.36,8	5,5	8,0
Pégase	23.53.29	+ 20.14,4	9,5	< 12,5
3 de la Baleine	23.58.49	— 11. 7,5	4,9	5,9

Les tableaux ci-dessus permettront de faire toutes sortes d'études intéressantes sur les variables; il nous reste à voir les conditions qu'il importe de réaliser dans les observations; ce sont les suivantes :

1° Se placer dans un endroit qui ne soit exposé à l'influence d'aucune lumière, soit extérieure, soit intérieure; si on éprouve quelque difficulté pour prendre des notes dans l'obscurité, il est à conseiller de faire usage d'une ardoise ou d'un tableau noir faiblement éclairé.

2° Choisir des étoiles de comparaison qui ne soient ni trop près de l'horizon ni trop près du zénith; éviter celles qui sont à des hauteurs trop différentes. Le choix d'étoiles situées dans le voisinage d'astres brillants est désavantageux; autant que possible, rejeter également les étoiles de couleurs différentes ou les étoiles qui se dédoublent avec l'instrument employé.

3° Que les comparaisons soient successives : ne pas chercher à regarder en même temps les objets comparés, afin d'éviter les jugements qui ne seraient pas portés par des parties également sensibles de la rétine.

4° Quand les études portent sur des étoiles qui exigent l'emploi d'instruments, n'observer que des objets amenés au centre du champ.

5° Enfin, étudier sans idée préconçue et que chaque résultat consigné soit indépendant des travaux antérieurs.

Il a paru aux États-Unis une brochure faisant appel au zèle de tous les amateurs d'astronomie, pour l'observation systématique des étoiles variables (1). L'auteur de ce travail, Ed. Pickering, directeur du « Harvard College Observatory », à Cambridge (Massachusetts), a imaginé, dit M. Mahillon dans *Ciel et Terre*, une méthode d'observation qui a de sérieux avantages sur celle d'Argelander : au lieu de prendre comme base de mesure le plus petit intervalle perceptible entre deux étoiles d'éclats peu différents, Pickering engage à insérer la variable entre deux

(1) *A plan for securing observations of the variable stars*, by E. C. Pickering; Cambridge, 1882.

étoiles d'éclats quelconques et de lui donner un rang exprimé en dixièmes de la différence d'éclat entre les deux étoiles de comparaison. Sa notation est ainsi :

$$a\ 8\ b \qquad [1]$$

pour exprimer que :

$$v = b + \frac{8}{10}(a - b).$$

Tous les calculs seraient faits par les soins de l'astronome américain : l'observateur n'aurait donc qu'à consigner ses résultats sous la forme d'équations semblables à [1].

L'auteur envoie sa brochure à toute personne qui lui en fait la demande ; il y aurait, dans la participation à ce vaste travail, une excellente occasion de se rendre utile pour tous ceux à qui la nature de leurs occupations laisse quelques loisirs.

Étoiles colorées.

L'étude des étoiles colorées dérive de celle des variables ; elle présente à l'amateur un intéressant travail de recherche pour lequel le plus petit instrument suffit. L'estimation de la couleur a été longtemps faite par comparaison avec les autres étoiles, mais l'étude des observations a montré qu'elle était trop différente et variait avec les personnes, les télescopes, etc.

La première observation d'étoile colorée a été signalée lors de l'observation d'une double par W. Herschel, qui ajouta à l'observation relative à l'étoile double celle de la couleur.

En, 1837 parurent les *Mesures micrométriques* de Struve qui semblent être le plus remarquable des travaux faits sur le sujet et qui a servi de base à tout ce qui a été présenté dans le même sens. En 1844, l'amiral Smyth publiait son *Bedford Cycle*, dans lequel il prête une attention particulière à la couleur des astres; la confirmation de ce travail a été donnée par les comparaisons de Sestini et du *Cycle;* en conséquence, les déterminations des couleurs de Sestini sont en grande faveur auprès des astronomes.

Pour faire des observations valables, on devra construire une échelle présentant une teinte dégradée de chacune des couleurs : rouge, orange, jaune, vert, bleu, pourpre variant d'un teinte moyenne à la teinte crue.

M. Webb a fait une revue du ciel de près de 1.000 étoiles colorées visibles à l'œil nu, dont la plus grande partie a été publiée dans les Annales de l'Observatoire du Harward College.

Quelques études de belles étoiles colorées de l'hémisphère sud sont dues au colonel Tupmann. Son ouvrage sur les couleurs et grandeurs des étoiles du Sud a paru dans les *Monthly notices.*

Les plus curieux exemples d'étoiles colorées se trouvent dans α de la Lyre, qui est bleu-blanc ou bleu pâle, et dans β de la Balance, qui peut être désignée comme vert pâle ou verdâtre.

Lorsque les étoiles doubles sont assez proches l'une de l'autre et que la plus importante des composantes n'est pas blanche, sa couleur influe énormément sur l'apparence du compagnon.

Dans ce cas, le spectre de ces étoiles incline généralement vers l'infra-rouge pour la plus brillante et vers le bleu pour le compagnon. Il existe cependant quelques exceptions, entre autres 95 d'Hercule, dont la primaire est verdâtre et la secondaire rougeâtre.

Nous nous sommes jusqu'ici appesanti sur les principes

de l'existence des astres, nous nous sommes appliqué à préciser leurs mouvements; il faut à présent considérer les changements qui peuvent survenir dans leurs apparences extérieures.

Si le Soleil qui nous éclaire, au lieu de nous envoyer une splendide lumière blanche, ne nous donnait plus qu'une lueur bleue mêlée de rouge, nous serions saisis d'horreur devant un semblable phénomène.

Pourtant cette hypothèse, qui nous semble impossible, se réalise dans le ciel. On trouve cette coloration dans η de Persée; α d'Ophiuchus nous offre aussi ces couleurs avec une nuance plus faible pour le bleu et des variantes pour les couleurs des soleils. α du Dragon, φ du Taureau sont aussi formées d'étoiles bleues et rouges. On trouve bien d'autres variétés dans la couleur des soleils éloignés.

On voit dans plusieurs systèmes des soleils blancs mélangés à des étoiles de diverses couleurs; nous signalerons entre autres les mondes de 35 des Poissons, de la 51e et de φ de la même constellation, de 53 du Verseau, de ε du Sculpteur, de σ de Cassiopée; on les remarque encore dans α du Bélier, β d'Orion, Régulus, etc.

Dans γ d'Andromède, le soleil central est jaune-orangé, tandis que les deux satellites sont d'un bleu verdâtre et forment ainsi des couples superbes; 84 et γ de la Baleine, 84 de la Vierge, et tant d'autres encore, offrent les mêmes colorations.

Dans ε de Persée on trouve des teintes d'un blanc pâle alliées à celles d'un lilas tendre.

On admire dans α d'Hercule des soleils rouges et verts; ainsi que dans η de Cassiopée et dans 36 d'Ophiuchus; dans μ d'Orion nous voyons des astres jaune et pourpre; dans β du Cygne, jaune d'or et bleu, etc.

L'imagination a peine à se faire à l'idée des changements subits que l'on peut remarquer lors des phénomènes d'éclipse de l'un des deux soleils et aux effets bizarres produits par ces tons divers et mélangés.

Au point de vue de l'observation, une grande application et une ferme volonté permettront aux amateurs d'attacher leur nom à des travaux utiles; elles les placeront à côté de ceux de Pickering, Maunder, Westwood, Hopkins, et Woodside.

Parmi les étoiles très rouges, il semble qu'il n'y en ait que de télescopiques, c'est-à-dire hors de notre portée : un catalogue complet en a été donné par Schejellerupp.

Les avis les plus différents divisent les savants au sujet des couleurs de certaines étoiles, les suivantes sont particulièrement curieuses :

NOM DE L'ÉTOILE.	COULEUR.
(Sirius) α du Grand Chien...	(Double.) Chez les anciens, rouge et blanc. Ptolémée, Sénèque le donnent rouge; il est maintenant blanc.
95 d'Hercule..............	(Double.) En 1781, Herschel la donne bleu-blanc; Struve, vert-jaunâtre; Smith, pâle-vert, pâle-rouge. Sestini la voyait brun-jaune.
λ d'Ophiuchus..............	(Double.) Herschel, blanc-bleu; Struve, jaune; Smith, bleuâtre, puis elle est devenue sensiblement jaune.
γ du Lion..................	(Double.) Herschel, bleu-rougeâtre; Struve, doré-vert. Dawe signale les 2 étoiles comme étant orange; devient jaune.
γ du Dauphin..............	(Double.) Les deux blanches, jaune-orange. Gore la voit jaune; verdâtre-bleu.
107 du Verseau.............	Blanc-bleu, jaunâtre-pourpre, jaune-bleu pâle, blanc-rougeâtre-bleu.
B 118 d'Orion..............	Rouge, jaune-bleu, pas très rouge, blanche.
B 169 du Lynx..............	Rouge. beau jaune-bleu, blanche.
B 447 de l'Aigle...........	Rouge-bleu.
α de la Grande Ourse......	On lui assigne une durée de 33 ans, la faisant passer du jaune au rouge, résultat controversé.
R des Gémeaux............	Variable, découverte par Hind, qui la vit bleue, jaune et rouge.
Cygne 1876................	La couleur décroit graduellement; fut trouvée absolument rouge, puis d'un beau bleu.
Andromède 1885...........	C'est l'étoile qui a paru dans la nébuleuse d'Andromède de $7^{e},5$ gr.; elle était jaunâtre contrastant avec la teinte verdâtre de l'essaim; un mois après, elle était bleuâtre.

D'après l'analyse de ses travaux spectroscopiques, le P. Secchi trouve 300 étoiles du 1er type, 200 du second et 30 du troisième.

On remarque une prédominance des étoiles blanches du type 1 dans Orion, la Lyre, la Grande Ourse, le Taureau avec les Pléiades et les Hyades. Les étoiles jaunes (type 2) sont représentées dans la Baleine, Céphée, le Dragon, Éridan. — Les autres, peu nombreuses, sont bleues.

D'après Guillemin, ce seraient les étoiles blanches qui seraient les plus nombreuses. Struve, de son côté, sur 476 paires de semblables couleurs, trouve 205 blanches, 118 jaunes et 63 bleues.

La couleur n'est pas indifféremment répandue dans le ciel, mais certains groupes affectionnent des régions particulières. Les constellations ayant beaucoup de brillantes étoiles se font remarquer par leur *pourcentage* de blanches. Dans les constellations ayant de petites étoiles, on trouve abondamment du rouge et de l'orangé.

Les erreurs résultant des variations de l'atmosphère sont fort à redouter, dans les études que nous venons de signaler; c'est pour cela que l'astronome amateur fera bien de consacrer ses loisirs à cette observation utile et intéressante.

La scintillation des étoiles.

La scintillation des étoiles est l'un des plus admirables phénomènes que nous offre la contemplation du ciel; cette lumière qui s'élance, verte, rouge ou blanche, tantôt vive tantôt presque éteinte, constitue un phénomène dont l'explication est des plus délicate. On a remarqué que les couleurs qui constituent la scintillation sont aussi vives et aussi éclatantes dans la partie méridionale de l'Europe que sous les latitudes les plus élevées.

Aristote et Ptolémée avaient cherché l'explication des variations fréquentes et momentanées que les étoiles présentent dans leur éclat, la rapidité de leurs changements de couleur et d'autres particularités de la scintillation, visibles à l'œil nu. Mais c'est seulement dans ces dernières années que l'on s'en est occupé d'une manière suivie.

D'après Arago, l'on ne pouvait obtenir d'unité dans les expériences faites sur la scintillation, que lorsqu'on aurait inventé un scintillomètre : en effet, Képler, par exemple, signale la Chèvre comme une étoile qui scintille beaucoup et la Lyre comme offrant des changements de couleur à peine visibles; tandis que d'après Forster la Chèvre scintille peu et que dans la Lyre les changements de couleur sont de la plus grande intensité.

C'est dans le but de restreindre ces erreurs que furent inventés les premiers scintillomètres. Dès 1813, Nicholson avait remarqué qu'en dirigeant une lunette achromatique sur une étoile scintillante et en frappant légèrement et précipitamment le tube avec le doigt, l'image de l'astre se développe en une courbe sinueuse où se trouvent régulièrement étalées les couleurs rouge, orangé, jaune, vert, bleu d'acier, etc... La même observation avait été faite aussi vers la même époque par Arago.

Malgré ce progrès et contrairement à l'opinion d'Arago, M. Ch. Dufour, professeur à Morges, fit pendant trois années (de 1853 à 1856) des observations suivies, pendant lesquelles il a réuni plus de 13.000 observations de scintillation faites à la vue simple, procédé qui lui parut offrir des avantages sur l'emploi de plusieurs scintillomètres qu'il avait essayés.

M. Dufour adopta des chiffres d'intensité de scintillation des étoiles compris entre 0 et 10, 0 étant la scintillation la plus faible et 10 la plus forte.

Voici les conclusions de M. Dufour :

1° *Les étoiles rouges scintillent moins que les étoiles blanches;*

2° *Sauf près de l'horizon, la scintillation est proportionnelle au produit que l'on obtient en multipliant l'épaisseur de la couche d'air que traverse le rayon lumineux par la réfraction astronomique à la hauteur que l'on considère;*

3° *Outre le fait de l'influence des couleurs, il y a encore entre la scintillation des étoiles des différences essentielles qui paraissent provenir des étoiles elles-mêmes.*

La première et la troisième proposition sont confirmées par de nombreuses observations, et la seconde a été également reconnue exacte d'après des expériences faites à l'aide de scintillomètres.

Cette seconde loi est très importante, car elle permet de ramener le nombre de variations de couleur qui marquent la scintillation d'une étoile observée à une distance zénithale quelconque au nombre de changements qui l'auraient caractérisée si, pendant la même soirée, elle avait été observée à une distance zénithale déterminée, à 60° par exemple. C'est sur cette loi que reposerait la construction d'une table réduisant à 60° de distance zénithale toutes les mesures d'intensité des étoiles observées pendant une même soirée, en exceptant seulement les étoiles observées assez près de l'horizon.

Les deux premières lois s'expliquent par des effets de réfraction et de dispersion produits par l'atmosphère.

Quant à la troisième, M. Dufour suppose que son explication se trouve dans la différence des diamètres apparents des étoiles ainsi que dans la constitution intime des astres dont les différences élémentaires ont été révélées par l'analyse spectrale.

On peut conclure avec M. Montigny, le plus ardent promoteur des études sur la scintillation, que « les étoiles dont les spectres sont caractérisés par des bandes obscures et des raies noires scintillent moins que les étoiles à raies spectrales fines et nombreuses, et beaucoup moins que celles dont les spectres ne présentent que quelques raies principales ».

On peut résumer l'opinion des savants qui se sont occupés de la question, en disant que les étoiles qui scintillent le plus sont les étoiles blanches telles que : Sirius, Véga, Régulus, Procyon, Altaïr, etc.; celles qui scintillent un peu moins sont les étoiles jaunes : la Chèvre, Rigel, Pollux, etc.; enfin, celles dont la scintillation est la plus faible sont les astres de couleur orangée ou rouge, comme : Aldébaran, Antarès, Arcturus, Betelgeuse, etc.

Les trois types que nous venons de signaler correspondent sensiblement aux trois catégories que nous avons indiquées lorsque nous nous sommes occupés de la décomposition de la lumière des astres. C'est une preuve de plus qui démontre la relation qui lie la scintillation d'une étoile à sa constitution intime.

L'absence de scintillation est une des caractéristiques des astres possédant un diamètre apparent. Si les étoiles ne se trouvaient pas à une énorme distance de nous, leurs diamètres seraient appréciables et le phénomène qui nous occupe nous serait resté étranger.

CHAPITRE X.

LES AMAS ET LES NÉBULEUSES.

Les amas stellaires.

Lorsqu'on est à même d'observer les curiosités du ciel, un fait particulièrement remarquable ne tarde pas à attirer l'attention, c'est la spécialisation de certains astérismes. C'est ainsi que les constellations du Cygne et de l'Aigle sont caractérisées par les étoiles rouges et les variables; celles de Céphée et de Cassiopée sont remarquables pour leurs étoiles doubles et leurs étoiles temporaires; le Sac à charbon est signalé par sa pauvreté en étoiles, tandis que la Vierge et la Chevelure de Bérénice sont parsemées de nébuleuses.

Dans les régions où les étoiles s'accumulent de manière à confondre leur éclat dans une teinte lumineuse, elles semblent perdre leur individualité et ne se distinguent plus les unes des autres.

La Voie lactée, cette vaste agglomération d'étoiles qui entoure le ciel comme un anneau, n'est, elle-même, qu'un immense amas d'étoiles mêlé de matière lumineuse non résoluble, du moins avec nos instruments, encore trop faibles malgré les progrès incessants de l'optique.

De nombreuses hypothèses ont été faites sur la formation de la Voie lactée, depuis Kant, qui, après Képler, pensait que le Soleil était une étoile, et que, autour de chaque étoile, circulent des corps obscurs, jusqu'à Herschel, qui la considérait comme une vaste nébuleuse fendue en deux branches, de la constellation du Cygne à celle du Centaure. Il considérait la Voie lactée comme un disque allongé, qui enveloppe notre système et dans lequel nous devons être plongés. Il fut ensuite conduit à considérer le plan principal de la Voie lactée comme une sorte de zodiaque des étoiles, et supposa que ces astres se mouvaient tous sous l'action d'un corps central qu'il pensait être Sirius.

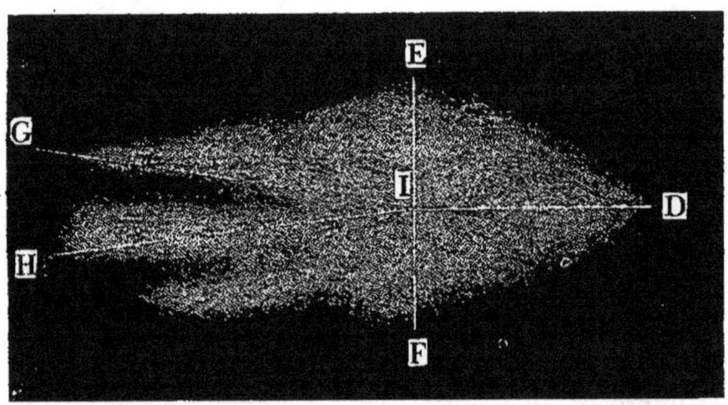

Fig. 60. — Coupe de la Voie lactée, d'après Herschel. — I, place du Soleil. E F, limite de la Voie lactée dans sa plus petite épaisseur. D, limite pour sa plus grande profondeur. G H, prolongement de la Voie lactée, divisée en deux branches, comme dans la région du Cygne.

Lambert proposa également une théorie d'après laquelle le monde est constitué par une infinité de groupes maintenus en équilibre par la force d'attraction d'un corps central.

Le premier groupe est formé par les satellites obéissant à l'attraction des planètes, le second par les planètes et leurs satellites gravitant autour d'un soleil ; plusieurs de ces groupes forment des amas, et la Voie lactée, elle-même, constitue un système général dont les éléments ne sont que des amas d'étoiles placés dans le voisinage d'un plan principal.

Or le point faible de cette théorie, c'est que Lambert a besoin de créer des corps obscurs comme corps dominants de chacun de ses groupes. Pour la Voie lactée, il plaçait dans Orion le corps central qui dirigeait le mouvement de notre univers.

Herschel est le premier qui, par ses observations et ses découvertes, ait amené la question dans la voie de la pratique. Il jaugea la Voie lactée dans tous les sens, à l'aide de son puissant instrument, et tandis que dans certaines régions il trouvait quelquefois plus de 600 étoiles dans le champ de l'instrument, il en découvrait au contraire quelques-unes à peine dans le voisinage.

Un travail de jauge fait dans le même but par M. Houzeau, l'ancien directeur de l'observatoire de Bruxelles, ne fit que confirmer les observations que W. Herschel avait faites avec un télescope grossissant 180 fois, observations dont il avait conclu la preuve d'une accumulation considérable d'étoiles dans le plan de la Voie lactée.

Ces travaux, continués par son fils, John Herschel, au cap de Bonne-Espérance, ne laissèrent aucun doute sur un accroissement vers la Voie lactée, ce qui concorde avec les résultats suivants obtenus par M. Houzeau.

Les amas stellaires se divisent en deux ordres : les amas irréguliers et les réguliers.

Les premiers sont fort communs dans le ciel et présentent des formes très variables ; le type le plus connu est l'amas des Pléiades, observé pour la première fois à Venise, par Tempel (qui vient de mourir), près de Mérope. Il le signala comme une comète : il faut dire à ce sujet qu'il est fort difficile de distinguer ces corps l'un de l'autre autrement que par la constatation de ce fait, que les comètes se déplacent tandis que les nébuleuses restent fixes.

D'autres amas, tels que la Crèche, la Chevelure de Bérénice, sont également visibles à l'œil nu, tandis qu'il faut la plupart du temps de puissantes lunettes pour résoudre les autres, tant les étoiles sont pressées. Ces amas ayant l'aspect de nébuleuses, on a été longtemps incertain sur la question de savoir si toutes les nébuleuses n'étaient pas résolubles. L'analyse spectrale n'a laissé aucun doute à ce

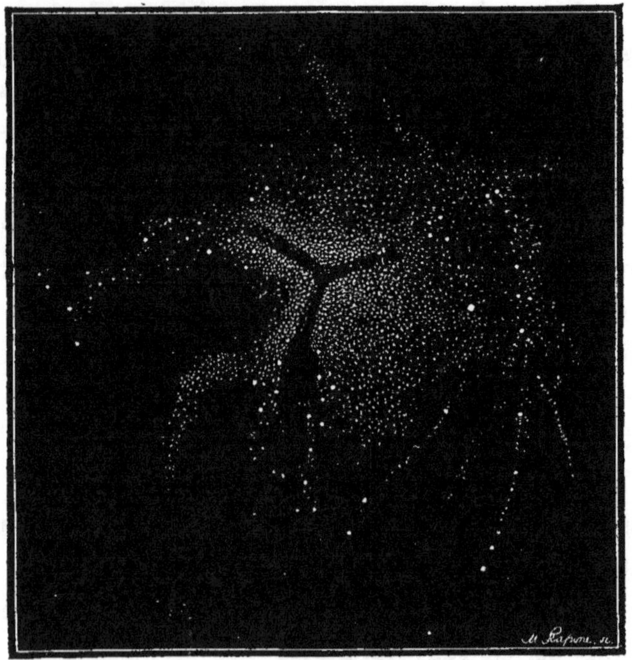

Fig. 61. — Lactée d'Hercule.

sujet, et a prouvé qu'il y a des nébuleuses véritables, c'est-à-dire des corps uniquement constitués par des gaz portés à l'incandescence, que nous allons étudier tout à l'heure.

Signalons encore, parmi les amas irréguliers, ceux des Gémeaux, de Persée et d'Hercule, dont les soleils sont évidemment sous la dépendance de leurs attractions mutuelles, mais dont les mouvements relatifs, s'ils nous sont jamais signalés, seront d'une extrême lenteur.

On peut douter que ce problème reçoive une solution satisfaisante en songeant aux difficultés que présente la combinaison des mouvements du Soleil, de la Lune et de la Terre, difficultés qui deviennent infinies dans le cas où interviennent des centaines de centres d'attraction.

Les amas réguliers présentent un premier type plein d'intérêt pour nous, c'est celui des amas d'étoiles en forme de spirales. Les plus remarquables sont, sans contredit, celui du Lion, de la Vierge et celui des Chiens de chasse; malheureusement ces superbes amas ne sont accessibles qu'aux puissants instruments.

Fig. 62. — Étoile nébuleuse de Persée.

Si, comme il y a tout lieu de le croire, les immenses quantités de matériaux qui ont donné naissance à ces mondes étaient parcourus par des mouvements divers, il a dû s'y former des courants tourbillonnaires comme ceux que réclamait Descartes, et, dans ce cas, ces courants ont dû donner à la matière cosmique la forme de spirale convergeant vers un centre que nous apercevons surtout dans les Chiens de chasse.

Pour terminer cette étude, signalons les amas fusiformes, tels que celui d'Andromède, réduit en amas stellaire par Bond, qui y a déjà signalé 1.500 étoiles.

Bornons-nous à indiquer les amas globulaires dans le Centaure et le Toucan, dont il est presque impossible de compter les étoiles agglomérées, qui se groupent à plus de 20.000 dans l'espace occupé par le disque de la Lune. Les amas de ce type sont circulaires et plus pressés au centre qu'aux bords, ce qui amène à penser qu'ils sont condensés de la périphérie vers le centre.

Dans ce cas, la force centrale, exercée par l'amas entier sur chaque molécule, serait proportionnelle à la distance au centre.

Fig. 63. — Région nébuleuse de la Vierge, d'après un dessin de M. Proctor, fortement grossi.

Or Herschel a fait voir que chaque étoile, décrivant un cercle concentrique à l'amas, il n'y a pas de raison pour que le système tout entier ne soit pas aussi stable que le nôtre, quoique obéissant à une force centrale qui suit une tout autre loi que celle à laquelle obéit notre système.

Les nébuleuses.

L'un des résultats les plus heureux de l'analyse spectrale a été de faire connaître la nature particulière des nébuleuses non résolubles en étoiles, formées de matières cosmiques diffuses à l'état de gaz incandescent. Ce sont là des embryons de mondes, des soleils futurs que nul té-

Fig. 64. — Nébuleuse en spirale du Lion.

lescope ne saurait décomposer en étoiles formées. D'autres nébuleuses, au contraire, qui semblent irrésolubles, finiront par s'amender et seront décomposées en amas stellaires.

Au dire d'Herschel, il y aurait des nébuleuses dont le diamètre dépasserait 5 milliards de lieues, et d'autres qui atteindraient même 11 milliards de lieues. L'esprit se refusant à admettre ces dimensions exagérées, on a préféré supposer que les étoiles entourées de nébulosités, qui avaient servi à la détermination des volumes des nébuleuses, passaient à certains moments derrière des nébuleuses qui paraissaient les entourer, mais qui étaient plus proches de nous que les étoiles elles-mêmes.

Les nébuleuses se divisent en deux classes : les nébuleuses amorphes et les nébuleuses régulières.

Nous commencerons par la première classe, celle des nébuleuses amorphes; nous en avons déjà signalé le type le plus magnifique, c'est la nébuleuse d'Orion, qui paraît être 160.000 millions de fois plus grosse que notre Soleil. Ce n'est cependant qu'un amas gazeux, composé, en grande partie, d'azote et d'hydrogène; du moins, dans son spectre ne trouvons-nous que trois raies lumineuses, dont l'une, verte, répond à l'azote, et l'autre, bleu-verdâtre, annonce la présence de l'hydrogène.

On a cru, à la suite d'Herschel, que les nébuleuses nous présentaient l'état primitif des mondes en voie de formation, c'est-à-dire devant aboutir, par une condensation lente, à un soleil accompagné d'un cortège de planètes. Cette hypothèse est en contradition avec l'observation. Sans aucun doute, notre Soleil et ses planètes ont dû se trouver au centre d'une nébuleuse, mais la matière cosmique qui la formait comprenait une variété considérable d'éléments chimiques qui ne se présentent pas dans les nébuleuses proprement dites.

En dirigeant la fente d'un spectroscope sur ces nuées blanchâtres, qu'on ne voit que dans les nuits sans lune, M. Huggins est arrivé à saisir le spectre de quelques-unes de ces nébulosités.

Il avait d'abord essayé sur une petite nébuleuse, relativement brillante, de la constellation du Dragon. Il reconnut avec étonnement que ce spectre était entièrement différent de celui d'une étoile, et qu'on n'y voyait que trois raies brillantes isolées.

Ces trois raies démontraient que la constitution de ces corps était gazeuse et révélaient la présence de l'azote ; du moins la raie caractéristique s'y retrouvait.

On ne savait comment expliquer alors l'absence des autres raies présentées par l'azote. La moins prononcée des trois raies observées par Huggins correspondait à la raie verte de l'hydrogène. Quant à la troisième, on n'a pu l'identifier avec celle d'aucun autre corps connu.

Faut-il conclure d'après cela que le spectre d'Huggins révèle une matière plus élémentaire que l'azote dont nous ne pouvons nous faire une idée?

Serait-ce là la matière-origine des mondes?

Il faut encore remarquer que, au-dessous de ce spectre singulier, on apercevait vaguement un spectre continu qui dénonçait, derrière la nébulosité, la présence d'une étoile très peu lumineuse.

M. Huggins a, depuis, observé plus de soixante nébuleuses ou amas stellaires ; vingt environ donnaient un spectre gazeux, et les quarante autres, au contraire, un spectre continu.

Les observations d'Huggins furent revues ensuite avec soin par le fils de lord Rosse, et voici le résultat de cette comparaison :

Le plus grand nombre des nébuleuses à spectre continu avaient déjà été résolues en amas d'étoiles. Pour celles dont le spectre signalait une agglomération de matière cosmique à l'état gazeux, aucune n'avait été résolue.

La nébuleuse du Dragon se présente à l'observateur sous la forme d'un petit disque rond, d'un éclat uniforme, ce qui semble l'aspect caractéristique des nébuleuses planétaires ;

c'est aussi sous cette forme que peut s'observer la nébuleuse des Poissons.

D'autres nébuleuses planétaires ont été étudiées et ont donné les mêmes résultats : un spectre continu très faible, produit par un noyau central, et trois raies brillantes, correspondant à des gaz. Certaines nébuleuses n'offrent que deux ou même qu'une seule raie.

Parmi celles dont le spectre indique un gaz lumineux on en trouve deux dont le spectre présente la forme singulière d'anneaux, qui se rapprocheraient ainsi des apparences de Saturne; la nébuleuse de la Lyre, par exemple.

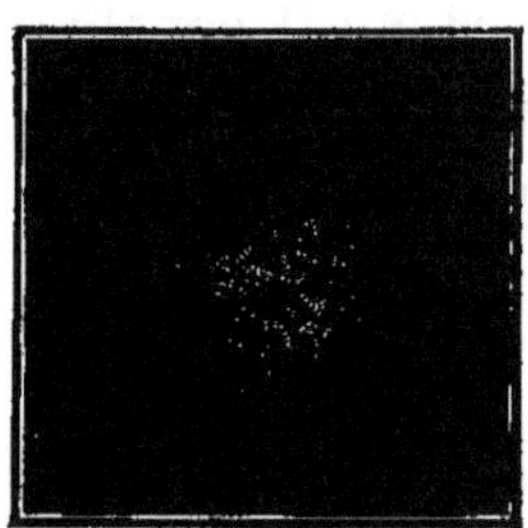

Fig. 65. — Nébuleuse planétaire des Poissons.

D'après M. Huggins, du reste, si on admet les trois raies caractéristiques comme représentant une matière élémentaire, il est curieux de remarquer que toutes les nébuleuses dites planétaires en présentent la trace au même point de condensation, sans qu'aucun de ces astres paraisse plus avancé que les autres. Si quelqu'un était dans une période plus avancée, la matière primitive aurait donné naissance à plusieurs corps simples, qui seraient révélés au spectroscope par des raies semblables à celles que donnent les corps liquides ou solides.

D'après cette constatation, nous pouvons dire avec M. Huggins que les nébuleuses à spectre gazeux sont des systèmes ayant une structure et une organisation à part et qui sont d'un ordre différent de celui dont notre Soleil, avec ses planètes, faisait partie dans la nébuleuse primitive.

Outre l'ordre des nébuleuses amorphes, nous devons citer les perforées, telles que la Dorade, semblable à une masse visqueuse qui se serait resserrée sur elle-même en laissant à son centre de grands trous vides de matières ; d'autres présentent des aspects déchiquetés, déchirés, ou lancent dans l'espace de longues fusées de matières. Ces curieux amas sont évidemment traversés de courants qui, par les mouvements variés qu'ils communiquent à la masse, tendent à la décomposer et à la ramener, après des bouleversements nombreux, à des formes régulières qui semblent l'indice d'un repos plus complet.

Les nébuleuses régulières comprennent : les nébuleuses annulaires et les nébuleuses planétiformes. Le premier type est remarquablement caractérisé par la Lyre, qui rappelle, par sa forme régulière, les anneaux de Saturne, tandis que les secondes présentent l'aspect d'une étoile entourée d'une nébulosité d'un faible éclat et ne donnant au spectroscope, comme les autres nébuleuses, que deux ou trois raies colorées. D'après Herschel, qui les a signalées, elles atteindraient 12″ à 14″ ; c'est-à-dire, en les supposant à la distance des étoiles de première grandeur, qu'elles seraient 6 ou 7.000 fois plus grandes que notre Soleil. On en compte qui atteignent à peine 2″ à 3″ et qui donnent l'impression d'une étoile ; mais comme cette étoile a un spectre de nébuleuse, il n'y a pas de doute sur son identité.

Comme l'étude de ces objets présente une réelle difficulté et nécessite d'excellents instruments, dépassant les ressources des particuliers, nous nous bornons à donner un catalogue des plus beaux spécimens des amas d'étoiles et des nébuleuses que l'on peut observer au ciel par une nuit un peu sombre. Nous les avons du reste signalés presque tous dans la description du ciel.

CATALOGUE DES PLUS INTÉRESSANTES

NÉBULEUSES OU DES PLUS REMARQUABLES AMAS STELLAIRES VISIBLES DANS NOTRE HÉMISPHÈRE.

DÉSIGNATION DE L'OBJET.	AR	δ
	h. m.	° ′
Grande nébuleuse d'Andromède.........................	0.36	+ 40.37
Nébuleuse elliptique contenant des étoiles..............	0.42	— 25.57
Nébuleuse du Triangle, difficile quoique très étendue.....	1.27	+ 30. 5
Amas de Persée, remarquable par son éclat..............	2.11	+ 56.36
Amas près du β de Persée..........................	2.34	+ 42.16
Nébuleuse ovale de l'Éridan..........................	3.29	— 36.32
Nébuleuse variable de Tempel........................	3.39	+ 23.23
Les Pléiades, η du Taureau..........................	3.40	+ 23.42
Nébuleuse variable de Hind..........................	4.15	+ 19.14
Amas globulaire variable de la Colombe..............	5.10	— 40.11
Grande nébuleuse d'Orion............................	5.29	— 5.29
Nébuleuse variable de Chacornac.....................	5.30	+ 21. 8
Nébuleuse près de ε d'Orion.........................	5.30	— 1.17
Bel amas de la Licorne..............................	6.21	+ 12.42
Magnifique amas du Grand Chien......................	6.42	— 20.37
Amas et nébuleuse Messier 46........................	7.36	— 14.32
Amas d'étoiles, difficile à voir......................	7.48	— 38.13
Amas du Cancer (la Crèche)..........................	8.·7	+ 20.23
— Messier 67..........................	8.45	+ 12.15
Nébuleuse planétaire................................	9.11	— 36. 7
Nébuleuse de la Grande Ourse, très longue (7′)........	9.46	+ 70.21
Nébuleuse planétaire................................	10. 2	— 39.51
— (Hydre)........................	10.19	— 18. 2
— (Grande Ourse)..................	11. 8	+ 55.40
Nébuleuse spirale de la Vierge.......................	12.13	+ 15. 5
— —	12.17	+ 16.29
Nébuleuse elliptique de la Vierge.....................	12.27	+ 15. 5
Nébuleuse de la Vierge..............................	12.34	— 10.57
— des Lévriers............................	12.36	+ 33.12
Amas d'étoiles de la Chevelure de Bérénice, très difficile..	13. 7	+ 18.48
Anneau nébuleux en spirale des Lévriers................	13.25	+ 47.49
Nébuleuse spirale....................................	13.30	— 29.16
—	13.32	— 17.16
Amas considérable de 6′ de diamètre (3 de Messier)......	13.37	+ 28.59
Petit amas de la Vierge..............................	14.23	— 5.26
Bel amas de la Balance..............................	15.12	+ 2.33
Amas...	15.38	— 37.25
Nébuleuse résoluble du Scorpion......................	16.10	— 22.41
Grand amas d'Hercule................................	16.37	+ 36.42
Amas d'Ophiuchus....................................	16.41	— 1.44
—	16.50	— 3.54
Amas du Scorpion, difficile...........................	16.54	— 29.56

CATALOGUE DES PLUS INTÉRESSANTES

NÉBULEUSES OU DES PLUS REMARQUABLES AMAS STELLAIRES VISIBLES DANS NOTRE HÉMISPHÈRE (*suite*).

DÉSIGNATION DE L'OBJET.	AR	δ
	h. m.	° ′
Bel amas d'Hercule condensé au centre	17.13	+ 43.15
Petite nébuleuse annulaire	17.14	— 38.21
—	17.22	— 23.39
Amas d'Ophiuchus	17.31	— 3.10
Nébuleuse du Sagittaire en trois sections	17.55	— 23. 2
Amas nébuleux du Sagittaire............................	17.57	— 24.21
Nébuleuse de l'Écu (dite nébuleuse Ω).................	18.14	— 16.13
Amas du Sagittaire....................................	18.29	— 24. 0
Nébuleuse annulaire de la Lyre........................	18.49	+ 32.53
Nébuleuse variable....................................	19. 5	+ 0.50
Nébuleuse du Sagittaire du 6′ de longueur...............	19.32	— 31.13
Nébuleuse double (Haltère du battant de cloche) du Petit Renard..	19.54	+ 22.24
Petite nébuleuse annulaire	20.11	+ 30.12
Nébuleuse planétaire..................................	20.17	+ 19.44
Nébuleuse près du κ du Cygne..........................	20.40	+ 30.17
Bel amas du Capricorne................................	20.47	— 12.59
Nébuleuse planétaire du Verseau	20.58	— 17.50
Amas du Verseau......................................	21.27	— 1.22
— du Capricorne, difficile..........................	21.34	— 23.43
Nébuleuse planétaire (bleue) de 12′ de diamètre..........	23.20	+ 41.53

Distribution des amas stellaires et des nébuleuses.

En discutant les observations du catalogue d'Herschel, M. Cleveland Abbe a remarqué une distribution particulière des nébuleuses; il lui a été possible de conclure que si les étoiles et les amas d'étoiles se remarquent sur la Voie lactée, les nébuleuses irrésolubles sont systématiquement concentrées vers les pôles de cet anneau stellaire. Leur distribution serait donc inverse de celle des nébuleuses.

M. Abbe, en supposant une sorte d'équateur stellaire, s'étendant de 15° en dessus et de 15° en dessous de la Voie lactée, a fait remarquer que cette zone contient les 9/10 des étoiles et 1/10 seulement des nébuleuses irrésolubles.

Toujours d'après le même auteur, on peut partager le ciel en trois zones : la première, comprenant la Voie lactée, la seconde, toutes les parties du ciel au nord de ce disque stellaire, et la troisième, la zone située au sud, en exceptant les deux nuages de Magellan. En supposant à la Voie lactée une largeur de 10° on arrive aux résultats suivants :

NOMBRE DES AMAS ET NÉBULEUSES.

ZONES OU RÉGIONS CÉLESTES.	Aires.	Amas stellaires.	Amas globulaires.	Nébuleuses résolubles.	Nébuleuses.	TOTAL.
Au nord de la Voie lactée........	180°	150	31	262	2.351	2.794
Dans la Voie lactée...............	30°	254	19	12	73	358
Au sud de la Voie lactée.........	130°	76	35	80	1.356	1.547
Dans le grand nuage de Magellan	15°	52	14	36	248	350
Dans le petit nuage —	5°	3	3	7	25	38
Totaux.........	3.60°	535	102	397	4.053	5.087

Pour se rendre un compte exact des nombres fournis par ce tableau, il faut évidemment rapporter les valeurs ci-dessus à la surface qu'occupe chaque zone, car leurs aires sont très différentes.

DENSITÉS COMPARÉES DES RÉGIONS DU CIEL.

ZONES ET RÉGIONS CÉLESTES.	Amas stellaires.	Nébuleuses irréductibles.
Au nord de la Voie lactée..........................	0.853	1.160
Dans la Voie lactée..............................	2.308	0.213
Au sud de la Voie lactée..........................	0.512	0.615
Dans le grand nuage de Magellan..................	2.967	1.468
Dans le petit nuage —	0.906	0.444

Cette jauge des amas stellaires et des nébuleuses irréductibles a permis d'établir la loi suivant laquelle se répartissent les représentants de ces deux classes.

La richesse de la Voie lactée en amas stellaires, sa pau-

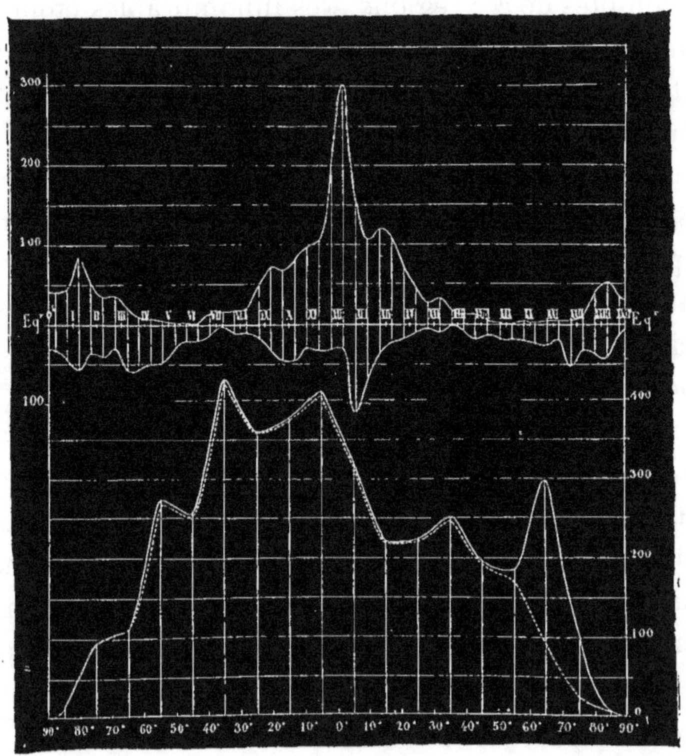

Fig. 66. — Courbe de distribution des nébuleuses, d'après M. Cleveland Abbe, 1° suivant les ascensions droites; 2° suivant les déclinaisons.

vreté en nébuleuses ressort évidemment des tableaux précédents.

Il reste un élément intéressant à étudier pour nous, c'est la distribution des nébuleuses suivant les ascensions droites et les déclinaisons : la fig. 66 se passe de tout commentaire et permet, à première vue, de constater leur groupement à l'intérieur comme au dehors de la Voie lactée, et l'accumulation si remarquable des nébuleuses véritables dans l'hémisphère nord de la zone. On rencontre là, dans le voisinage du pôle de la Voie lactée, des régions particulièrement riches en nébuleuses; la Vierge, la Chevelure sont les plus connues de ces régions. Ces innombrables étoiles, disséminées dans les espaces célestes, forment des traînées de points lumineux, qui semblent obéir à une sorte de loi, et sont en tous cas loin d'être distribués au hasard.

Remarquons, en terminant, que le mouvement propre du Soleil, qui a été déterminé par rapport aux étoiles qui font partie du grand système de la Voie lactée, n'est, comme la plupart des mouvements que nous avons étudiés jusqu'ici, qu'un mouvement relatif.

Pour pouvoir apprécier le déplacement absolu de notre système solaire dans l'espace, il conviendrait d'ajouter celui de la Voie lactée tout entière. On a pensé y parvenir en appliquant aux nébuleuses un procédé de recherche analogue à celui qu'on a appliqué aux étoiles; c'est-à-dire en déterminant le mouvement de la Voie lactée par le moyen des mouvements propres des nébuleuses, de même que, à l'aide des mouvements propres des étoiles, on a fixé le mouvement propre du Soleil.

CHAPITRE XI.

LE SOLEIL.

Observation du Soleil.

La distance de quelques étoiles une fois déterminée, on a essayé d'estimer la place que notre Soleil occupe dans l'univers, et l'on a reconnu que cet astre, dont le volume égale environ treize cent mille fois le volume de la Terre, transporté à la distance des étoiles de première grandeur (à 1.000.000 de fois sa distance actuelle), ne nous paraîtrait plus que comme un point lumineux à peine perceptible, comme une toute petite étoile de 5e à 6e grandeur. Ne voilà-t-il pas de quoi rabaisser l'orgueil de ces gens qui pensent que l'univers a les yeux continuellement fixés sur eux? Que sont-ils? eux si petits, sur une Terre minuscule emportée comme un fétu par un Soleil microscopique!

Notre Soleil étant identifié aux étoiles, que penserons-nous du petit calcul suivant?

D'après les jauges d'Herschel, M. Struve a calculé que la Voie lactée contient plus de 20.000.000 de soleils visibles, et la Voie lactée n'occupe qu'une infime partie de l'univers, dans lequel on compte plus de 600 nébuleuses, dont un grand nombre sont plus considérables et plus peuplées que la Voie lactée. L'esprit reste vraiment confondu devant cette magnificence!

Les observations à faire sur le Soleil sont simples et

Fig. 67. — Le Soleil. (Tiré de la *Description de l'Univers*, par Manesson-Mallet.)

nombreuses, car, s'il est une étude qui puisse être populaire, c'est celle de cet astre qui nous éclaire et nous réchauffe, source intarissable de toute vie pour nous.

Est-il un plus beau sujet d'étude? Ces facules brillantes, ces taches étranges, leurs formes et leurs changements, la beauté du spectre solaire (si l'on possède un spectroscope), la forme délicate et les rapides transformations des proéminences, sont autant d'objets d'étude.

Et puis, il est si facile à observer, en plein jour, sans fatigue et sans affronter les froids des nuits d'hiver.

Les travaux solaires sont de deux sortes : l'examen de la surface du Soleil et l'étude de sa circonférence. Ce dernier point est spécialement réservé aux études spectroscopiques, qui restent un peu en dehors de nos moyens d'action, tandis que le premier est à la portée de tout amateur muni d'un faible télescope ou d'un spectroscope. Mais le point capital, c'est l'observation de ses taches.

A l'aide du plus faible instrument, on pourra faire de bonnes observations. Une lunette de 7 à 8 centimètres d'ouverture est suffisante. L'observation n'est ni dangereuse ni fatigante.

L'instrument doit être muni de bonnettes noires qui contiennent des verres foncés, qu'on visse à l'oculaire lors des observations du Soleil. Ce sont des verres noirs, bleus ou rouges, colorés chimiquement. On peut prendre de préférence les noirs ou les bleus.

Un conseil, presque inutile à donner, c'est de ne pas laisser trop longtemps la lunette braquée sur le Soleil, sans quoi on s'expose à ce que la chaleur fasse éclater les verres. On doit également de temps en temps la détourner du pointé, afin de lui laisser reprendre la température ambiante. On devra aussi éviter de regarder dans l'instrument non muni de bonnettes, sous peine de rester quelques instants aveugle. Ce sont de petits mécomptes qu'il importe d'éviter si l'on veut trouver aux observations le véritable intérêt qu'elles comportent.

On peut faire les observations de deux façons : si la lunette est munie d'un chercheur, on la pointe de façon à amener le Soleil à la croisée des fils, ou bien, si l'instrument est petit, on emploie le procédé suivant.

Obervations du Soleil par projection.

On fixe une feuille de papier à dessiner très blanc sur un carton léger et rigide, ce qui constitue l'écran de projection. On met ensuite la lunette au point sur l'objet terrestre le plus éloigné possible, distant de plusieurs kilomètres si cela se peut.

On prend cette mise au point avec l'oculaire céleste le plus fort après en avoir retiré la bonnette à verre noir. On dirige ensuite, à peu près, en se gardant bien d'y mettre l'œil, la lunette sur le soleil; on place alors l'écran derrière l'oculaire, à 10 centimètres environ de distance et perpendiculairement à la direction de la lunette. L'ombre de la lunette se dessine alors sur l'écran en forme de tuyau de poêle.

On prend la crémaillère ou le corps de la lunette d'une main et, tout en tenant l'écran dans la position précédente avec l'autre main, on déplace la lunette de sa direction primitive en essayant de diminuer la longueur de l'ombre. En tâtonnant, on voit tout de suite dans quel sens on doit agir et l'on continue jusqu'à ce que l'ombre de la lunette sur l'écran n'offre plus qu'un cercle. On voit apparaître sur l'écran la portion du Soleil que le champ de l'instrument permet de voir. On fait arriver le bord du Soleil au milieu du cercle de projection et l'on sort ou l'on rentre l'oculaire, avec la crémaillère ou autrement, jusqu'à ce que le bord de l'astre soit aussi net que possible. Il n'y a plus alors qu'à faire mouvoir doucement l'instrument pour que les différentes parties du Soleil viennent se projeter sur l'écran en passant par le champ de la lunette.

En enserrant avec deux volets le corps de la lunette, on obtient une ombre opaque autour de la projection et l'on quintuple ainsi son éclat. On peut ajuster une aiguille au

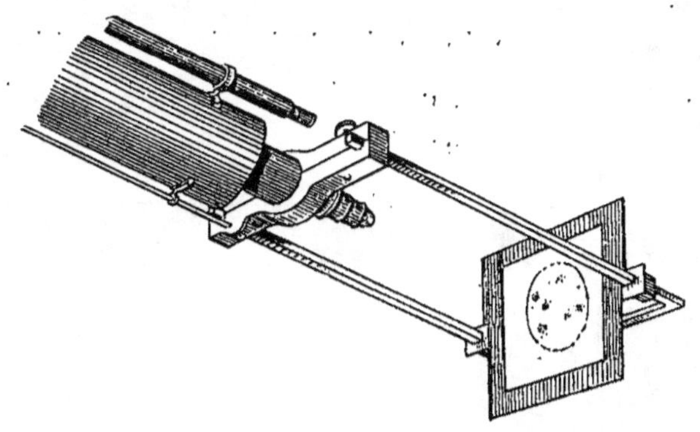

Fig. 68. — Projection du Soleil sur un écran.

bord du volet supérieur et en donnant à cette aiguille la direction de la lunette, son ombre sur l'écran sert à diriger la lunette vers le Soleil. Le mieux serait de fermer la fenêtre unique d'une chambre avec une étoffe noire plus grande que cette fenêtre, de manière à ne pas gêner les mouvements de la lunette, dont l'objectif seul sortirait par un trou pratiqué dans l'étoffe. Il faudrait attacher l'étoffe autour du corps de la lunette près de l'objectif. Un petit trou percé dans l'étoffe au-dessus de l'objectif suffirait pour diriger la lunette sur le Soleil en rendant le rayon lumineux qui passerait par ce trou parallèle à la direction de la lunette; on boucherait ensuite ce trou une fois qu'on aurait obtenu sur l'écran l'image du Soleil.

Avec ce système, en éloignant l'écran de la lunette de 50 centimètres ou un mètre, au lieu de 10 centimètres, on aurait une projection d'un énorme grandissement et l'on aurait encore assez de lumière pour que le détail des taches fût très visible.

Il faudra faire attention, chaque fois que l'on changera la distance de l'écran à l'oculaire, qu'il faut rentrer ou

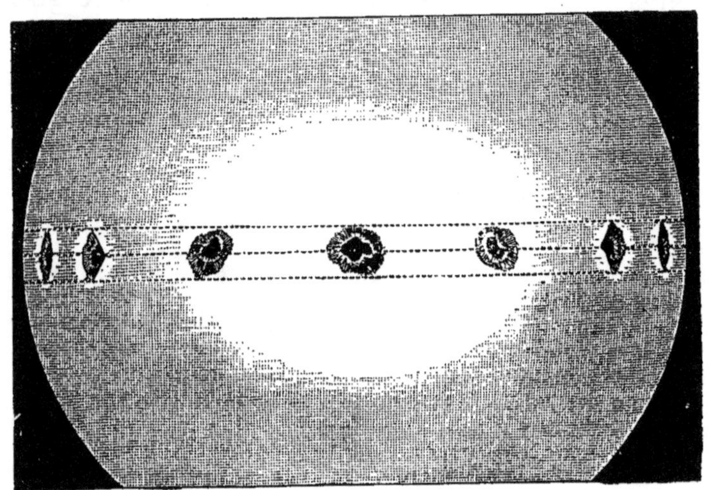

Fig. 69. — Une même tache vue sur divers points du Soleil.

sortir cet oculaire pour que l'image soit aussi nette que possible.

Les taches offrent toutes les dimensions possibles et se présentent sous la forme de points imperceptibles, même aux meilleurs instruments, aussi bien que sous les dimensions les plus grandes; elles occupent jusqu'à 1 minute de diamètre et plus (visibles à l'œil nu), c'est-à-dire qu'elles s'étendent sur une longueur de 43.000 kilomètres et parfois davantage. De telles taches ne sont environ que 32 fois moins larges que le diamètre entier du Soleil.

On peut se rendre compte de leur dimension en se rappelant que le diamètre de la Terre, vu à la distance du Soleil, serait deux fois la parallaxe du Soleil, c'est-à-dire de 17″,7 environ.

La parallaxe du Soleil n'a pu être déterminée exactement par les anciens, qui ne possédaient aucun instrument assez délicat pour évaluer une quantité aussi faible. On voit d'ailleurs, dans le tableau suivant, la valeur de cet angle diminuer à mesure que les temps se rapprochent et indiquer ainsi les progrès faits dans l'art de la construction des instruments.

Aristarque de Samos,	180″
Hipparqne,	115 à 140″.

Les valeurs adoptées ont varié sensiblement entre ces limites jusqu'à Kepler, qui la réduisait à 60″, mais elle reprend cette moyenne dans les résultats fournis par les observateurs suivants, sauf trois exceptions, qui la fixent à 14″, 59″ et 28″.

Il faut attendre Flamsteed pour trouver une valeur raisonnable, 10, sensiblement acceptée par Cassini. Halley l'estimait trop forte, 45″ et 25″; La Hire, trop faible, 6″, mais on ne la voit s'asseoir réellement qu'avec le dix-neuvième siècle, où elle varie entre les limites de 8″,50 à 9″,03.

Masse de la Terre donnée par Mars et Vénus.	Le Verrier...	8″,866	8″,853	8″,859
Masse de la Terre donnée par Vénus 1769.......	Powalsky....	8 ,74		
Vitesse de la lumière........	Cornu........	8 ,83	8 ,881	
Petite planète..................................	Galle.........	8 ,79		
Vénus 1874.....................................	Puiseux......	8 ,879		
Comète Enke..................................	Von Asten...	9 ,009		
Vénus 1874.....................................	Airy.........	8 ,760		
Petite planète..................................	Gill..........	8 ,765		
Vénus 1874.....................................	Stone........	8 .88		
—	Tupman.....	8 ,846	8 ,465	
Mars..	Hall.........	8 ,789		
—	Downing.....	8 ,960		
Petite planète..................................	Gill..........	8 ,78		

Vénus 1874	Puiseux	8", 91
Masse de la Terre donnée par Vénus	Tisserand	8, 85
Vénus 1874	Todd	8, 883
Mars 1877	Eastmann	8, 953

En suivant ces taches avec attention, on verra qu'elles peuvent permettre de donner la durée de rotation du Soleil; elles mettent environ 13 jours à traverser le disque complet; parfois, elles ne se déforment pas et peuvent reparaître de l'autre côté de l'astre après en avoir fait le tour. On en a signalé qui ont été ainsi observées plusieurs fois.

Parfois, et le plus souvent, elles ne durent que quelques jours (de 10 à 20), s'altèrent et disparaissent en laissant derrière elles une sorte de traînée. Quelquefois, elles sont isolées; mais, le plus souvent, on les remarque, marchant de compagnie, groupées les unes près des autres, se fractionnant dans leur marche et formant plusieurs petites taches semblables à celle qui les a engendrées.

En général, elles se présentent sur le bord oriental du disque solaire, qu'elles traversent pour gagner le bord opposé; elles ne semblent pas se montrer indifféremment sur n'importe quelle partie du Soleil, car on les rencontre le plus souvent dans une zone de 20° au-dessus et au-dessous de l'Équateur.

Les taches, dont le nombre est fort variable, même dans les périodes de calme ou d'action, ont présenté les variations suivantes :

De 1828 à 1831	le Soleil s'est montré sans tache	1 jour.
En 1833	—	130 —
De 1836 à 1840	—	3 —
En 1843	—	147 —
De 1847 à 1851	—	2 —
En 1856	—	193 —
De 1858 à 1861	—	0 —
En 1867	—	195 —

Quant à la structure d'une tache, on la découvrira sans peine avec un peu d'attention et on remarquera qu'elle se développe au centre d'une région brillante qu'on nomme *facule*.

Les facules qui accompagnent fréquemment les taches du Soleil peuvent se voir près de celles-ci ou même absolument isolées dans les portions du disque solaire où les taches sont rares.

On peut estimer à deux ou trois cents le nombre de centres d'action qui se développent sur la surface tout en-

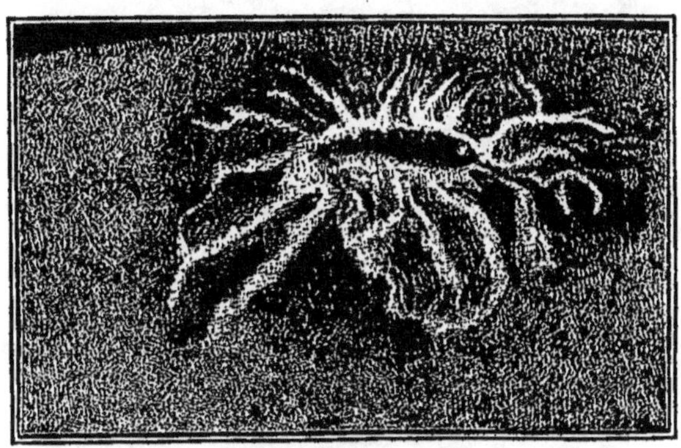

Fig. 70. — Tache vue près du bord du Soleil.

tière du Soleil au temps de grande activité. D'après les opinions admises, les taches sont de simples trouées dans la photosphère (atmosphère du Soleil).

Rappelons en passant que l'atmosphère du Soleil peut se concevoir en imaginant plusieurs enveloppes superposées, qui auraient successivement la composition suivante :

Dans les régions basses : fer, nickel, manganèse, chrome, cobalt, baryum, cuivre, zinc, titane et aluminium;

Dans les régions moyennes : magnésium, calcium, sodium ;

Dans les régions élevées : Hydrogène.

Généralement les taches débutent par un point noir qui

grandit peu à peu et affecte les formes les plus variées. Elles se présentent à l'observateur sous l'aspect d'un trou circulaire, très sombre (ombre), entouré d'une pénombre, moins noire que l'ombre, mais plus foncée cependant que la surface du Soleil. Dans la pénombre, on soupçonne des courants violents, de véritables cyclones qui déchirent le disque solaire. Au milieu du trou noir se détache un trou plus noir encore, qui constitue le *noyau* de la tache.

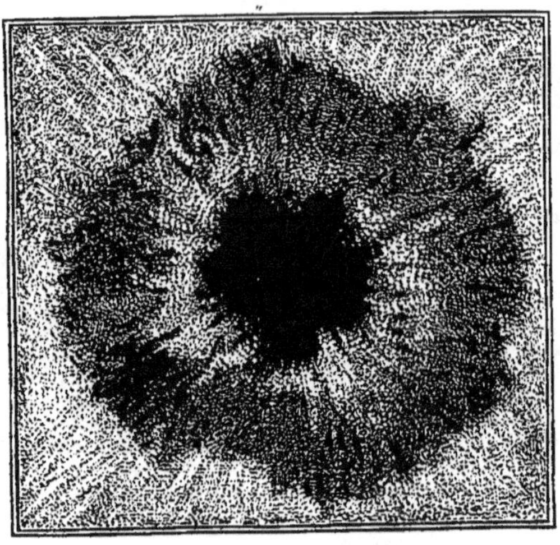

Fig. 71. — Tache du Soleil vue de face.

Lorsqu'on veut suivre une tache pendant plusieurs jours, on doit l'observer à la même heure, parce que sa position varie par rapport à notre verticale.

Pour peu que l'on sache dessiner, on parviendra bientôt à reproduire assez exactement l'aspect d'une tache observée avec soin, et nous ne saurions trop recommander cet exercice, qui apprend à bien observer.

La nature des taches est encore à déterminer. M. Faye pense que les taches ont le caractère de cyclones se déplaçant sur le Soleil à la façon des trombes sur la terre; cet illustre savant trouve ainsi la preuve de leur formation et de leur nature, mais cette affirmation demande à être appuyée par des faits nombreux, discutés avec soin.

Il y aurait aussi lieu, pour un observateur amateur, de rechercher les relations qui existent entre les taches, leur nombre, leur marche et la marche des phénomènes électriques ou magnétiques sur terre.

La comparaison des taches du Soleil avec une longue suite d'observations de la déclinaison magnétique donnerait des résultats intéressants.

Le Dr Terby, de Louvain, a émis l'opinion que les belles

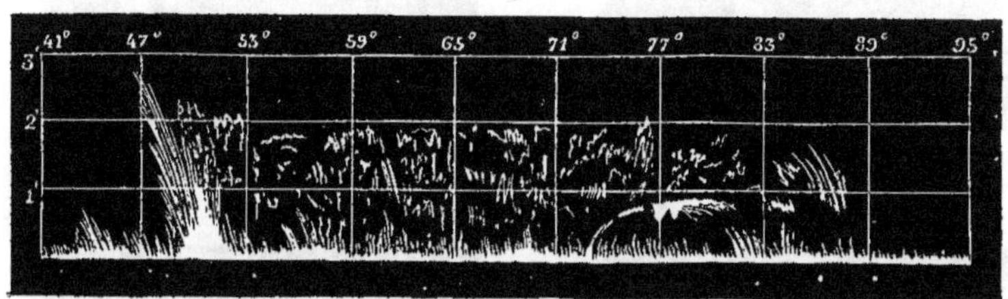

Fig. 72. — Mouvements observés à la surface du Soleil pendant l'aurore boréale du 4 février 1872, par M. Tacchini.

aurores et les perturbations magnétiques violentes coïncident avec une recrudescence inusitée de grandes taches sur le méridien central. D'autres savants estiment que ces phénomènes se produisent en même temps que les plus grands changements sont signalés dans les taches. Les grands orages de 1882 ont laissé la question en suspens, — elle n'est pas encore résolue.

D'après M. Tacchini, qui a pu observer l'aurore boréale du 4 février 1872, ce phénomène aurait été extraordinaire et son apparition aurait été accompagnée de mouvements correspondants sur la surface du Soleil.

« Le tour entier de cet astre, dit l'astronome italien, était couvert de belles flammes, qui atteignaient, vers le nord, jusqu'à 20 secondes. Une magnifique protubérance s'élevait à 2′ 40″, et à partir de ce point le bord présentait de nombreuses flammes brillantes. »

Il y a encore beaucoup à faire, en dehors de ces faits particuliers, pour établir les principes d'une correspondance générale entre les formes des taches solaires et les courbes

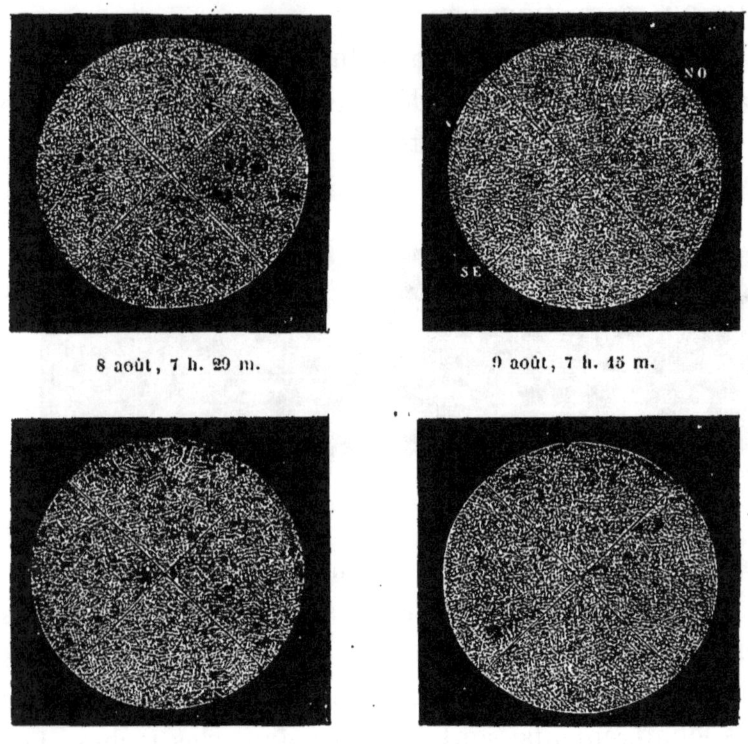

8 août, 7 h. 29 m. — 9 août, 7 h. 15 m.

10 août, 8 h. 5 m. — 11 août, 9 h. 42 m.

Fig. 73 à 76. — Aspects du Soleil à l'époque de l'aurore boréale du mois d'août 1872.

magnétiques, ainsi que les rapports entre leurs périodes et aussi leur connexion intime avec les orages magnétiques de la surface du Soleil à ces époques.

Les inégalités périodiques des taches constituent encore une question intéressante à étudier. Plusieurs auteurs ont fait voir que les années de plus grande fréquence des orages magnétiques coïncidaient avec les années de maxima des taches solaires et qu'inversement les années de minima de taches fournissaient moins d'orages magnétiques.

Le général E. Sabine a déduit, de la discussion d'un grand nombre d'observations, l'inégale distribution des orages magnétiques entre les divers mois de l'année. A certains lieux on a remarqué une augmentation réelle des orages aux équinoxes, tandis qu'ailleurs l'inégalité annuelle constatée n'indique aucune trace de maximum. M. J. H. Brown est arrivé à un résultat analogue, il a constaté que les troubles dans la déclinaison magnétique atteignaient leur maximum vers l'époque des équinoxes.

Loomis a tiré les conclusions suivantes d'un intéressant travail sur la question dont il s'agit : il a prouvé que les grandes perturbations magnétiques sont toujours accompagnées de modifications extraordinaires constatées dans la même journée sur la surface solaire : de plus, les grands troubles à la surface du Soleil, qui accompagnent les orages magnétiques sur terre, seraient annoncés par des troubles moins importants signalés trois ou quatre jours avant, puis seraient immédiatement suivis d'une période de calme absolu.

L'étude des aurores est intimement liée à la précédente; ces phénomènes coïncident également avec des troubles à la surface du disque solaire.

Il y aurait lieu de faire des observations analogues relativement à la pression barométrique, qui semble diminuer avec la période de grande activité solaire ou époque de maxima des taches.

La température paraît soumise, comme les taches, à la période de variation de 11 ans (1). Il semblerait que toute dimi-

(1) M. R. Wolf, de Zurich, a découvert, dans les variations qu'il a longtemps

nution des taches fût suivie d'une élévation de température, mais ce résultat est encore dissimulé au milieu des observations météorologiques; il importerait de l'en dégager.

La fréquence des cyclones varie en raison directe du nombre de taches relevées à la surface du disque solaire; cette conclusion est appuyée de nombreuses observations qui gagneraient à être corroborées par des séries nouvelles.

On a signalé un accroissement des pluies pendant les périodes maximum des taches, tandis que d'autres observateurs ont cru reconnaître une relation entre le nombre de taches et la quantité d'eau tombée.

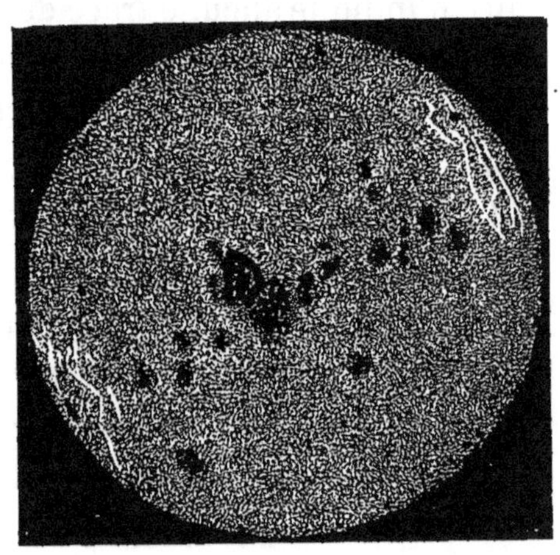

Fig. 77. — Surface du Soleil le 9 août 1872, à 6 heures du matin, observée par M. Cheux.

Nous croyons devoir nous arrêter là, laissant ainsi à l'esprit de nos lecteurs certains problèmes fort intéressants et dont la solution est à la portée de tout observateur habile et persévérant.

Si on regarde le disque solaire avec un instrument d'un grossissement moyen, toute sa surface est d'un blanc laiteux et uniforme, excepté dans les points où se manifestent des taches; mais si l'on augmente le pouvoir grossissant de l'instrument, on découvre sur la surface solaire une

observées sur la surface du Soleil, une fluctuation, dont l'amplitude est d'un peu plus de 11 ans. On a voulu rapprocher cette période de celle de Jupiter, 11ans,86, ou de celle indiquée par les variations de l'oscillation diurne de la boussole, sans que l'observation ait pu corroborer ces hypothèses.

masse de points brillants, baignés dans un milieu moins lumineux dont la rétine perçoit une sensation de blanc parfait. On donne généralement à cette surface le nom de *photosphère*.

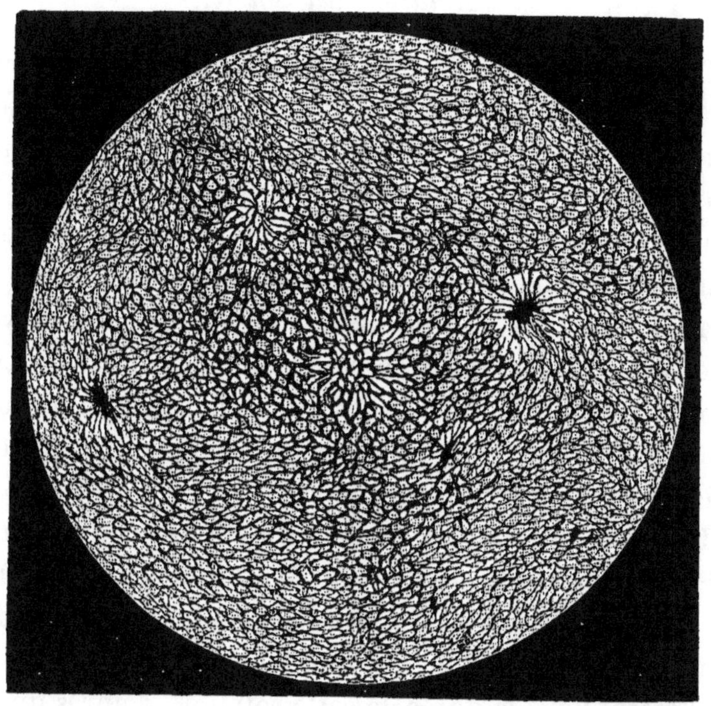

Fig. 78. — Apparence de la surface du Soleil observée à l'aide de puissant instruments.

Les points solaires que nous avons signalés sur la photosphère ont reçu les noms significatifs de pores, granulations, grains de riz, feuilles de saule, etc. (ils mesurent en moyenne de 150 à 200 kilom. de diamètre).

Au-dessus de cette photosphère, tout autour du globe solaire, de forts instruments font apercevoir une sorte d'atmosphère lumineuse qui s'élève à plusieurs milliers de lieues : c'est une couche peu transparente de gaz en combustion. Ce fait, signalé en 1857 par M. Liais, fut tranché en 1860 par les photographies de W. de la Rue, qui montrèrent, autour du disque obscurci, des protubérances lumineuses, une sorte de couronne brillante qui entourait le Soleil.

Rotation du Soleil.

Ce serait une erreur de croire que chaque jour permette de découvrir des taches sur le Soleil. Il y a des époques particulièrement favorables, ce sont les époques dites de maximum : 1804, 1816, 1829, 1837, 1848, 1860, 1870, 1882; nous sommes donc dans une période moins favorisée à cet égard. Les époques de minimum sont : 1810, 1823, 1833, 1844, 1856, 1867, 1878, 1889, en comptant, en moyenne, que les périodes maxima vont en décroissant pendant sept ans 1/2 environ, où elles atteignent leur minimum, et qu'il ne faut que 3 ans 1/2 pour que les taches reviennent du minimum au maximum.

La durée de rotation du Soleil a été déterminée par l'observation de ses taches; ce fut Jean Fabricius, de Oosteel en Frise, qui reconnut le premier que les taches appartiennent au globe du Soleil et que leur rotation indique celle de l'astre. Voici la durée de cette rotation, d'après un grand nombre d'auteurs cités par Houzeau (*Vade-mecum de l'Astronome*).

	j. h. m.
Scheiner	25
Halley	25. 9.30
Flamsteed	25. 6
J.-D. Cassini	25.14. 8
Kœstner	25.19

(1) L'existence de ces taches, presque invisibles à l'œil nu, a été cependant signalée dans des annales chinoises. En Europe, leur observation remonte à 1611, mais le plus grand observateur des taches du Soleil est Schwabe, le bailli de Dantzig.

	j. h. m. s.
J.-J. de Lalande	25.10. 0
Lambert	24.20.20
Fixlmillner	25.13.35. 5
Reggio	24. 2.58
Boscowich	26.18.29
Flaugergues	25. 1. 0.26
Delambre	25. 0.16. 6
Eynard	25. 9.26
Mossotti	25.10.13
Branchi	25. 4.19. 2
Thilo	25.10
Laugier	25. 8. 9. 6
Petersen	25. 4.30
Kysœus	25. 2.10
Biot	25.12.59. 4
Wichemann	25.12.52
Bœhm	24.12.30
Carrington	24.23.19. 4
Schwabe	25. 5
Faye	25. 4.29. 3
Spœrer	25. 5.37

R. Wolf, d'après la discussion de nombreuses observations, conclut :

	j. h. m. s.
Après un minimum de taches	25.14.22.6
Vers un maximum	23. 7.14.9
Avant un minimum	25. 4.48.0

Par la période de déclinaison magnétique Horstein a trouvé :

24 jours 13 heures.

Nervander, par l'étude des variations de température, en discutant les observations thermométriques faites à Paris de 1816 à 1839, a trouvé une légère inégalité qui indique une révolution de $25^j\ 8^h$, qui semble satisfaire à de nombreuses recherches du même genre. Buys Ballot, par une méthode semblable, trouvait 25j 18h $\frac{3}{4}$.

La périodicité des taches a aussi attiré l'attention de nombreux astronomes. Houzeau nous indique que les périodes de révolutions du Soleil affectent les durées suivantes :

	Périodes en années.
1844. Schwabe (observations de 1826 à 1842)........	10
1852. R. Wolf (diverses observations depuis 1611)...	10.111
1859. Thiele (observations du XVIIIe siècle).........	9.740
— — (— du XIXe siècle)..........	10.23
1878. Faye (observations de Schwabe)...............	11.20
1881. Spœrer (observations depuis 1752)............	11.313
1881. Duponchel (anciennes observations)...........	11.85

Ce dernier fait remarquer que cette période correspond à la révolution de Jupiter. Cette idée n'est pas neuve. Lalande se demandait si la périodicité des taches ne dépendait pas de marées causées par un corps céleste.

Lockyer indique une tendance des taches à se produire aux points de la surface solaire les plus voisins de Vénus, Jupiter et Mercure. Enfin, Klein a fait remarquer que 16 périodes des taches solaires équivalent à peu près à 6 périodes de Saturne, 15 de Jupiter et 289 de Vénus.

La structure des taches observées sur le Soleil.

M. Trouvelot, astronome de l'observatoire physique de Meudon, a fait depuis quinze ans des observations sur la structure de l'enveloppe brillante qui forme ce que l'on nomme la *photosphère*. Il ramène les taches solaires à deux types principaux. Les unes, dépourvues de facules et de voiles intérieurs, ont une forme circulaire et sont isolées et indépendantes. Les autres forment des groupes, elles sont réunies par des facules brillantes, et leur ombre ou cavité est ordinairement remplie par des voiles gris ou roses. Des observations réitérées indiquent que la structure de l'enveloppe solaire est filamenteuse. Les protubérances ont souvent aussi cette disposition, et M. Trouvelot en a observé de très grandes, composées de milliers de grandes lanières de feu de 60.000 à 70.000 kilomètres de hauteur.

« Or, dit M. Trouvelot, il résulte des expériences d'Andrews que la structure filamenteuse est particulière aux gaz et aux vapeurs qui sont sur le point de passer de l'état gazeux à l'état liquide. En effet, ce savant a constaté la structure filamenteuse de l'acide carbonique à la limite de son passage de l'état gazeux à l'état liquide; il a constaté aussi qu'au moment où des masses fortement comprimées changent d'état, elles prennent la structure filiforme. »

Que se passe-t-il théoriquement dans le phénomène de la condensation? La chaleur, en se dégageant, se porte sur les molécules voisines et forme autour des molécules déjà condensées une sorte d'atmosphère gazeuse qui les sépare des autres centres de condensation. Il en est de même dans le changement de l'état liquide à l'état solide : les liquides ne se solidifient pas en masse, ils se divisent en une multitude d'aiguilles cristallisées qui s'enchevêtrent de toutes manières. Inversement, si l'on plonge dans l'eau du mercure solidifié par le froid il se divise en une infinité de filets métalliques qui s'enveloppent instantanément de petits tubes de glace en empruntant à l'eau de la chaleur.

« Puisque, dit encore M. Trouvelot, dans nos expériences de laboratoire, la structure filamenteuse précède le passage de l'état gazeux à l'état liquide, on pourrait penser qu'il en est de même sur le Soleil, et que l'état filamenteux de son enveloppe résulte de cet état critique de condensation des gaz et des vapeurs qui semblent constituer en grande partie les régions inférieures qui s'étendent au-dessous de la photosphère. Cette idée n'est pas une hypothèse tout à fait gratuite. En effet, d'après nos propres observations, nous savons positivement que des vapeurs se condensent au-dessus des taches en voie de décroissance et qu'elles prennent alors la structure filamenteuse de l'acide carbonique. »

S'il existe une couche gazeuse très profonde au-dessous de l'enveloppe filamenteuse, l'observation des éclipses totales du Soleil a démontré d'une façon certaine qu'il y a au-dessus de cette enveloppe une atmosphère très rare et d'une immense étendue. L'enveloppe filamenteuse, qui est pour nous la surface visible du Soleil est suspendue ainsi entre la couche intérieure et la couche extérieure, qui n'est autre que la couronne que l'on aperçoit seulement pendant les éclipses.

L'enveloppe filamenteuse semble résulter de la condensation des gaz et des vapeurs métalliques, sans cesse en mouvement dans l'ardente fournaise solaire. Cette couche indique l'instant critique de la condensation qui commence et se trouve continuellement gênée et arrêtée; aussi rien ne devrait être plus instable que cette surface brillante du Soleil.

Cette condensation doit nécessairement être accompagnée d'un effrayant dégagement de chaleur, de lumière et d'électricité. Laissons M. Trouvelot décrire ainsi ces phénomènes : « L'observation des taches solaires, des facules, des protubérances et des granulations nous conduit à penser que, sous cette enveloppe filamenteuse, se produisent des crises formidables, des éruptions gigantesques de gaz incandescents, de vapeurs et de poussières métalliques qui, lancées avec force hors du noyau, s'élèvent et s'accumulent sous cette enveloppe, la pénètrent, décomposent ses éléments filiformes et, en se mélangeant avec eux, les soulèvent au-dessus d'elle, où ils apparaissent sous forme de facules brillantes que, peu à peu, ils font passer à l'état

Fig. 79. — Éruptions solaires du 7 juillet 1872 :
A, à 3 h. 50 m. ; B, à 4 h. 15 m. ; C, à 4 h. 30 m.; D, à 5 h. 10 m.; F, à 6 h. 30 m.

gazeux, en leur restituant la chaleur qu'ils avaient perdue en se condensant.

« Bien que nous n'ayons à présent aucun moyen de reconnaître positivement si le siège de ces éruptions se trouve situé à une faible profondeur sous l'enveloppe filamenteuse, ou bien s'il est à des profondeurs plus considérables, cependant, d'après ce que nous connaissons de l'intérieur de cette enveloppe par l'ouverture des taches, il paraît certain qu'il n'est pas situé très près d'elle, mais à de bien plus grandes profondeurs. Que ces phénomènes soient dus à des éruptions volcaniques gigantesques à travers la croûte d'un globe solide, comme les éruptions volcaniques terrestres, ou bien qu'ils soient dus à des jets, à des courants verticaux, émanant d'un noyau liquide ou gazeux porté à une très haute température et soumis à une très forte pression, nous l'ignorons absolument, mais il semble néanmoins certain que c'est à l'une ou à l'autre de ces causes qu'il faut les attribuer. »

Fig. 80. — Éruptions solaires du 13 juillet 1872 :
G, à 11 h. 35 m. ; H, à 4 h. 35 m. ; I, à 6 h. 20. — K, représente une tache manifestant des vestiges d'éruption. observée le 11 juillet sur le bord du Soleil.

Quoique l'on ne puisse guère comprendre la cause ni la nature de ces éruptions, il semble certain que ce sont elles qui produisent l'enveloppe brillante avec ses taches, ses facules, sa chromosphère et ses protubérances. Les taches sont sans doute produites par des jets de vapeurs métalliques et et de gaz incandescents, qui, pénétrant dans cette enveloppe lumineuse, dissolvent et transforment les matières qu'ils rencontrent. Nous voyons tantôt des vapeurs violacées, tantôt des facules éclatantes qui se déchirent et se détournent pour laisser à leur place ces trous profonds qui forment les taches.

Suivant l'observateur que nous venons de citer, les phénomènes observés sur les taches, la pénombre, le noyau, les ponts, les facules, proviennent de la dissolution ou de la transformation de certains éléments filamenteux en vapeurs violettes ; ces vapeurs s'élèvent et ne sont plus visibles ; d'autres éléments passent dans les facules et les ponts lumineux, qui sont soulevés et rejetés de côté ; de plus, la dissolution du bord inférieur des filaments qui forment le bord de la trouée et le soulèvement de ces filaments et de ceux qui les avoisinent, raccourcis et soulevé par leur extrémité inférieure, peuvent, on le comprend, donner naissance aux pénombres et à toutes leurs variétés.

Voici une description théorique de la coupe du Soleil d'après M. Trouvelot, tellement claire que nous croyons devoir la donner tout entière : « L'enveloppe qui limite la surface brillante du Soleil nommée photosphère forme comme une espèce de coquille sphérique immense dont l'épaisseur est relativement fort petite. Cette enveloppe, dans laquelle il se produit des trouées, qui nous sont connues sous le nom de *taches solireas*, est composée d'une quantité innombrable de filaments verticaux, dus à la condensation des vapeurs métalliques lancées de l'intérieur et tenues en suspension à peu près à la même hauteur au milieu de vapeurs comparativement peu lumineuses qui séparent les filaments et les tiennent à distance. Chacun des éléments filamenteux dont cette enveloppe est formée contient en lui toutes les substances qui la composent. Il en est de même des vapeurs qui les séparent, qui sont formées des mêmes substances que les filaments qui les forment en se condensant. En raison de sa structure filamenteuse, cette enveloppe sphérique du Soleil, qu'il serait bon de distinguer de la photosphère, pourrait recevoir le nom de *nématosphère*, nom beaucoup plus approprié que celui de *photosphère*, qui n'appartient qu'à la surface des granulations qui composent cette enveloppe et sur laquelle s'engendre la lumière.

« A l'intérieur de cette enveloppe filamenteuse et à une certaine profondeur existe un noyau dont la nature reste indéterminée, et qui peut être soit solide, soit liquide, soit gazeux. Mais, quelle que soit la nature du noyau solaire, il est certain qu'il est sujet à des crises violentes, qui sont pour ainsi dire permanentes, et se produisent sur toute sa surface, comme l'indiquent les faibles taches grisâtres qui s'observent partout sur le Soleil, les taches minuscules accompagnées de facules ainsi que les protubérances hydrogénées que l'on rencontre sous toutes les latitudes; seulement ces crises sont beaucoup plus violentes que partout ailleurs sur la région comprise entre le 35e degré de chaque côté de l'équateur.

« Les crises du noyau solaire se manifestent par des éruptions formidables de gaz hydrogène, de vapeurs métalliques et de poussières incandescentes, qui, lancées jusqu'à des hauteurs considérables, viennent s'accumuler en nuages de feu sous la partie inférieure de la nématosphère. »

Laissons raconter encore par M. Trouvelot une observation curieuse qu'il a faite.

« Le 28 août 1871, à midi, j'observais le Soleil, depuis quelque temps, à l'aide d'une lunette de 4 pouces d'ouverture, quand je vis tout à coup passer devant son disque une multitude de corps noirs et opaques. Bien que ces corps fussent, en général, fort petits, il y en avait cependant parmi eux dont les dimensions étaient appréciables, et ils égalaient en grosseur une petite tache solaire visible vers le centre de l'astre, et qui sous-tendait un angle de 20″ à 25″.

« La vitesse de ces corps n'était pas uniforme, et, tandis que les uns se mouvaient avec une très grande rapidité, les autres allaient assez lentement. Leur passage devant le Soleil ne se faisait pas non plus d'une manière régulière et suivie : il y avait comme des instants de repos pendant lesquels on n'en apercevait aucun, et des moments d'activité durant lesquels ils se montraient fort nombreux. Quand apparaissait un de ces corpuscules, il était invariablement suivi par d'autres qui lui succédaient de très près. »

Pendant 40 minutes il en passa de cinq à six cents. Comme ces corpuscules suivaient à peu près la direction du vent, on peut penser que c'étaient des insectes, des graines ou des poussières voyageant dans l'air, ou bien un essaim d'étoiles filantes passant entre la Terre et le Soleil.

Cette observation ne s'est du reste plus représentée, mais on en a de nombreux exemples dans la liste des passages supposés de Vulcain sur le disque du Soleil.

Il nous a semblé intéressant de faire les citations qu'on vient de lire, afin que tout observateur puisse se rendre compte de la méthode suivie par les astronomes dans le genre d'études qui nous occupe.

Conseils aux amateurs.

Cette couche irrégulière de matière gazeuse qui apparaît dans les éclipses totales autour du disque solaire, caché par la Lune, a une couleur rouge ou rosée et prend le nom de *chromosphère*. De cette masse on voit à certaines époques jaillir des langues de nuages enflammés, affectant les formes les plus diverses et qui ont reçu le nom de *proéminences* ou *protubérances* roses.

C'est pendant l'éclipse totale de 1842 qu'on observa sérieusement les protubérances solaires; les observations furent tellement douteuses, que les avis les plus divers se firent jour au sujet de ces phénomènes.

Le 2 avril 1845, Fizeau et Foucault obtenaient une

image photographique du Soleil; entrant dans cette voie, de nombreux savants, M. Janssen, entre autres, ont fixé sur des plaques sensibles (gélatino-bromure d'argent) l'image du Soleil, ce qui fait qu'il nous est si bien connu aujourd'hui.

Fig. 81. — Aspect de la chromosphère, le Soleil étant éclipsé.

Mais c'est pendant l'éclipse du 18 août 1868 que fut fixée la véritable nature des protubérances; toutes les proéminences observées donnèrent un spectre formé de raies brillantes, caractéristiques de l'hydrogène; il fut dès lors démontré que les protubérances appartiennent aux régions circumsolaires, qu'elles sont formées de gaz hydrogène à l'état d'incandescence et que les régions où on les remarque sont le siège de cataclysmes épouvantables dans lesquels des masses de matière, dont le volume est plusieurs centaines de fois plus grand que celui de la Terre, se déplacent et changent d'aspect avec une grande rapidité.

Au-dessus de cette chromosphère, dans le vide que nous supposons, sont dévoilées au spectroscope des traces d'un

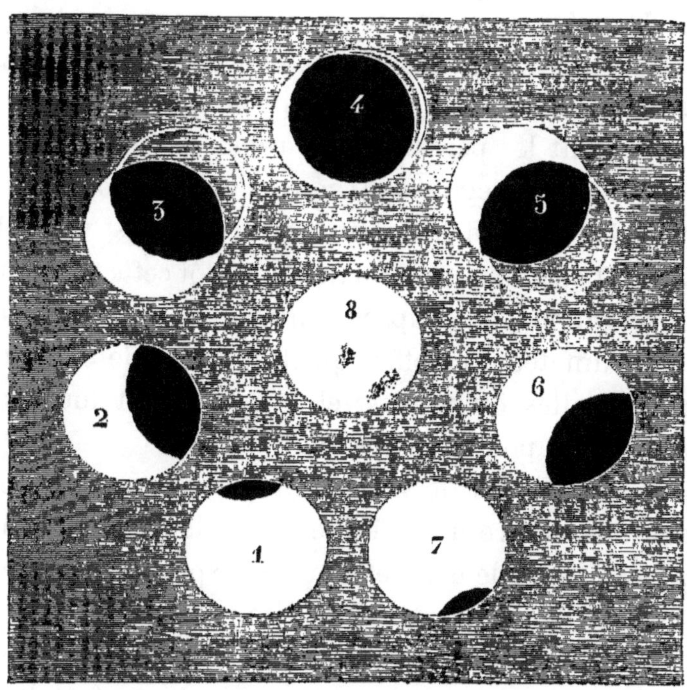

Fig. 82. — Éclipse du 15 mars 1858.

Nos 1, 2, 3, phases croissantes. — No 4, phase maximum. — Nos 5, 6 et 7, phases décroissantes. No 8, le Soleil avec les taches qu'il présentait huit jours après l'éclipse.

gaz incandescent qui forme ce qu'on appelle *la couronne* et qu'on suppose produit par la combustion de l'hydrogène ou d'un gaz encore inconnu.

On devra, au cas où l'on observerait quelque phénomène particulier sur le disque du Soleil, en avertir sans retard l'observatoire le plus voisin.

Rappelons aussi qu'on peut apercevoir sur le disque

solaire une tache noire, bien ronde, se déplaçant en quelques heures et traversant le disque en biais. Il faudrait prendre note aussi exacte que possible des détails de l'observation, de la route parcourue sur le Soleil, de l'heure, etc., ce serait une heureuse coïncidence, car ce pourrait être une observation de la planète intra-mercurielle indiquée par Le Verrier, bien que, comme nous le verrons plus loin, il ne semble pas qu'il y ait lieu de les chercher, car ce doit être un essaim d'astéroïdes qui occupe la place de cette planète et produit les perturbations remarquées sur Mercure.

Il peut arriver également que l'on aperçoive une comète sur le Soleil, le fait n'est pas rare, et s'est vu en 1818, 1819, etc.; l'on doit faire connaître aussitôt cette observation.

L'observation des éclipses rentre dans la catégorie des travaux d'amateur; en effet, qu'elles soient de Soleil ou de Lune, partielles ou totales, elles présentent toujours un nouvel intérêt pour l'observateur du ciel.

Dans les éclipses de Lune, on perçoit parfaitement la marche de l'ombre de la Terre après le premier contact, puis, peu à peu, le disque lunaire disparaît sensiblement sous une ombre rougeâtre, en limitant suffisamment sa trace pour qu'on puisse noter l'heure du contact de l'ombre avec les principales configurations de la surface lunaire. Quant aux éclipses de Soleil, la trace noire de la Lune permet très bien de distinguer les sinuosités produites par les aspérités de l'échancrure du disque.

Voici pour les années 1890 et 1891 les éclipses visibles en France :

1890. 17 juin....	Éclipse annulaire de Soleil, visible à Paris comme éclipse partielle.
— 26 novemb.	Éclipse visible de Lune, invisible à Paris.
— 12 décemb.	Éclipse annulaire totale de Soleil, invisible à Paris.
1891. 24 mai.....	Éclipse totale de Lune, visible à Paris.
— 6 juin.....	Éclipse annulaire de Soleil, visible à Paris comme éclipse partielle.
— 16 novemb.	Éclipse totale de Lune, visible à Paris.
— 1er décemb.	Éclipse de Soleil, invisible à Paris.

Nous donnons ci-dessous un tableau des coordonnées du Soleil AR et δ ainsi que son demi-diamètre apparent. Ces éléments permettront de calculer l'heure du passage au méridien des étoiles et des planètes lorsque l'occasion d'observer un de ces astres se présentera.

ASCENSION DROITE ET DÉCLINAISON DU SOLEIL EN 1890, A MIDI MOYEN
(*calculées d'après la* Connaissance des temps).

MOIS ET JOURS.		ASCENSION DROITE.	VARIATION MOYENNE POUR 1 HEURE.	DÉCLINAISON.	VARIATION MOYENNE POUR 1 HEURE.	DEMI-DIAMÈTRE APPARENT.
		h. m. s.	s.	° ′ ″	″	′ ″
Janvier	1	18.48.13	11	— 22.59.26	+ 18	16.18
—	11	19.32.00	11	— 21.46.11	29	16.18
—	21	20.14.48	10	— 19.50.48	38	16.17
—	31	20.56.20	10	— 17.18.34	46	16.16
Février........	10	21.36.30	10	— 14.15.55	52	16.14
—	20	22.15.23	9	— 10.49.33	56	16.12
Mars	2	22.53.12	9	— 7. 6.24	58	16.10
—	12	23.30.11	9	— 3.13.18	59	16. 7
—	22	0. 6.42	9	+ 0.43.35	59	16. 5
Avril..........	1	0.43. 4	9	+ 4.38. 2	57	16.2
—	11	1.19.36	9	+ 8.24. 4	53	15.59
—	21	1.56.39	9	+ 11.56.14	48	15.56
Mai	1	2.34.25	10	+ 15. 8.48	42	15.54
—	11	3.13. 3	10	+ 17.56.20	34	15.52
—	21	3.52.39	10	+ 20.13.60	26	15.50
—	31	4.33. 8	10	+21.57. 9	16	15.48
Juin...........	10	5.14.17	10	+ 23. 2.15	+ 6	15.47
—	20	5.55.50	10	+ 23.27. 1	— 4	15.46
—	30	6.37.21	10	+ 23.10.33	14	15.46
Juillet.........	10	7.18.29	10	+ 22.13.40	24	15.46
—	20	7.58.56	10	+ 0.3 28.35	32	15.47
—	30	8.38.27	10	+ 18.28.51	40	15.48
Août..........	9	9.16.58	9	+ 15.48.52	46	15.49
—	19	9.54.33	9	+ 12.43.25	51	15.51
—	29	10.31.19	9	+ 9.17.51	55	15.53
Septembre....	8	11. 7.31	9	+ 5.37.28	58	15.55
—	18	11.43.27	9	+ 1.47.32	59	15.58
—	28	12.19.26	9	— 2. 6.14	58	16. 0
Octobre	8	12.55.47	9	— 5.58. 8	56	16. 3
—	18	13.32.52	10	— 9.42.22	53	16. 6
—	28	14.10.58	10	— 13.12.21	47	16. 9
Novembre.....	7	14.50.19	10	— 16.21.35	41	16.11
—	17	15.31. 5	11	— 19. 3.25	32	16.13
—	27	16.13.11	11	— 21.11. 8	22	16.15
Décembre.....	7	16.56.29	11	— 22.39. 3	— 11	16.17
—	17	17.40.36	11	— 23.22.45	+ 1	16.18
—	27	18.24.59	11	— 23.18.47	+ 10	16.18
—	31	18.47.74	11	— 23. 9.43	+ 18	16.18

CHAPITRE XII.

LES INSTRUMENTS D'OBSERVATIONS.

Mesure du temps.

La constatation des mouvements célestes se réduit : 1° à mesurer les temps écoulés depuis un instant pris comme point de départ, 2° à déterminer l'instant précis du passage d'un astre au méridien, 3° à mesurer des distances angulaires.

Pour le premier point, les astronomes des siècles anciens eurent beaucoup de peine à estimer dans leurs observations les durées de temps un peu longues. Ils se servirent d'abord de sabliers, puis de clepsydres (horloges à eau) ; ils employèrent ensuite des horloges à poids. Enfin, les progrès de l'horlogerie permirent d'appliquer l'isochronisme des mouvements aux horloges, et de leur donner, par suite, une marche régulière : le moteur et les rouages, maintenus dans une liaison plus intime, furent réglés par les durées de l'échappement.

La description des horloges sort du cadre de cette publication; aussi supposons-nous connu l'appareil destiné à nous fournir l'heure; nous allons seulement apprendre à régler sa marche sur les phénomènes astronomiques.

Nous allons tout d'abord voir les différentes sortes d'unités de temps que l'on peut être amené à employer.

Les hommes ont, de toute antiquité, mesuré le temps

par les unités qu'ils ont choisies dans la nature comme point de comparaison. Les plus usitées sont le jour, l'heure ou 1/24 de jour, la minute ou 1/60 d'heure, la seconde ou 1/60 de minute, etc.

Il y a plusieurs sortes de *jours*. D'abord le jour *naturel* pendant lequel le Soleil nous éclaire ; il est opposé à la nuit et leur durée mutuelle varie en sens inverse dans nos contrées. La longueur des jours et des nuits est égale seulement deux fois par an, aux équinoxes.

Les astronomes ne peuvent, à cause de ces variations, baser une unité de temps sur le jour naturel : en astronomie, le jour représente le temps que met la Terre à exécuter une révolution entière autour de son axe. La durée en est donc plus ou moins longue, suivant que le corps céleste auquel on compare le mouvement de la Terre est fixe ou mobile.

L'espace de temps qui s'écoule entre deux passages successifs du même méridien devant le Soleil est appelé *jour solaire*, *jour vrai*, *jour astronomique*.

Les jours astronomiques sont plus ou moins longs suivant que la Terre se meut plus ou moins vite dans son orbite. Chacun sait que le mouvement diurne du Soleil est plus lent en été qu'en hiver ; l'obliquité de l'écliptique influe aussi sur la longueur des jours astronomiques : en effet, le mouvement diurne apparent du Soleil en ascension droite est plus faible aux équinoxes qu'aux solstices.

On appelle *jour civil* ou *jour moyen* le temps que met la Terre à faire un tour complet sur elle-même, en admettant que la vitesse de son mouvement soit toujours égale et qu'elle exécute $365^{\text{rév.}},2425$ dans une année moyenne du calendrier grégorien.

Pour les besoins de la vie commune on ne se sert que

du jour civil, et les horloges se règlent sur lui. Sa durée est de 24 heures, divisées en 12 heures de jour, comptées de *minuit* jusqu'à *midi;* et en 12 heures de nuit, comptées de *midi* à *minuit.*

Quant au jour astronomique, il commence au moment du passage du Soleil au méridien, c'est-à-dire à midi, et les heures se comptent de 0 heure à 24 heures, par conséquent d'un midi à l'autre.

Ainsi, par exemple, le 19 décembre 1887, à 8 heures du matin, le temps civil équivaudra au 18 décembre 1887, à 20 heures, temps astronomique.

La plupart des nations qui se servent du jour civil le commencent à minuit, comme autrefois les Arabes et les Romains. Les Perses et les Babyloniens le faisaient partir du lever du Soleil; les Juifs, les Grecs, du coucher de cet astre.

Le temps écoulé entre deux retours successifs d'une étoile au même méridien terrestre se nomme *jour sidéral*, sa durée est régulière; elle n'est égale qu'à 23^h 56^m 41^s de temps moyen.

Les instruments anciens.

L'astronomie pratique comporte la description des instruments employés en astronomie; elle comprend aussi l'étude des méthodes suivies par les astronomes pour explorer le ciel, le mesurer et déterminer les positions de la Terre par rapport aux astres.

Nous allons indiquer brièvement les instruments dont se servaient les anciens pour faire leurs observations.

Les principaux sont le gnomon et l'astrolabe.

Le gnomon est un instrument qui sert à mesurer la longueur de l'ombre projetée sur le sol par le Soleil et à déterminer ainsi la hauteur de cet astre, la différence entre les longueurs d'ombre au solstice d'été et au solstice d'hiver représente l'obliquité de l'écliptique ou la plus

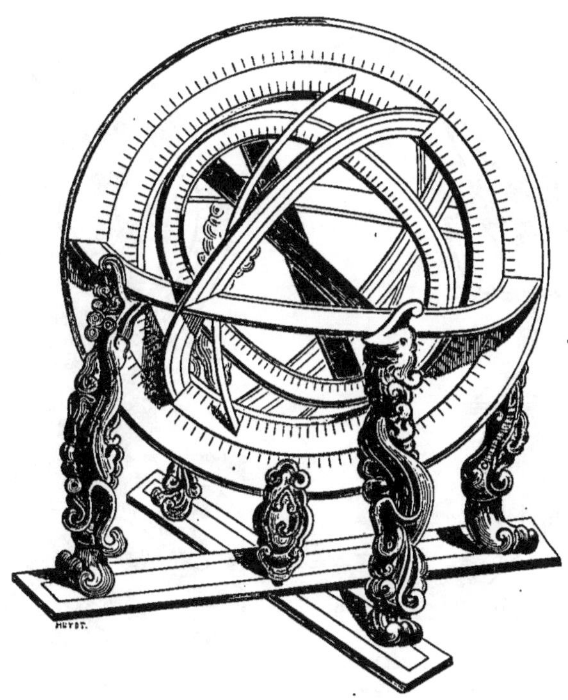

Fig. 83. — Sphère de l'empereur Chun.

grande déclinaison du Soleil. C'est à l'aide de cet instrument que Pythias, qui vivait à l'époque d'Alexandre le Grand, détermina l'obliquité de l'écliptique. Cet appareil était en usage chez les Chinois, les Égyptiens et même chez les Péruviens. On a même prétendu que les obélisques d'Égypte servaient de style pour l'étude des ombres dans ce pays.

Mais l'ombre n'étant jamais très exactement déterminée, ces observations manquent de précision. La principale application du gnomon est son emploi dans les cadrans solaires. On se sert de la *gnomonique*, pour construire des appareils servant à faire connaître l'heure du jour.

On a construit des gnomons de différentes grandeurs. Le

Fig. 84. — Arc à double compartiment servant aux moindres distances des astres.

Fig. 85. — Cercles ou anneaux équatoriaux.

Fac-similé de gravures sur cuivre de l'ouvrage *Tychonis Brahe astronomiæ instauratæ mechanica*. (Nuremberg, 1602.)

plus élevé fut érigé par Ulugh-Beg, en 1437, à Samarcand: il atteignait 53^{m},60.

C'est aux Indous et aux Chinois que nous devons ces premières observations astronomiques. Ceux-ci avaient même, deux mille ans avant notre ère, des sphères célestes qui leur servaient à observer les astres. La sphère céleste de l'empereur Chun, dont le dessin est conservé dans plusieurs éditions du *Chou*-King, en est une preuve.

Cette sphère représente le système planétaire tel qu'il est conçu dans le système de Ptolémée, avec la Terre au centre, et les autres astres aux places qui leur conviennent.

Le gnomon était un instrument rudimentaire à côté de ceux qui furent utilisés ensuite par les astronomes; c'est

Fig. 86. — Moine enseignant la sphère, d'après une miniature d'un roman de l'*Image du monde*. (Ms. du XIIIe siècle, Bibl. nat.)

ainsi qu'ils possédaient des alidades se déplaçant sur un cercle et donnant la distance angulaire entre deux étoiles, des quarts de cercle ou des sextants très heureusement montés et servant à fournir des différences d'angles pour les positions relatives des étoiles.

L'astronomie était donc armée de toutes pièces depuis Hipparque, à qui l'on doit l'astrolabe. Cet instrument se compose de deux ou d'un plus grand nombre de cercles qui ont un centre commun et, qui sont inclinés les uns par rapport aux autres, de manière à ce que l'astronome puisse observer dans les différents cercles de la sphère.

Si ces cercles sont à angle droit, l'instrument donnera la longitude et la latitude, ou bien l'ascension droite

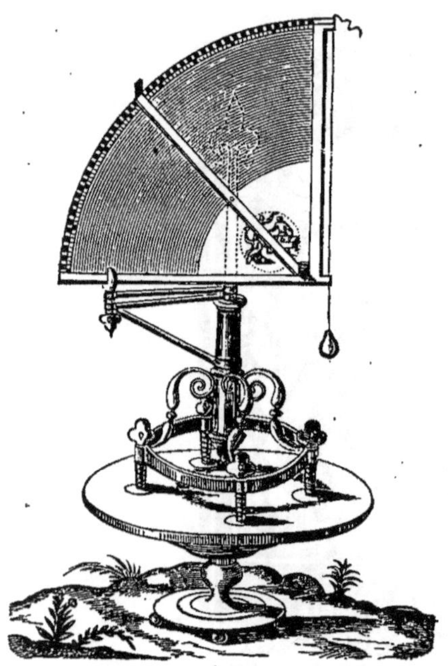

Fig. 87. — Petit cadran ou quart de cercle en cuivre doré.

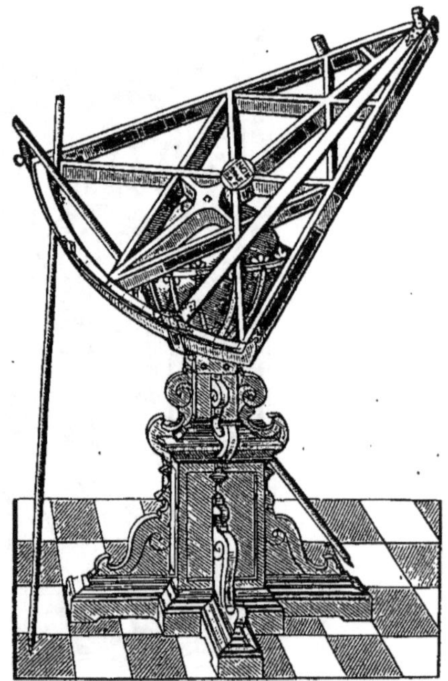

Fig. 88. — Sextant astronomique pour mesurer les distances.

Fac-similé de gravures sur cuivre de l'ouvrage *Tychonis Brahe astronomiæ instauratæ mechanica*. (Nuremberg, 1602.)

et la déclinaison de l'astre. Dans ce cas il prend le nom d'*armillaire* (1). Ptolémée le réduisait à une surface plane qu'il appela *planisphère*.

L'astrolabe a été abandonné à la suite de l'invention

(1) En latin *armilla*, bracelet, à cause de l'apparence que présentaient les cercles.

de l'équatorial, de la lunette méridienne, du théodolite, qui le remplacent avec avantage.

Du temps de Tycho-Brahé, les astronomes possédaient un arsenal d'instruments dont Samuel Brewster, dans les *Martyrs de la Science*, donne une liste de vingt-six numéros.

L'application des cadrans sextants ou octants à la mesure des angles fut un véritable progrès dans l'art d'observer, mais ils comportaient toujours l'erreur inhérente aux observations faites à l'aide d'alidades; ce n'est qu'avec l'invention des lunettes que l'astronomie de position put devenir aussi rigoureuse que l'exigeait la délicatesse des mouvements dont elle s'occupe.

La découverte du télescope.

Les observations faites par les anciens dénotent une connaissance très exacte des mouvements célestes et il semble difficile qu'ils aient été réduits aux seules ressources de leur vue; il se pourrait qu'ils eussent possédé des instruments dont le souvenir se serait perdu. On trouve dans un ancien manuscrit le portrait de Ptolémée, tenant un long tube à la main. Un fait identique est rapporté au sujet de Ptolémée Évergète. Une tradition semblable nous apprend que César, des côtes de la Gaule, observait l'Angleterre au travers d'un long tube, mais on sait que depuis longtemps on se servait de tubes sans verres pour observer les étoiles et les objets lointains; aussi ces faits ne constituent pas une preuve de l'invention de la lunette. Roger Bacon, dans son *Opus majus* dit que de grandes images peuvent être formées par la lumière réfractée et qu'on peut ainsi voir les grands objets très petits, les lointains très proches, et *vice versa;*

on lui attribue l'invention des besicles; mais malgré ses connaissances en physique, il ne paraît pas avoir tenté d'autres expériences que celles que l'on peut faire avec une lentille.

Ce n'est que vers le dix-septième siècle que l'on a des preuves de l'apparition du télescope.

Depuis longtemps déjà on connaissait la propriété du grossissement des verres : ainsi, vers 1490, Baptista Porta parle de cette propriété; Mabillon parle de manuscrits du treizième siècle où il est question d'une invention semblable. On a aussi attribué cette découverte à Silvio di Glamarti, mort en 1317. On trouve sur le tombeau d'Alexandre di Spina, mort en 1313, une inscription qui lui attribuerait cette gloire. Jordanus de Rivalto, Frascator et Digge en avaient aussi parlé dans leurs ouvrages.

C'est donc vers la fin du treizième siècle que le pouvoir grossissant des lunettes ordinaires fut connu.

Cysatus, dans son dialogue sur la comète de 1618, cite un manuscrit, vieux de quatre cents ans au moins, dans lequel on lit que le télescope était fort commun parmi les anciens astronomes; mais ce doit être une fausse interprétation du sens de la phrase.

Schylœus de Rheita dit que le télescope est dû à Lippensus, nommé aussi Jean Lapprey ou Hans Lippersheim (1609), qui avait, le 2 octobre 1608, fait connaître son invention aux États-Généraux.

Le télescope qu'il construisit fut acheté par le marquis de Spinola, lequel l'offrit à l'archiduc Albert d'Autriche, gouverneur espagnol, en Belgique.

Descartes attribue cette invention à Jacob Métius, qui n'avait jamais étudié les sciences, quoiqu'il eût un père et un frère professeurs de mathématiques; en s'amusant à faire des miroirs, il trouva, dans une caisse de verres, deux lentilles, qu'il ajusta sur un tube, et forma ainsi par hasard le premier télescope.

D'après Schott et Harsdöffer, le véritable nom de cet inventeur serait Jacob Adrianus. Cet Adrianus, le 17 octobre 1608, invoquait dans une pétition, le témoignage de Maurice de Nassau, ainsi que celui d'autres personnages auxquels il avait depuis longtemps montré une longue-vue à laquelle il travaillait depuis deux ans.

Les ambassadeurs français, qui désiraient un télescope de Lapprey ne purent l'obtenir, l'inventeur s'étant engagé à ne travailler que pour son pays. Pourtant, le 28 décembre 1608, l'ambassadeur écrivait à Sully qu'il était en marché pour acheter une longue-vue destinée à Henri IV; ce télescope avait été construit par un soldat de Maurice de Nassau, qui les faisait aussi bons que l'inventeur.

La priorité fut en outre réclamée en faveur de Pierre Borel, physicien et mathématicien du roi de France; on a voulu également l'attribuer à Zacharias Jansen ou Hansen, dont le fils racontait qu'il avait déjà construit un de ces instruments en 1590, et qui affirmait que son père avait toujours passé pour le véritable inventeur du télescope.

Pour terminer ce sujet, ajoutons qu'on lit dans le *Journal* de Pierre de l'Estoile, à l'an 1609 :

« Le jeudi 30 avril, ayant passé sur le pont Marchand (1), je me suis arrêté chez un lunettier qui montrait à plusieurs personnes des lunettes d'une nouvelle invention et usage. Ces lunettes sont composées d'un tuyau long d'environ un pied; à chaque bout il y a un verre, mais différents

(1) Ce pont a été remplacé depuis par le pont au Change, qui avait porté anciennement le nom de Grand-Pont. Il était couvert de maisons.

l'un de l'autre; elles servent pour voir distinctement les objets éloignés qu'on ne voit que très confusément. On approche cette lunette d'un œil et on ferme l'autre, et regardant l'objet qu'on veut connaître, il paraît s'approcher et on le voit distinctement, en sorte qu'on reconnaît une personne de demi-lieue. On m'a dit qu'on en devait l'invention à un lunetier de Midlebourg en Zélande, et que, l'année dernière, il en avait fait présent de deux au prince Maurice, avec lesquelles on voyait clairement les objets éloignés de trois ou quatre lieues. Ce prince les envoya au conseil des Provinces-Unies, qui, en récompense, donna à l'inventeur trois cents écus, à condition qu'il n'apprendrait à personne la manière d'en faire de semblables. »

Un ami de Galilée, le médecin Badovère, qui se trouvait à Paris vers le mois de mai 1609, lui écrivit pour lui annoncer cette invention, probablement d'après la gazette; du reste, cette découverte était déjà connue à cette époque dans le nord de l'Italie.

Galilée lui-même raconte qu'en 1609 il apprit qu'à Venise un lunetier fabriquait un instrument au travers duquel on voyait distinctement les objets éloignés. Pendant son retour à Padoue il imagina, par pure spéculation, le télescope qui porte son nom; mais l'invention lui en fut justement contestée. G. Fuccari écrivait à Képler que Galilée aurait voulu passer pour l'inventeur du télescope, mais que ce qu'il avait trouvé était fort peu de chose, car il connaissait déjà, ainsi que plusieurs autres, la découverte du lunetier de Venise.

Le frère Paolo Sarpi, qui mourut, croit-on, à Venise, en 1623, et qui fut maltraité pendant sa vieillesse, passe aussi pour avoir été l'inventeur du télescope et du thermomètre ; mais il n'arriva à posséder ces instruments qu'en 1617, onze ans après les premières expériences.

On peut raisonnablement circonscrire à trois inventeurs la découverte du télescope : Hans Lippersheim (de Midlebourg), Jacques Métius et Zacharie Jansen.

Il paraîtrait cependant que Hans Lippersheim dût être considéré comme le véritable inventeur, quoique les titres de ses concurrents soient très sérieux.

Du reste, la découverte du télescope était amenée par les études préalables faites depuis le treizième siècle, et la rapidité avec laquelle cette idée se répandit prouve qu'elle avait germé dans plusieurs cerveaux à la fois.

Les grands instruments.

Nous pourrions difficilement faire tenir dans les limites que nous nous sommes imposées une étude approfondie des instruments employés par les astronomes.

Sans le télescope il était impossible de faire des observations suivies; aussi, lorsque au dix-septième siècle, Képler établissait les lois remarquables qui portent son nom, Galilée dirigeait vers le ciel l'un des premiers télescopes, quelques années avant que l'immortel Newton eût posé les principes qui fondaient la découverte des lois de l'univers.

Après Galilée, J.-D. Cassini et Huyghens scrutaient les espaces célestes et dressaient les catalogues de tout ce qu'il était possible de voir avec les instruments qu'ils possédaient. L'outillage des astronomes, à l'époque de Cassini, est représenté dans une gravure très connue. Cassini plaçait ses objectifs à long foyer soit au sommet de l'Observatoire soit sur une tour élevée qui avait servi à la construction de la machine de Marly.

Bianchini, dans son ouvrage sur Vénus, donne un

exemple des lunettes dont on se servait à son époque et qui avaient plus de 100 pieds; celles d'Hévélius atteignirent même 150 pieds de longueur. On pensait, en agrandissant les lunettes, leur donner plus de puissance;

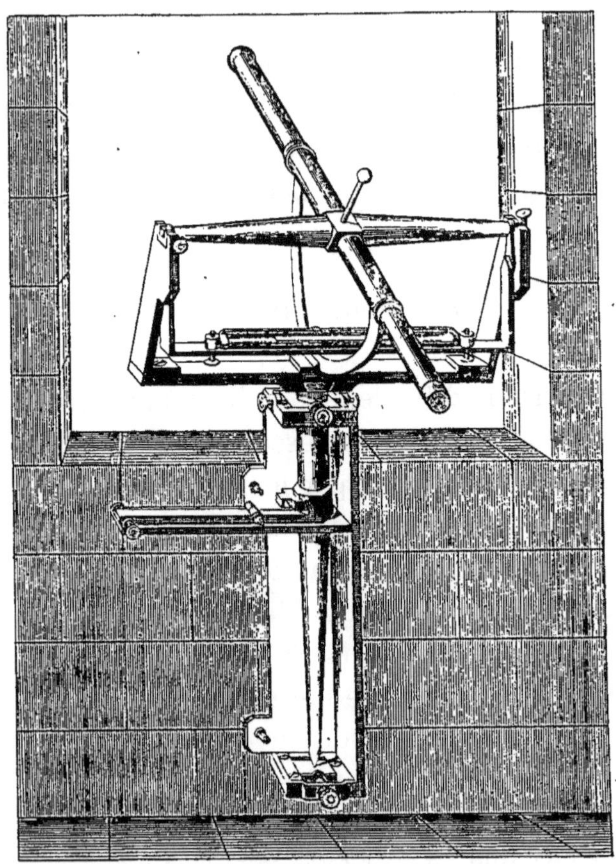

Fig. 89. — Le Télescope. (Figure tirée de l'*Encyclopédie.*)

on arriva même, sous Louis XIV, jusqu'à proposer d'en construire une de 10.000 pieds de longueur, dans l'espoir de voir les habitants de la Lune.

On s'aperçut plus tard que la puissance d'un instrument dépend uniquement de ses verres.

La construction des verres d'optique date seulement du commencement de notre siècle : on en doit les progrès à Guinand et Frauenhofer; on put aussi, grâce au perfectionnement de la mécanique, donner aux télescopes des montures équatoriales qui permettent, sous l'impulsion d'un mouvement d'horlogerie, de suivre la marche diurne des astres. De nos jours, presque tous les instruments sont montés de cette façon.

On croyait autrefois que plus l'instrument était grand plus les résultats devaient être merveilleux. Arago lui-même voulait faire construire un objectif de 38 centimètres; il pensait qu'en portant à six mille fois le grossissement des lunettes il pourrait voir sur la Lune des objets de 20 mètres de long ou même un objet allongé semblable à un remblai de chemin de fer ou aux fortifications que nous construisons sur la terre de 2 mètres de large. Malheureusement les lunettes de grande dimension donnent une image beaucoup moins nette que celles de petit diamètre; on fait toutefois des télescopes parfaits dont les miroirs ont jusqu'à 1^{m},20 de diamètre (Paris et Melbourne) et des réfracteurs de 65 centimètres (Washington). On se fait en général une fausse idée de la grosseur des instruments employés dans les observatoires publics.

Voyons pour les réflecteurs les dimensions les plus considérables qui aient été obtenues jusqu'à nos jours. On sait que ce fut W. Herschel qui donna, le premier, de grandes dimensions aux réflecteurs. Il monta, en 1787, son télescope de 1^{m},47 d'ouverture et de 12 mètres de longueur focale. A l'aide de cet immense instrument, il découvrit les deux satellites de Saturne, Mimas et Encelade. Mais les miroirs métalliques s'altérèrent malheureusement avec le temps et il préférait pour les observations délicates son petit télescope de 20 pieds.

Après les grands miroirs de *Ramage*, qui n'ont rien produit, et celui de lord *W. F. Rosse*, de $1^m,83$, dont son auteur s'est servi pour faire d'intéressantes recherches sur les nébuleuses, on ne peut citer, en fait de grands réflecteurs, que les instruments qui suivent :

A l'Observatoire particulier de *Lassel*, à Starfield, près Liverpool : ouverture $1^m,22$; foyer $11^m,4$; par *Lassel*. — Miroir en métal; télescope newtonien.

A l'Observatoire de l'État à Melbourne, Australie : ouverture $1^m,22$; foyer $8^m,5$; par *Grubb*. — Miroir en métal; télescope cassegrainien.

A l'Observatoire national de Paris : ouverture $1^m,20$; foyer $6^m,8$; par *Martin*. — Miroir en verre argenté; télescope newtonien.

A l'Observatoire de Meudon : 1 mètre de diamètre (en construction).

A l'Observatoire de l'État à Marseille : ouverture $0^m,80$; foyer $4^m,8$; par *Foucault*. — Miroir en verre argenté; télescope newtonien.

A l'observatoire de l'État à Toulouse : ouverture $0^m,70$; foyer $4^m,8$; par *Foucault*. — Miroir en verre argenté; télescope newtonien.

A l'Observatoire particulier de *H. Draper*, à Dobbs Ferry, État de New-York; ouverture $0^m,70$, foyer $4^m,5$; par H. *Draper*. — Miroir en verre argenté; télescope cassegrainien.

A l'Observatoire particulier de *Lassel*, déjà mentionné : ouverture $0^m,61$; foyer $6^m,1$; par *Lassel*. — Miroir en métal; télescope newtonien.

Tous les autres réflecteurs connus ont moins de 60 centimètres d'ouverture.

Construction des instruments d'optique.

Les instruments d'optique, si nécessaires dans l'étude des corps planétaires ainsi que dans celle des infiniments petits, sont basés sur la propriété que possède la lumière de se réfléchir sur des miroirs plans ou courbes (télescopes) et de se réfracter (lunettes) en passant à travers des lentilles de verre.

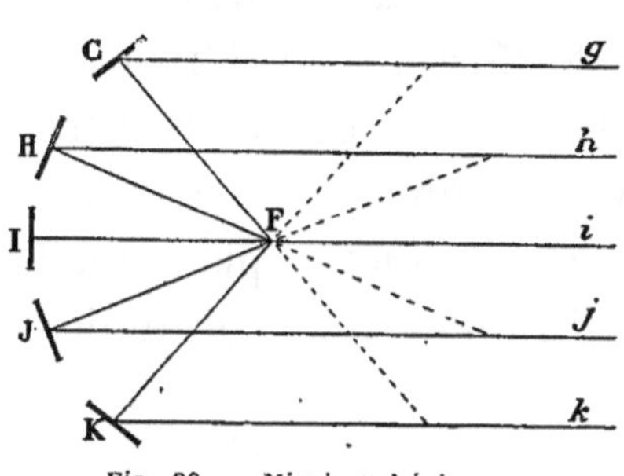

Fig. 90. — Miroir sphérique.

Prenons un miroir sphérique et supposons qu'il est formé d'une série d'éléments plans, infiniments petits, tels que A, B, C, D, E (fig. 90), nous savons qu'une série de rayons lumineux, *g*, *h*, *i*, *j*, *k*, se réfléchissent sur ces éléments de plan correspondants pour venir sensiblement concourir en un même point F que l'on nomme foyer principal du miroir.

Si l'on examine ce qui se passe lorsqu'un pinceau lumineux tombe sur une lentille convexe, on se rappellera qu'un faisceau de rayons parallèles à son axe principal *a*, *b*, *c*, *b'* *a'* (fig. 91) se réfractera deux fois, d'abord en passant de l'air dans le verre, ensuite en repassant dans l'air. Ils viendront sensiblement passer par le point F ou foyer principal. Si l'objet lumineux est placé entre le foyer principal et la lentille, il donne naissance à un foyer *virtuel* situé sur l'axe principal. Dans les

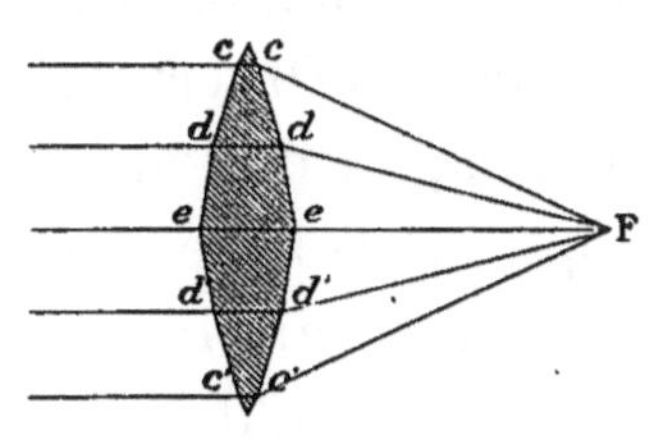

Fig. 91. — Lentille convexe.

lentilles concaves il ne se forme que des foyers virtuels.

Ces principes étant établis, voici la description du télescope de Newton, que l'on voit représenté en coupe dans la figure 92. Le miroir A reçoit la lumière sur sa face concave; les rayons réfléchis sur ce miroir vont tomber sur un prisme rectangulaire, ou sur un autre miroir B, convenablement disposé; ils se réfléchissent sur l'hypoténuse du prisme et forment une petite image de l'astre vers lequel il est dirigé. Cette image est observée à travers un véritable microscope, à l'oculaire duquel se place l'œil de l'observateur, qui perçoit ainsi l'image très agrandie.

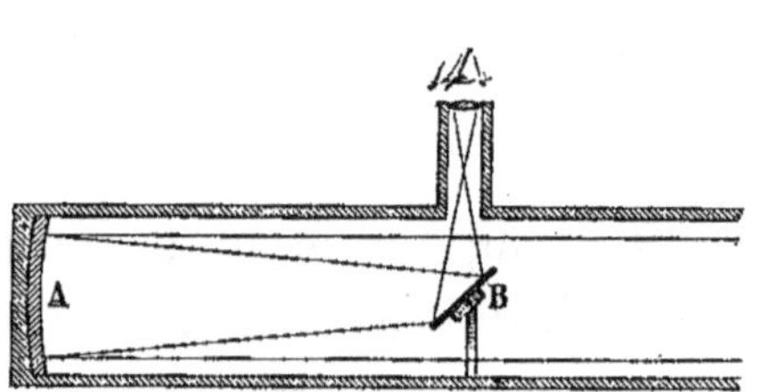

Fig. 92. — Télescope de Newton (Coupe).

Avant Newton, Galilée avait trouvé la lunette astronomique, et Gregory, le premier télescope à miroir; d'autres observateurs firent des télescopes différant peu de ces types; les plus gigantesques sont dus à W. Herschel.

Il y a quelques années, M. Léon Foucault eut l'idée de se servir de miroirs en verre argenté. Un magnifique télescope de ce modèle a été construit pour l'Observatoire de Marseille. Lord Rosse possède dans son parc de Parsonstown, en Irlande, un immense télescope qui dépasse 17 mètres de distance focale; le diamètre de son miroir est de $1^{m},83$. C'est au moyen de ce puissant appareil qu'il a découvert des nébuleuses qui jusque-là avaient échappé à tous les regards.

Les lentilles donneraient des images d'une netteté insuffisante si l'on ne remédiait à cet inconvénient au moyen de l'achromatisme.

En 1757, un physicien anglais, nommé Dollond, montra

qu'en superposant deux lentilles, l'une biconvexe en crown-glass, l'autre concave-convexe en flint (fig. 93), on obtenait une image très nette. Ce fait était de la plus haute importance pour l'avenir de l'astronomie d'observation.

Les verres dont on se sert dans la construction des instruments d'optique doivent être très transparents, très limpides et surtout d'une parfaite homogénéité, afin que les rayons lumineux, en les traversant, concourent tous au même foyer.

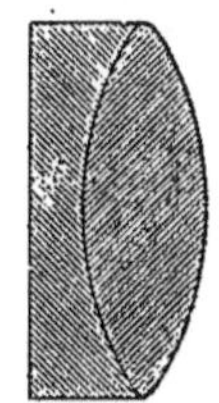
Fig. 93. Lentille achromatique.

On se sert pour leur fabrication de deux sortes de verres : l'un, le flint-glass, est un cristal à base de plomb; l'autre, le crown-glass, est le verre à vitres.

Dans son *Guide du verrier*, M. Bontemps indique ainsi leur composition :

Flint-Glass.		Crown-Glass	
Silice	100,00	Silice	100,00
Minium	510,00	Carbonate de potasse	42,66
Carbonate de potasse	20,00	Chaux éteinte	21,66
Nitrate de potasse	5,00	Nitrate de potasse	2,12

Après avoir mélangé ces substances, on les met dans des creusets que l'on place au centre d'un four rond spécial.

On chauffe pendant 4 heures, on introduit ensuite dans les creusets un cylindre en terre chauffé au rouge blanc, dont la tête reçoit le guinand, barre de fer à crochet qui sert à brasser le mélange. Après 3 minutes de brassage, on retire la barre de fer, on rebouche le creuset et l'on continue à chauffer pendant 5 heures; on brasse ensuite d'heure en heure, et, après six brassages, on laisse refroidir le fond pendant 2 heures, afin de laisser échapper les bulles. On chauffe ensuite pendant 5 heures, de façon à ce que le verre soit en pleine fusion; on bouche alors les grilles du four et l'on brasse pendant 2 heures sans discontinuer. Lorsque le verre devient pâteux, on retire le cylindre du creuset et on ferme tout hermétiquement. Au bout de 8 jours, on enlève le creuset, on le casse pour en

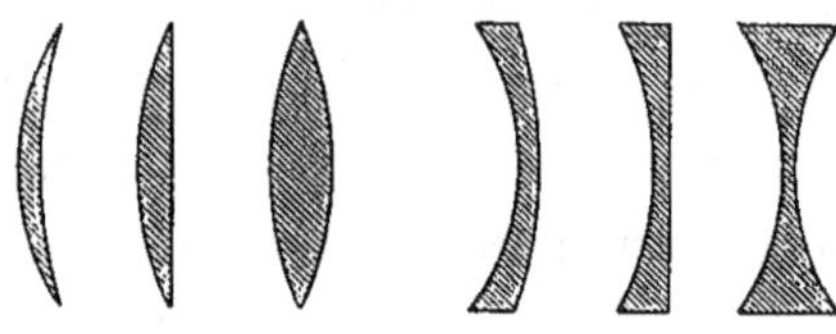

Fig. 94. Lentilles convergentes. Fig. 95. Lentilles divergentes.

extraire le verre et l'on coupe en tranches le cristal ainsi obtenu.

Lorsqu'on a bien examiné s'il est exempt de bulles ou de stries, on lui donne la courbure nécessaire.

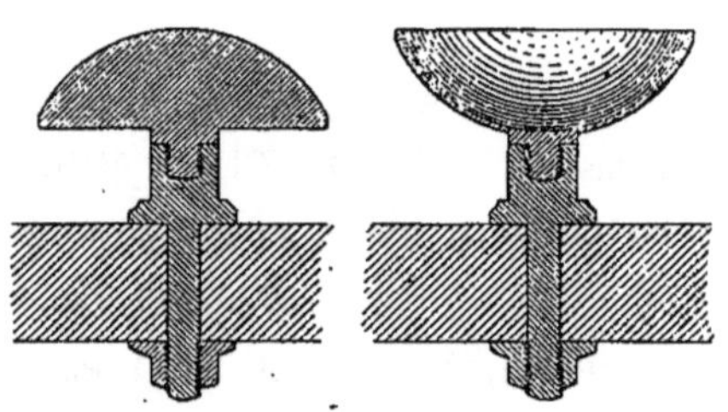

Fig. 96. — Balle. Fig. 97. — Bassin.

Les verres d'optique se divisent en : 1° lentilles convergentes (fig. 94), c'est-à-dire celles qui ont la propriété de converger en un point, nommé foyer, les rayons lumineux qui les traversent; 2° lentilles divergentes, qui font diverger ces mêmes rayons (fig. 95).

Pour donner la courbure au cristal, on l'use avec de l'émeri mouillé en le plaçant sur des balles (fig. 96), qu'on emploie pour tailler les lentilles concaves, et sur des bassins (fig. 97), pour les lentilles convexes. On arrondit les bords, puis, après l'avoir rodé et biseauté à la meule, on les dégrossit sur une balle ou un bassin avec du grès tamisé. Lorsque cette opération est terminée, on apprête le verre au tour, sur un second outil en fer dont la courbure se rapproche davantage de la forme qu'il doit avoir, et l'on se sert ici d'émeri.

On en vient ensuite à la taille proprement dite en se servant de nouveau de balles ou de bassins. Pour cela, l'ouvrier imprime à son outil un mouvement de rotation au moyen d'un tour et maintient le verre avec un manche en liège, nommé molette; ensuite il rode la balle et le bassin correspondant pour éviter les déformations, et se sert encore pour cela d'émeri.

On procède ensuite au doucissage et enfin au polissage, que l'on obtient à l'aide de tripoli, de rouge d'Angleterre ou de potée d'étain mouillés, et l'on frotte le verre douci pendant plusieurs heures, jusqu'à ce que le poli soit vif et éclatant.

Voici un aperçu de la délicatesse des détails que l'on peut obtenir avec un bon instrument. M. Wolf cite des observations faites par Schiaparelli à Milan avec une lunette de Merz de 218 millimètres d'ouverture. Il pouvait distinguer sur Mars (cet astre étant à la distance de 14 millions de lieues pendant l'opposition de 1877) une tache ronde de 137 kilomètres de large. De Mars on aurait aperçu, sur la Terre, une île comme la Sicile ou un lac de la grandeur du Ladoga; on aurait pu voir aussi une bande de 70 kilomètres telle que le Jutland, Cuba ou Panama.

La lunette de Washington, qui est de 65 centimètres, laisserait apercevoir des détails trois fois plus petits.

On a calculé que, à l'aide des plus puissants télescopes, la Lune, peut être rapprochée à 44 lieues seulement de nous, c'est-à-dire que les détails les plus fins de la topographie de notre satellite ne sauraient nous échapper, et que des constructions comme notre Louvre seraient perceptibles s'il s'en rencontrait de semblables sur la surface de la Lune.

L'expérience a démontré que l'ouverture la plus favorable est de 38 à 40 centimètres. Voici un tableau des instruments dont le diamètre est plus élevé que 38 centimètres. Le nombre des verres de diamètre supérieur à $0^{m},245$ millimètres ne dépasse pas beaucoup 70, c'est-à-dire qu'on en peut compter environ 50 variant de $0^{m},25$ à $0^{m},40$.

OBSERVATOIRE OU PROPRIÉTAIRE.	OUVERTURE EN CENTIMÈTRES	CONSTRUCTEURS ET ÉPOQUE DE L'EXÉCUTION.
Observatoire Lick, en Californie (1)	91,5	A. Clark et fils.
— de Meudon	83,0	(En construction.)
— de Pulkowa	76,0	A. Clark et fils.
— de Nice	76,0	Frères Henry de Paris.
— de Paris	73,5	Martin à Paris.
— de Vienne	68,5	Grubb à Dublin (1881).
— de Washington	66,0	Clark (1873).
M. Cormick, à Chicago	66,0	Clark (1879).
M. Newal, à Gateshead	65,5	F. Cook et fils à York (1868).
Observatoire de Princeton, à New-Jersey	58,5	Clark (1881).
— de Strasbourg	48,5	Merz (1879).
— de Milan	48,5	Merz (1881).
— de Deaborn, à Chicago	47,0	Clark (1863).
Van der Zee, à Buffalo (New-York)	46,0	Fitz.
Observatoire de Rochester (New-York)	40,5	Clark (1880).
Lord Crawford, Dun-Echt (Écosse)	40,0	»
Huggins, Upper Tulse Hill (près Londres)	40,0	Grubb.
Observatoire Madison	39,5	Clark (1879).
Lord Lindsay, Aberdeen (Écosse)	39,5	Grubb (1875).

Les lunettes se divisent en deux catégories, d'après le genre des observations auxquelles on peut les employer.

(1) Ce réfracteur de $0^{m},90$ d'ouverture a été placé au sommet du mont Hamilton, en Californie, où se dresse, à 1,300 mètres au-dessus du niveau du Pacifique, un observatoire fondé par James Lick.

Ce sont : le cercle mural et le cercle méridien, qui ne

Fig. 98. — Lunette méridienne.

peuvent se mouvoir que dans un plan fixe, et les équatoriaux, qui se meuvent dans tous les sens.

La lunette méridienne, que l'on nomme aussi instrument

des passages, est portée sur un axe de rotation dont les deux extrémités s'appuient sur deux montants dans le genre d'un canon sur son affût; l'axe de rotation du cercle méridien est placé sur deux massifs de pierre ou sur des montants métalliques et porte un cercle divisé sur lequel on

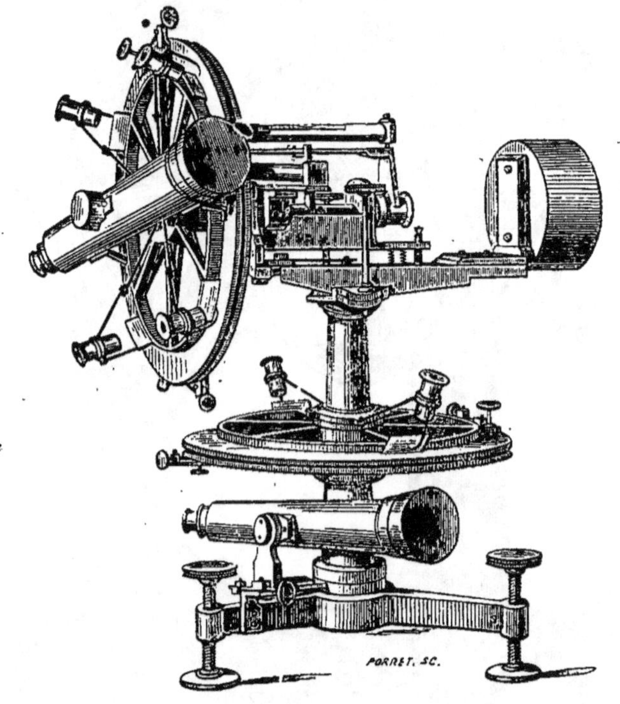

Fig. 99. — Théodolite double répétiteur à cercle horizontal et vertical.

lit les déclinaisons. En tournant sur cet axe, la lunette décrit un plan vertical qui est celui du méridien du lieu; de telle sorte que l'observateur aperçoit les astres au moment où ils passent dans ce plan. Dans la partie réservée à l'objectif, on place habituellement un *réticule* mobile; c'est-à-dire une pièce qui supporte des fils fins placés à angle droit, de manière à avoir un point fixe pour apprécier l'instant du passage d'un astre.

Le cercle mural sert à faire connaître la hauteur des étoiles ou leur déclinaison; il se compose d'un cercle exactement divisé, monté sur un mur solidement construit dans le plan du méridien. A son centre se trouve une lunette munie d'un réticule, qui, suivant le mouvement de ce cercle, tourne dans le plan du méridien comme la lunette des passages. Lorsqu'on veut observer, on règle l'instrument de manière que le zéro se trouve dans le plan de l'Équateur, on amène l'étoile qui passe au méridien derrière le point où se croisent les fils du réticule et on lit sur les divisions du cercle gradué la déclinaison de l'étoile.

Le théodolite se compose essentiellement de deux cercles gradués, l'un horizontal sur lequel peut glisser un indicateur fixé au pied de l'axe vertical; l'autre vertical et portant une lunette mobile à son tour sur ce cercle. On voit qu'à l'aide d'un semblable instrument on peut facilement suivre les étoiles, car son double mouvement autour de ses deux axes perpendiculaires lui permet de faire des visées dans toutes les directions; nous avons vu qu'il est surtout employé pour la détermination du méridien par les hauteurs correspondantes, mais on l'utilise surtout en géodésie.

Avec les lunettes que nous venons d'étudier, on ne peut observer les astres qu'au moment où ils passent, emportés par le mouvement diurne, dans le plan du méridien. Cet instant ne dépasse pas quelques secondes, pour les astres éloignés; mais il suffit pour fixer la position de ces astres dans le ciel.

Lorsqu'on veut suivre la marche d'une étoile en dehors du méridien, ce qui arrive lorsqu'on veut étudier un astre nouveau, il faut avoir recours à une série d'instruments connus sous le nom de lunettes mobiles. Le type de ceux-ci est la lunette équatoriale ou l'équatorial.

Lorsque, par une belle nuit, on fixe ses regards vers la voûte céleste, on remarque d'abord l'étoile polaire, qui semble être le pivot autour duquel tourne tout l'ensemble du ciel étoilé; c'est la même illusion que celle que nous éprouvons lorsque nous somme sen bateau, par suite de laquelle il nous semble être immobiles, tandis que les arbres de la rive paraissent doués de mouvement.

Le mouvement de la Terre sur elle-même a lieu dans les vingt-quatre heures : c'est en conséquence dans ce laps de temps que les astres paraissent décrire dans le ciel des cercles dont le diamètre s'agrandit en allant du pôle vers l'équateur.

Ce déplacement, perceptible même à l'œil nu, en comparant les astres à un point fixe pris sur la Terre, est très sensible quand on le suit avec un télescope.

En quelques instants l'étoile a parcouru le champ de la lunette, c'est-à-dire la portion du ciel que l'on voit en regardant à travers le télescope; il faut alors mouvoir l'instrument, si l'on veut suivre la marche de l'astre; bien entendu, plus le grossissement est fort, plus l'étoile passe rapidement.

La monture équatoriale est celle qui permet de faire le plus facilement ces observations; c'est, du reste, une disposition tellement employée en astronomie qu'il faut en connaître les détails.

L'axe principal de l'instrument, ou *axe horaire*, est incliné sur l'horizon d'un angle égal à la latitude du lieu. Cet axe de rotation peut être animé d'un mouvement sur lui-même et entraîner dans sa course un second axe, *axe de déclinaison*, qui lui est perpendiculaire et autour duquel la lunette peut se mouvoir. Le mouvement de rotation de l'axe horaire se donne à la main ou mieux encore par un mouvement d'horlogerie.

Fig. 100. — Grand équatorial de la tour de l'Ouest, à l'Observatoire de Paris.

La grande lunette en porte d'autres petites (nommées

chercheurs), qui servent à trouver aisément et promptement les étoiles que l'on veut étudier.

L'équatorial populaire.

Ce que nous venons de dire ne s'applique le plus généralement qu'au montage des télescopes gigantesques que l'on a construits ou tout au moins à des instruments en dehors de notre portée.

Pour rentrer dans l'observation *populaire*, c'est-à-dire accessible à tous, nous devons d'abord faire connaître un équatorial populaire dont nous devons la communication à un savant amateur, M. A. de Boë, qui l'a donnée dans une revue astronomique et météorologique des plus intéressantes : *Ciel et Terre*; ce n'est du reste qu'un retour aux instruments primitifs que nous avons décris plus haut.

Il est souvent difficile, pour les amateurs d'astronomie, de diriger leurs lunettes, ordinairement dépourvues de cercles, vers un point du ciel connu par ses coordonnées.

Pour parer à cet inconvénient, on peut utiliser une monture de sphère céleste dont il est facile de faire un petit équatorial pouvant servir pour toutes les latitudes et portant, à la place de la lunette, une tige qui sert à pointer approximativement un lieu, connu de position, sur la coupole céleste.

Le globe céleste est remplacé ici par un axe composé de deux triangles parallèles, entre lesquelles une aiguille peut se mouvoir à frottement dur autour d'un pivot placé au centre commun des deux cercles qui représentent respectivement l'horizon et le méridien.

Il faut d'abord établir l'horizontalité du cercle d'horizon; on se sert pour cela du niveau par la manœuvre des trois vis calantes qui supportent le pied de l'instrument. On oriente ensuite le cercle vertical, que l'on place dans le méridien, soit au moyen de la boussole, soit en se servant d'une des méthodes que nous avons enseignées. On peut, du reste, éviter cette recherche préparatoire, par l'établissement d'un repère déterminant une fois pour toutes la direction exacte du méridien.

Il faut encore incliner l'axe sur le cercle horizontal, de manière à le placer parallèlement à l'axe du monde; puis enfin donner la direction à l'aiguille en faisant marquer la déclinaison et l'angle horaire de l'objet à pointer, respectivement sur le cercle vertical d'abord, puis sur un petit cercle gradué monté perpendiculairement sur l'axe polaire à la partie inférieure de celui-ci; ce petit cercle, qui tourne à frottement sur le cercle, permet de mettre au point sans difficulté.

En plaçant l'axe dans une position verticale, on peut se servir de l'instrument comme d'un altazimut, utile pour observer les bolides, les étoiles filantes, les aurores polaires, les halos.

Observatoires d'amateurs.

Herschel disait que les nuits étoilées sont si rares qu'il est difficile à un observateur de réunir dans une année plus de cent heures favorables à l'étude de l'astronomie, et, d'un autre côté, le champ des observations est si étendu que les observatoires les mieux organisés ne peuvent suffire aux différents travaux que les astronomes trouvent dans le ciel.

On a construit des observatoires afin de déterminer avec l'aide de puissants instruments les mesures exactes qui sont la base de l'astronomie, et dont on ne pourra, avant un temps éloigné, constater l'utilité et la précision.

On croit généralement qu'il est indispensable pour faire des observations astronomiques d'avoir à sa disposition un grand nombre d'instruments : on ne sait pas tous les résultats que peut obtenir, par des observations isolées, un homme qui unit la patience à la méthode.

M. Simeon Newcomb disait que depuis l'érection de l'observatoire d'Uranienbourg par Tycho-Brahé on a toujours cru qu'il était nécessaire, pour étudier l'astronomie, de posséder de vastes monuments, et que les princes qui voulaient être regardés comme des protecteurs éclairés de cette science faisaient construire de spacieux édifices, les garnissaient des meilleurs instruments et se reposaient ensuite, certains d'avoir bien mérité de la science.

Maintenant, au contraire, on a l'intention de construire des observatoires plus modestes et mieux appropriés à leur destination.

Les observations à Paris sont faites principalement dans le jardin de l'Observatoire ou bien sous des constructions fort simples. On a réservé le superbe monument de Perrault pour l'élaboration des calculs et des travaux physiques.

On se demande tout d'abord quels sont les services que peut rendre un astronome amateur; mais en étudiant l'histoire des sciences on est frappé de l'importance des observations isolées faites en dehors des observatoires publics. La réponse est facile si on se rappelle ce que nous avons dit dans nos premiers chapitres des travaux faits par les plus illustres des savants amateurs.

Organisation d'un observatoire d'amateur.

Les recherches astronomiques pour lesquelles des instruments sont nécessaires se divisent en deux catégories :

Fig. 101. — Observatoire d'amateur. Observation méridienne.

1° Les unes ont pour but la détermination exacte de la position absolue des corps célestes à différentes époques, afin d'obtenir les nombres nécessaires au calcul de leurs mouvements et à l'étude des lois qui les régissent; 2° les autres permettent l'étude des corps célestes complétée par des mesures micrométriques.

L'instrument le plus convenable pour la détermination exacte de la position absolue d'un corps céleste est la lunette méridienne. Par une seule observation, la lunette méridienne, pourvue d'un cercle divisé, donne l'ascension droite d'un astre, d'où l'on déduit l'heure, et ensuite sa hauteur méridienne, d'où on tire la déclinaison. Tous les corps célestes, qui sont visibles au-dessus de l'horizon d'un pays quelconque, devant ainsi passer par le méridien, quelle que soit leur hauteur, l'heure de leur passage se prend à la lunette à l'aide de la pendule sidérale S, et leur hauteur au moyen du cercle C, sur lequel sont inscrits les degrés, minutes et secondes.

Cet instrument est supporté par deux piliers P. Il faut qu'ils soient construits en briques recouvertes de ciment et entièrement séparés du sol. Il ne faut pas trop s'inquiéter de la stabilité, qui est cependant une chose essentielle; mais on ne peut l'obtenir, même dans les plus grands observatoires, et l'on est obligé de vérifier la position des instruments plusieurs fois par jour en faisant subir aux observations les corrections nécessaires.

Les accessoires sont : une pendule, placée près de l'observateur, qui doit marquer la seconde exactement pendant un certain nombre d'heures; on peut vérifier sa marche en observant les étoiles à leur passage au méridien. Il faut aussi une chaise à observer, avec un dossier qui se lève ou se renverse suivant la hauteur de l'astre qu'on observe, car la tranquillité de corps et d'esprit est absolument nécessaire pour ces travaux.

A la campagne ou dans un jardin, il suffit, pour abriter l'instrument, d'une cloison en planches recouverte d'une toile enduite d'une couche de peinture à l'huile, que l'on devra fixer encore un peu humide afin qu'elle puisse se tendre en séchant. Cette précaution est nécessaire pour garantir l'instrument de la pluie. Il faut aussi pratiquer une série de trappes de 50 centimètres de largeur, afin d'observer toutes les étoiles qui sont au nord ou au sud.

Avec une telle installation on peut, tout en se récréant, faire des observations utiles pour l'astronomie.

Le véritable instrument d'étude pour un amateur, c'est une lunette montée équatorialement, c'est-à-dire dont l'axe est incliné suivant la latitude du lieu. La figure suivante en représente une. L'on peut ainsi, une fois la lunette pointée sur une étoile quelconque, la mouvoir dans le même sens que l'astre et le suivre si l'on a adapté un mouvement d'horlogerie au pied de l'axe. Nous croyons inutile de revenir sur ce sujet, car nous avons déjà décrit l'équatorial.

Pour chercher en plein jour une étoile ou une planète, il faut avoir une lunette aussi grande et aussi bonne que posible, car les résultats dépendent de la qualité de l'instrument.

Pour apercevoir, par exemple, des étoiles de 10e, 12e et 14e grandeur, pour étudier le ciel et les petites planètes de même que pour observer les étoiles doubles, les nébuleuses ou la surface de la Lune (ce qu'un amateur doit surtout essayer de faire), il faut une lunette de 10 à 15 centimètres d'ouverture au moins.

Pour éviter de faire autant de dépenses, on pourrait avoir simplement une lunette de même grandeur que le dernier instrument, la monter sur un pied en bois que l'on fait mouvoir à droite ou à gauche dans un jardin ou sur une terrasse; cela suffirait pour la contemplation des astres.

MM. Vinot et Blain-Lussaut ont mis dans le commerce, à des prix très modérés, des lunettes qui conviennent à satisfaire la curiosité des amateurs peu fortunés.

On trouve dans le commerce des télescopes à miroir

d'une perfection absolue et très faciles à manier, avec lesquels l'observateur n'est pas obligé, comme avec la lunette, de prendre les positions quelquefois les plus incommodes.

Pour se servir d'un tel instrument, on le pointe d'abord sur l'objet étudié, à l'aide d'une petite lunette nommée *chercheur*, qui sont à viser l'astre que l'on veut apercevoir dans le champ du télescope principal; une fois l'astre trouvé, on le suit facilement. Le miroir est en verre argenté; comme on peut travailler cette matière avec beaucoup plus de précision que le métal, ces instruments sont relativement peu coûteux. Le télescope permet d'éviter l'inconvénient des couleurs prismatiques, qui rendent défectueuses les lunettes construites avec des verres de qualité inférieure ou par des artistes médiocres. Enfin, avec un télescope de faible ouverture et d'un prix modéré, on aperçoit admirablement les détails des terrains et des montagnes de la Lune. Lorsqu'on frappe de légers coups sur cet instrument, la scintillation d'une étoile présente un admirable phénomène. L'étoile se transforme en un suite de couleurs de toutes nuances, rouge, vert, jaune, bleu, violet, présentant tout l'éclat des pierres précieuses.

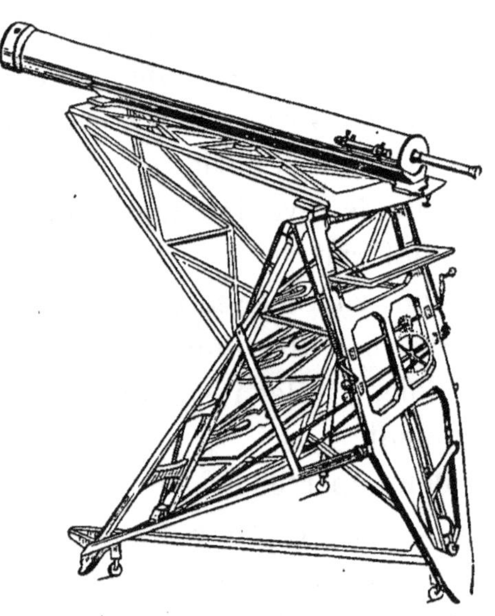

Fig. 102. — Lunette d'amateur montée sur pied Cauchois.

Usage des lunettes.

Nous allons donner maintenant quelques conseils pratiques sur l'emploi de l'instrument dont on aura pu faire choix suivant ses ressources. Rappelons que tous les constructeurs français établissent des instruments d'amateurs à très bon compte. De 100 à 150 francs les instruments sont destinés à faciliter un passe-temps agréable sans que les observations puissent avoir la moindre portée scientifique. Pour 300 à 350 francs, on peut avoir une lunette suffisante pour s'initier aux curiosités du ciel; mais le véritable instrument de travail est la lunette montée équatorialement, de 500 francs à 1.000 francs, ou le télescope de 10 centimètres d'ouverture. Je ne puis, à ce sujet, que répéter ce que j'ai déjà dit. Si vos ressources ne vous permettent pas d'atteindre la lunette de 400 francs, le ciel aura bien peu d'intérêt pour vous; néanmoins il réserve toujours des travaux utiles et attrayants aux véritables amateurs de science qui savent se contenter de faibles résultats au commencement de leur carrière, quitte à l'illustrer par leurs recherches ultérieures.

Du reste, ce n'est pas à la grandeur de l'instrument que se mesure le mérite de l'astronome. La revision du ciel faite à la lorgnette par Houzeau, 6.000 étoiles, en est un exemple. La Caille, dans son voyage en Amérique, construisit son grand catalogue de 10.000 étoiles avec une lunette de $0^m,013$ ou 1/2 pouce de diamètre (le pouce équivaut à $0^m,027$), et Messier fit toutes ses découvertes de comètes avec un 2 pouces 1/2 [$0^m,067$] (150 francs). Goldschmidt, avec une faible lunette (200 fr.), découvrit quatorze petites planètes et marqua plus de 10.000 étoiles, qui manquaient sur les cartes célestes de l'Académie de Berlin, en observant le ciel de son atelier de peintre en plein Paris, en haut du café Procope (singulier observatoire).

On voit que la grandeur de l'instrument n'y fait rien et que la bonne volonté, l'esprit de suite et la ténacité remplacent avantageusement quelques centimètres perdus sur le diamètre de l'instrument.

L'ouverture de l'objectif détermine seule la quantité de lumière qu'on recevra dans la lunette, la beauté et la clarté avec lesquelles on percevra les objets. C'est le seul avantage d'une grande ouverture sur une petite.

D'après Vidal, le Soleil étant de 30° à 70° de hauteur, il faut, pour voir les étoiles, se servir d'une lunette dont l'ouverture soit de

11 millimètres	pour la	1re	grandeur
32	—	2e	—
45	—	3e	—
90	—	4e	—

La nuit, il faut à une lunette une ouverture un peu plus que double de celle de la pupille pour voir dans l'instrument les mêmes étoiles qu'on aperçoit à l'œil nu.

Un fait curieux de la visibilité des étoiles dans le télescope pendant le jour, c'est la possibilité d'apercevoir les faibles compagnons des étoiles doubles : F. Sauve et Wrangel ont remarqué que si l'on a la Polaire dans le champ, pendant le jour, on parvient à voir son compagnon, qui est de 9e grandeur, bien que l'instrument dont on se sert soit à peine capable de montrer des étoiles séparées de 6e ou au plus de 7e grandeur.

Ce fait s'explique par la constatation que, la nuit, l'éclat des étoiles brillantes fait disparaître celles qui leur sont voisines mais dont la lumière est moindre.

Le verre de l'objectif pouvant recevoir une plus grande somme de lumière, on la disperse au moyen d'un oculaire qui grossit beaucoup. On peut pousser le grossissement assez loin sans trop affaiblir cette lumière. Nous avons vu qu'il serait très désirable d'augmenter considérablement l'ouverture de l'oculaire, mais la sphéricité des lentilles donne lieu à des dispersions particulières qui varient en raison de l'ouverture de la lunette, et l'on arrive, si l'on augmente inconsidérément l'ouverture, à ne posséder que des images confuses et mal définies.

Dans le choix d'un objectif, on doit passer sans trop s'y arrêter sur les soufflures qui proviennent de la coulée du verre, et donner toute son attention au travail des faces.

Essai d'une lunette.

Pour essayer une lunette, on choisira une belle nuit calme et sereine et l'on pointera une étoile à l'aide de la lunette armée de son plus fort oculaire. Si l'instrument est bon, après quelques tâtonnements inévitables, l'astre sera *au point*, c'est-à-dire que l'image perdra de sa netteté si l'on allonge ou si l'on raccourcit la longueur sortie du tube du porte-oculaire.

L'étoile devra se présenter, sur un fond noir, comme un point brillant sans diamètre appréciable, sans rayon, sans colorations, sans fausse image.

On mettra alors le tube oculaire plus long afin que l'astre ne soit plus au foyer; dans ces conditions, il doit présenter dans la lunette l'image d'une suite d'anneaux lumineux concentriques à un point très brillant.

Les grosses images telles que celles de la Lune, des planètes, ne devront présenter sur les bords aucune irisation, c'est-à-dire n'être bordées ni frangées d'aucune couleur, sinon l'objectif ne sera pas parfaitement achromatique. On doit dire cependant que ce n'est guère sur ce point que

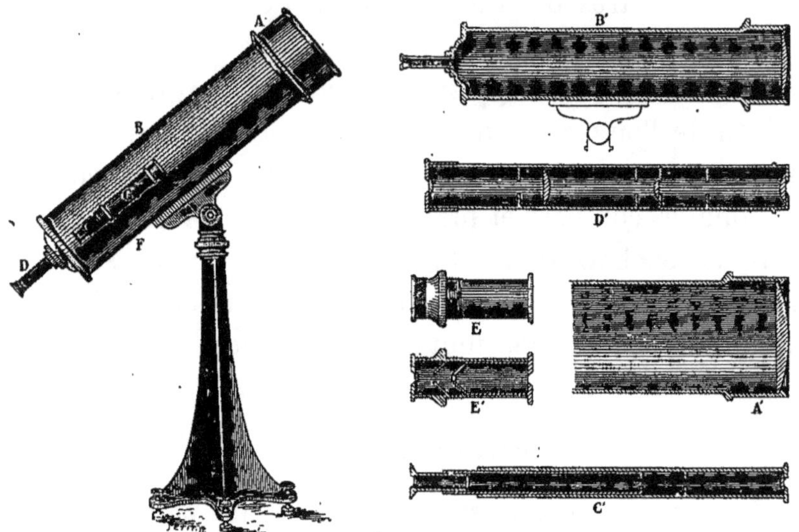

Fig. 103. — Lunette montée.

A, Objectif.
B, Corps de la lunette.
C, Chercheur.
D, Oculaire.
F, Montage du pied.
B', Coupe de la lunette.
D', Coupe de l'oculaire terrestre.
E, Oculaire.
E', Coupe de l'oculaire.
A', Coupe de l'objectif.
C', Coupe du chercheur.

faiblissent nos opticiens; bien qu'il soit fort difficile d'éviter les défauts d'achromatisme, on devra choisir les verres qui irisent, de préférence à ceux qui donnent des images bordées de jaune ou de rouge. Ces recherches devront être entreprises avec différents oculaires, de grossissements variables, afin de s'assurer que le défaut d'achromatisme ne provient pas de ce dernier verre.

On s'assurera ensuite, par le dédoublement des étoiles doubles, des avantages particuliers de vision que présente l'appareil. On se rend compte que plus la distance entre les deux composantes sera faible, plus on devra forcer le grossissement et le diamètre de l'objectif; ce sont des nombres dont la valeur est connue.

On peut dire, d'une façon générale, qu'une lunette de $0^m,03$ d'ouverture dédouble deux objets brillants distants de 5'',0.

m		''
0,03 d'ouverture dédouble	....	5,0
0,04 —	....	4,0
0,05 —	....	2,5
0,07	....	2,0
0,08 —	....	1,5
0,09 —	....	1,3
0,10 —	....	1,0

Pour préciser, nous sommes en droit de demander à un objectif de 0,050 et avec un grossissement de 60 à 100 fois, de dédoubler la Polaire ainsi que les étoiles suivantes :

α des Poissons.	α des Gémeaux.
γ du Bélier.	μ du Dragon.
γ du Lion.	ξ de Cassiopée.
ρ d'Hercule.	η de Cassiopée.

Avec une lunette de $0^m,100$ d'ouverture et des grossissements de 100 et au delà, on arrivera à voir :

β d'Orion.	ε du Dragon.
α de la Lyre.	ι du Lion.
δ des Gémeaux,	ε de l'Hydre.
ξ de la Grande Ourse.	ε du Bouvier.
σ de Cassiopée.	δ des Gémeaux.
γ de la Baleine.	σ de Cassiopée.

Si l'image n'était pas parfaitement nette, on pourrait essayer d'y remédier en diaphragmant l'ouverture, c'est-à-dire en plaçant au-dessus de l'objectif une bonnette en carton, dont le fond est percé d'un trou dont on peut faire varier l'ouverture en glissant, contre le fond, des cartons percés d'ouvertures de plus en plus petites jusqu'à que l'image soit devenue bien nette.

Dans certains cas, on pourra être amené à tenter de corriger certains défauts en recouvrant sa partie centrale d'un papier collé. Mais tous ces procédés ont l'immense inconvénient d'absorber une grande quantité de lumière; aussi, pour les objets peu éclairés, tels que les comètes et les nébuleuses, doit-on à tout prix employer l'objectif à découvert.

Les oculaires sont dans un rapport donné avec les objectifs. Approximativement, le plus fort grossissement que puisse porter une lunette est indiqué par le produit de la valeur de l'ouverture en millimètres par 2. Ex. : une lunette de $0^{m},061$ portera un grossissement maximum de 120, une lunette de $0^{m},075$ portera 150.

La lunette astronomique doit être munie de trois oculaires au moins. Le premier, faible, par conséquent à champ étendu, sera utilisé dans les observations de groupes stellaires, de comètes, de nébuleuses de la Voie lactée. Remarquons en passant que ces objets apparaissent fort bien dans une jumelle marine ou dans une forte lunette terrestre.

L'oculaire moyen (grossissant 90 fois environ) servira aux études de la Lune, du Soleil et des planètes. Les phases de Mercure, de Vénus et de Mars se détachent très bien avec cet oculaire, car un trop fort grossissement ne donne pas plus de détails et ne produit que des images défectueuses. Pour voir

Jupiter et son cortège de satellites, il faut au moins un grossissement de 120. Saturne apparaît très bien avec son anneau sur 120 diamètres; mais si l'on veut dédoubler les anneaux, il faut au moins 180 grossissements.

Le troisième, le plus puissant, est réservé pour l'étude des étoiles; c'est le plus délicat à employer, et comme son champ est très restreint, il faut une grande habitude pour conserver l'objet dans la lunette.

Si on ne connaît pas le grossissement de son oculaire, on peut le déterminer d'une façon approximative en visant directement à l'œil une échelle divisée, tandis que de l'autre œil on l'observera à la lunette en comptant combien de divisions à la vue ordinaire tiennent de fois dans une division grossie.

Il peut être utile également de connaître le champ de sa lunette suivant ses oculaires, cela est très nécessaire dans certaines circonstances. On y parvient en comptant le nombre de secondes qu'un objet céleste près de l'équateur met à traverser le diamètre du champ. On répète plusieurs fois cette opération, on prend la moyenne des temps obtenus (en les additionnant tous ensemble et en divisant la somme par le nombre d'observations) et on la multiplie par 15. On obtient ainsi le diamètre du champ en secondes d'arc.

On pourra choisir pour cette expérience les étoiles de la Vierge, d'Orion, de l'Aigle, et du Verseau, qui sont sensiblement dans l'Équateur.

La partie optique que nous venons de voir est certainement de beaucoup la plus intéressante dans une lunette, maison ne doit pas négliger la monture, qui a bien aussi son importance. Elle doit être assez réglée pour ne pas se déformer, assez stable pour résister aux trépidations du sol.

L'oculaire doit être muni d'une crémaillère pour la mise au point exacte. Le pied doit être très stable et ne pas bouger, sans quoi on forcera l'oculaire.

Plus les déplacements seront grands et plus les étoiles danseront une sarabande devant l'œil au lieu de fournir une bonne observation.

Terminons par quelques indications nécessaires :

Il est préférable d'observer en plein air. Si l'on ne peut se construire de cabane, et qu'on observe dans une chambre on devra ouvrir les volets ou les fenêtres de façon à permettre au milieu où est immergée la lunette de se mettre à la température ambiante.

Si la poussière a terni l'éclat et la pureté de vos verres, enlevez-la sur l'objectif à l'aide d'un blaireau, avec une peau de chamois ou un linge doux, de coton, en évitant de laisser des *pluches*.

Les verres de l'objectif ou de l'oculaire ne doivent jamais être dévissés à moins d'une urgente nécessité. Si on était amené à le faire, on devrait procéder avec le plus grand soin en remettant chaque verre en place, apportant une scrupuleuse attention à ce que ces verres ne ballotent pas. Pour éviter les taches sur l'objectif, on s'astreindra, chaque fois que l'on cessera les observations, à recouvrir soigneusement l'objectif et l'oculaire.

Enfin, lorsqu'on observe le Soleil, prendre soin de mettre les bonnettes pour éviter les plus graves accidents aux yeux; ne pas observer trop longtemps.

Comme dernière recommandation, nous devons mettre nos lecteurs en garde contre l'habitude des commençants, qui emploient toujours des grossissements trop forts. C'est surtout si vous dessinez les premiers phénomènes qui se présenteront sous vos yeux que vous serez étonné du résultat du grossissement. L'œil à la lunette, vous dessinez généralement et malgré vous plus grand que vous ne voyez, et telle image qui ne couvre qu'un point acquerra sur votre reproduction des dimensions très appréciables.

Il faudra en outre habituer l'œil aux observations, qui ne devront pas plonger dans l'horizon, mais bien rester au-dessus de la ligne des brumes. Ainsi, pour avoir des objets très faibles, il faudra rester quelques instants dans l'obscurité, afin de laisser à la rétine toute sa sensibilité. Dans certains cas on pourraït couvrir la tête, à la façon des photographes, pour l'observation d'astres peu éclairés. Il est parfois avantageux d'observer par une nuit brumeuse; d'autres fois, au contraire, un temps froid et pur est préférable. Ce sont là des détails auxquels nous ne pouvons pas nous arrêter.

Un dernier mot : dans votre intérêt et dans celui de la science à laquelle vous voulez vous adonner, ne reportez jamais sur votre carnet une observation de mémoire. Notez tout ce que vous voyez au ciel, et si vous avez quelque doute éclaircissez-le tout de suite. S'il vous arrive d'apercevoir une comète ou quelque particularité dans le ciel : après avoir déterminé sa marche, le sens de son mouvement, télégraphiez sans retard votre découverte à l'observatoire le plus proche, afin que le mérite de votre observation vous reste et que les études nécessaires puissent être faites dans les établissements spéciaux.

Nous avons terminé; il nous reste, avant de quitter ce sujet, à donner un avis bien utile : si vous voulez faire de bonnes observations, ne les faites pas à l'aventure; faites-les méthodiquement, vous y gagnerez des connaissances solides et du temps. De plus, réfléchissez pendant le jour aux observations que vous ferez pendant la nuit et inscrivez sur un carnet spécial les observations systématiques que vous avez entreprises, indépendamment de la revue rapide et générale du ciel qu'il est toujours bon de faire dans les points douteux, où l'on trouve toujours quelque chose. En un mot, de la méthode, du sang-froid, beaucoup de volonté, et le chemin fertile des découvertes s'ouvrira pour vous.

Fig. 104. — Atlas. (Tiré de la collection Farnèse.)

TABLE DES GRAVURES.

TABLES ET TABLEAUX

CONTENUS DANS CE VOLUME.

TABLE DES MATIÈRES.

www.ingramcontent.com/pod-product-compliance
Lightning Source LLC
LaVergne TN
LVHW020529230826
846091LV00002B/220

* 9 7 8 2 0 1 9 7 0 2 2 1 2 *